马铃薯科学与技术丛书

马铃薯遗传育种技术

主编　陈亚兰　陈鑫

WUHAN UNIVERSITY PRESS
武汉大学出版社

图书在版编目(CIP)数据

马铃薯遗传育种技术/陈亚兰,陈鑫主编.—武汉:武汉大学出版社,2015.7

马铃薯科学与技术丛书

ISBN 978-7-307-16017-0

Ⅰ.马… Ⅱ.①陈… ②陈… Ⅲ.马铃薯—遗传育种 Ⅳ.S532.032

中国版本图书馆 CIP 数据核字(2015)第 121386 号

责任编辑:黄汉平　　责任校对:李孟潇　　版式设计:马　佳

出版发行:武汉大学出版社　(430072　武昌　珞珈山)

(电子邮件:cbs22@whu.edu.cn　网址:www.wdp.com.cn)

印刷:黄石市华光彩色印务有限公司

开本:787×1092　1/16　　印张:17.5　字数:421 千字　插页:1

版次:2015 年 7 月第 1 版　　2015 年 7 月第 1 次印刷

ISBN 978-7-307-16017-0　　定价:35.00 元

前　言

随着我国经济持续发展和人民生活水平的提高，马铃薯产业的发展也非常迅速，而马铃薯“新优”品种的需求也愈加迫切。这就要求广大马铃薯工作者能够熟练地运用现代遗传学的基础理论和马铃薯育种原理与技术，“多快好省”地培育出马铃薯新品种。

本书在总结新中国成立以来有关马铃薯种质资源和育种成就的基础上，阐述了马铃薯育种的遗传学基本理论和育种技术。遗传学部分共八章，育种部分共十四章。在遗传学部分，本书贯彻“少而精”的原则，力求系统地向读者介绍现代遗传学的基础理论与进展，使读者完整准确地掌握遗传学的基本原理和方法，为马铃薯育种实践打下理论基础。在育种学部分，系统地介绍了马铃薯种质资源、引种驯化、选择育种、有性杂交育种、杂种优势育种、远缘杂交育种、诱变育种、分解育种和生物技术育种等育种途径。

在本书的编写过程中，得到了定西师范高等专科学校杨声教授和韩黎明教授的大力支持和热心指导，在此表示衷心的感谢。

本书内容丰富，观点明确、立论科学、适用性和可操作性强、引用文献广泛。本书可作为马铃薯生产加工专业、成人教育种植类专业教材，还可作为农业中等专业学校教师、学生的参考书，也可供农业技术人员参考。

总　序

马铃薯是全球仅次于小麦、水稻和玉米的第四大主要粮食作物。它的人工栽培历史最早可追溯到公元前8世纪到5世纪的南美地区。大约在17世纪中期引入我国，到19世纪已在我国很多地方落地生根，目前全国种植面积约500万公顷，总产量9000万吨，中国已成为世界上最大的马铃薯生产国之一。中国人对马铃薯具有深厚的感情，在漫长的传统农耕时代，马铃薯作为赖以果腹的主要粮食作物，使无数中国人受益。而今，马铃薯又以其丰富的营养价值，成为中国饮食烹饪文化不可或缺的部分。马铃薯产业已是当今世界最具发展前景的朝阳产业之一。

在中国，一个以“苦瘠甲于天下”的地方与马铃薯结下了无法割舍的机缘，它就是地处黄土高原腹地的甘肃定西。定西市是中国农学会命名的“中国马铃薯之乡”，得天独厚的地理环境和自然条件使其成为中国乃至世界马铃薯最佳适种区，其马铃薯产量和质量在全国均处于一流水平。20世纪90年代，当地政府调整农业产业结构，大力实施“洋芋工程”，扩大马铃薯种植面积，不仅解决了温饱问题，而且增加了农民收入。进入21世纪以来，定西市实施打造“中国薯都”战略，加快产业升级，马铃薯产业成为带动经济增长、推动富民强市、影响辐射全国、迈向世界的新兴产业。马铃薯是定西市享誉全国的一张亮丽名片。目前，定西市是全国马铃薯三大主产区之一，建成了全国最大的脱毒种薯繁育基地、全国重要的商品薯生产基地和薯制品加工基地。自1996年以来，定西市马铃薯产业已经跨越了自给自足，走过了规模扩张和产业培育两大阶段，目前正在加速向“中国薯都”新阶段迈进。近20年来，定西马铃薯种植面积由100万亩发展到300多万亩，总产量由不足100万吨提高到500万吨以上；发展过程由“洋芋工程”提升为“产业开发”；地域品牌由“中国马铃薯之乡”正向“中国薯都”嬗变；功能效用由解决农民基本温饱跃升为繁荣城乡经济的特色支柱产业。

2011年，我受组织委派，有幸来到定西师范高等专科学校任职。定西师范高等专科学校作为一所师范类专科院校，适逢国家提出师范教育由二级（专科、本科）向一级（本科）过渡，这种专科层次的师范学校必将退出历史舞台，学校面临调整转型、谋求生存的巨大挑战。我们在谋划学校未来发展蓝图和方略时清醒地认识到，作为一所地方高校，必须以瞄准当地支柱产业为切入点，从服务区域经济发展的高度科学定位自身的办学方向，为地方社会经济发展积极培养合格人才，主动为地方经济建设服务。学校通过认真研究论证，认为马铃薯作为定西市第一大支柱产业，在产量和数量方面已经奠定了在全国范围内的“薯都”地位，但是科技含量的不足与精深加工的落后必然影响到产业链的升级。而实现马铃薯产业从规模扩张向质量效益提升的转变，从初级加工向精深加工、循环利用转变，必须依赖于科技和人才的支持。基于学校现有的教学资源、师资力量、实验设施和管理水平等优势，不仅在打造“中国薯都”上应该有所作为，而且一定会大有作为。

因此提出了在我校创办“马铃薯生产加工”专业的设想，并获申办成功，在全国高校尚属首创。我校自2011年申办成功“马铃薯生产加工”专业以来，已经实现了连续3届招生，担任教学任务的教师下田地，进企业，查资料，自编教材、讲义，开展了比较系统的良种繁育、规模化种植、配方施肥、病虫害综合防治、全程机械化作业、精深加工等方面的教学，积累了比较丰富的教学经验，第一届学生已经完成学业走向社会，我校“马铃薯生产加工”专业建设已经趋于完善和成熟。

这套“马铃薯科学与技术丛书”就是我们在开展“马铃薯生产加工”专业建设和教学过程中结出的丰硕成果，它凝聚了老师们四年来的辛勤探索和超群智慧。丛书系统阐述了马铃薯从种植到加工、从产品到产业的基本原理和技术，全面介绍了马铃薯的起源与栽培历史、生物学特性、优良品种和脱毒种薯繁育、栽培育种、病虫害防治、资源化利用、质量检测、仓储运销技术，既有实践经验和实用技术的推广，又有文化传承和理论上的创新。在编写过程中，一是突出实用性，在理论指导的前提下，尽量针对生产需要选择内容，传递信息，讲解方法，突出实用技术的传授；二是突出引导性，尽量选择来自生产第一线的成功经验和鲜活案例，引导读者和学生在阅读、分析的过程中获得启迪与发现；三是突出文化传承，将马铃薯文化资源通过应用技术的嫁接和科学方法的渗透为马铃薯产业创新服务，力图以文化的凝聚力、渗透力和辐射力增强马铃薯产业的人文影响力和核心竞争力，以期实现马铃薯产业发展与马铃薯产业文化的良性互动。

本套丛书在编写过程中得到了甘肃农业大学毕阳教授、甘肃省农科院王一航研究员、甘肃省定西市科技局高占彪研究员、甘肃省定西市农科院杨俊丰研究员等农业专家的指导和帮助，并对最终定稿进行了认真评审论证。定西市安定区马铃薯经销协会、定西农夫薯园马铃薯脱毒快繁有限公司对丛书编写出版给予了大力支持。在丛书付梓出版之际，对他们的鼎力支持和辛勤付出表示衷心感谢。本套丛书的出版，将有助于大专院校、科研单位、生产企业和农业管理部门从事马铃薯研究、生产、开发、推广人员加深对马铃薯科学的认识，提高马铃薯生产加工的技术技能。丛书可作为高职高专院校、中等职业学校相关专业的系列教材，同时也可作为马铃薯生产企业、种植农户、生产职工和农民的培训教材或参考用书。

杨声

2015年3月于定西

杨声：
“马铃薯科学与技术丛书”总主编
甘肃中医药大学党委副书记
定西师范高等专科学校党委书记

目　　录

第一编　遗传学基础

第二编　马铃薯育种方法

第三编　实验实训

第一编　遗传学基础

遗传学是研究生物遗传和变异规律的科学。遗传学的理论知识指导着马铃薯育种实践工作。马铃薯遗传育种技术涉及的内容包括：遗传学三大定律、细胞质遗传、数量性状遗传、近亲繁殖和杂种优势、遗传物质的变异、群体遗传遗传等内容。通过对本篇知识的学习，要求学生在掌握遗传学基本知识和基本技能的基础上，能够将遗传学的知识应用于育种实践工作。

第1章　绪　　论

遗传学（genetics）是一门新兴的、发展非常迅速的学科，它已成为生物科学领域中一门十分重要的基础学科。遗传学是一门研究生物遗传物质以及遗传信息如何决定各种生物学性状发育的科学。同时，遗传学也是研究遗传和变异规律的科学。

1.1　遗传学的定义、研究内容和任务

1.1.1　遗传学的基本概念

早在中国古代，人类就发现了子代和亲代相似的遗传现象。俗话说的“种瓜得瓜，种豆得豆。”就是对遗传现象的简单说明。任何生物都能通过各种生殖方式产生与自己相似的个体，保持世代间的连续，以绵延其种族。这种子代和亲代、子代和子代个体之间的相似性叫做“遗传”（heredity）。无论哪种生物，动物还是植物，高等还是低等，复杂还是简单，都表现出子代与亲代之间的相似性或类同。同时，子代与亲代之间，及子代个体之间总能觉察出不同程度的差异。后代只能和亲代相似，决不会完全和亲代相同，“一母生九子，子子各不同”这是普通的常识。这种子代和亲代、子代和子代个体之间的差异叫做变异（variation）。遗传与变异现象在生物界普遍存在，是生命活动的基本特征之一。变异具有普遍性和绝对性，世界上没有两个绝对相同的个体，即使是孪生同胞也有区别。

无论哪种生物，动物还是植物，高等还是低等，复杂的如人本身，还是简单的如细菌和病毒；无论是哪种生殖方式：是单细胞的分裂，还是多细胞的无性及有性繁殖，都无一例外地表现出子代与亲代的相似或类同；同时子代与亲代之间、子代的个体之间总能察觉出不同程度的差异。这种遗传和变异的现象，在生物界普遍存在，是生物的固有属性，是生命活动的基本特征之一。遗传是相对的，变异是绝对的。遗传是保守的，变异是变革的，发展的。遗传和变异是相互制约又相互依存的。遗传变异伴随着生物的生殖而发生。

遗传和变异总是相互伴随的，同时存在于生物的繁殖过程中，二者之间相互对立、又相互联系，它们构成了生物的一对矛盾。每一代传递既有遗传又有变异，生物就是在这种矛盾的斗争中不断向前发展。没有变异，生物界就失去了进化的材料，遗传只能是简单的重复；没有遗传，变异就不能传递给后代，即变异不能积累，变异将失去意义，生物就不能进化。所以，变异和遗传是生物进化的内在因素。

现代遗传学的观点认为遗传学是研究生物体遗传信息的组成、传递和表达规律的一门科学。其主题是研究基因的结构和功能以及两者之间的关系，因此遗传学又称为基因学。分离定律、自由组合定律和连锁遗传定律是遗传学的三大基本定律。

1.1.2　基因的概念

基因的概念随着遗传学、分子生物学、生物化学等领域的发展而不断完善。从遗传学的角度看，基因是生物的遗传物质，是遗传的基本单位、突变单位、重组单位和功能单位；从分子生物学的角度看，基因是负载特定遗传信息的 DNA 分子片段，在一定条件下能够表达这种遗传信息，执行特定的生理功能。

基因（遗传因子）是遗传变异的主要物质。基因支持着生命的基本构造和性能。储存着生命的种族、血型、孕育、生长、凋亡过程的全部信息。环境和遗传的互相依赖，演绎着生命的繁衍、细胞分裂和蛋白质合成等重要生理过程。生物体的生、长、病、老、死等一切生命现象都与基因有关。它也是决定生命健康的内在因素。因此，基因具有双重属性：物质性（存在方式）和信息性（根本属性）。

1. DNA 分子的结构

（1）核酸的化学组成

核酸是由许多单核苷酸聚合而成的一种高分子化合物。核酸有脱氧核糖核酸（DNA）和核糖核酸（RNA）两类。核苷酸由五碳糖、磷酸、环状含氮碱基组成。碱基包括双环结构的腺嘌呤（A）和鸟嘌呤（G）以及单环结构的胞嘧啶（C）、胸腺嘧啶（T）和尿嘧啶（U）。

DNA 是双链结构，分子链一般较长，含有的五碳糖是脱氧核糖，含有的四种碱基是 A、G、C、T；RNA 是单链结构，分子链一般较短，含有的五碳糖是核糖，含有的四种碱基是 A、G、C、U。

（2）DNA 分子双螺旋结构的特点

DNA 的碱基有四种，因此脱氧核苷酸也有四种即腺嘌呤脱氧核苷酸（dAMP）、鸟嘌呤脱氧核苷酸（dGMP）、胞嘧啶脱氧核苷酸（dCMP）、胸腺嘧啶脱氧核苷酸（dTMP）。

1953 年，Watson and Crick 建立了 DNA 的双螺旋模型结构，并于 1958 年提出了中心法则，从而奠定了分子遗传学的基础，这是生物学发展史上一个重大的里程碑。

①DNA 分子是由两条多核苷酸长链以右手螺旋的形式，彼此以一定的空间距离，平行于同一轴上相互盘绕形成一个双螺旋结构，像一个扭曲的梯子。双螺旋的直径为 2nm。

②DNA 分子中的脱氧核糖和磷酸根交替连接（手拉手）构成基本骨架，也就是梯子的两扶手。每个磷酸根分别在脱氧核糖的 5′和 3′碳原子上与前后两个脱氧核糖相连，形成磷酸二酯键。

③两扶手的走向为反向平行。即一条链的走向为 $5'\text{-}PO_4$ 端到 3′-OH 端，另一条链的走向为 3′-OH 端到 $5'\text{-}PO_4$端。

④梯子的横档为排列在内侧的碱基，一条链的碱基一方面和脱氧核糖相连，另一方面和另一条链上的碱基通过氢键结合，并以互补配对原则形成碱基对，A=T，C=G（A+C=T+G）。

⑤碱基排列顺序是多样的，有 4^n 种排列组合形式（n=核苷酸对数），核苷酸对排列的多样性决定了 DNA 分子结构的多样性。但对一定的物种来说，碱基的顺序是一定的，说明了 DNA 在结构上的稳定性，也保证了物种遗传特性的稳定。若其中的一对碱基发生变化，则导致变异。

2. DNA 的复制

DNA 以半保留的方式进行复制。半保留复制拆开的两条单链 DNA，以各自为模板，从细胞核内吸取与自己碱基互补的游离核苷酸，进行氢键结合，在酶系统的作用下，连接起来。DNA 的生物合成步骤如下：

①DNA 双螺旋的解链。

②一条 DNA 链从 5′到 3′连续合成，因为 DNA 聚合酶只能从 5′到 3′方向把相邻的核苷酸连在一起即“前导链”。另一条链从反方向由 5′到 3′不连续地合成“冈崎片断”，再由连接酶连起来，形成一条互补的链，即后随链（后滞链）。

③在合成 DNA 单链片段以前，先由一种特殊类型的酶以 DNA 为模板，合成一小段“RNA 引物”，然后在 DNA 聚合酶的作用下，连接着 RNA 3′端按 5′到 3′的方向合成 DNA 单链片段。随后由 DNA 聚合酶Ⅰ除去“RNA 引物”，并在原位上补上 DNA 单链片段。

3. DNA 和 RNA 分子结构的异同

（1）相似点

①都有 4 种核苷酸，DNA 为腺嘌呤脱氧核苷酸（dAMP）、鸟嘌呤脱氧核苷酸（dGMP）、胞嘧啶脱氧核苷酸（dCMP）、胸腺嘧啶脱氧核苷酸（dTMP）。但 RNA 为腺嘌呤核糖核苷酸（AMP）、鸟嘌呤核糖核苷酸（GMP）、胞嘧啶核糖核苷酸（CMP）、尿嘧啶核糖核苷酸（UMP）。

②核苷酸之间通过磷酸二酯键相连。

（2）区别

①DNA 是双链结构，分子链一般较长，RNA 是单链结构，分子链一般较短。

②DNA 含有的五碳糖是脱氧核糖，RNA 含有的五碳糖是核糖。

③DNA 含有的四种碱基是 A、G、C、T；RNA 含有的四种碱基是 A、G、C、U。

④大部分 RNA 分子的结构是以单链形式存在的，如 mRNA，但也有形成氢键重叠的，只是 U 代替了 T。如 tRNA。

（3）细胞中主要的 RNA

①mRNA：mRNA 的主要功能是把 DNA 上的遗传信息精确无误地转录下来。然后将它携带的遗传信息在核糖体上翻译成蛋白质，故称为信使 RNA，占全部 RNA 的 3%~5%。

②tRNA：tRNA 根据 mRNA 的遗传密码依次准确地将合成多肽的原料——氨基酸运送到“工厂”——核糖体，是氨基酸的特异运输车，还起着翻译员的作用，故称为转移 RNA，占全部 RNA 的 15%。

③rRNA（核糖体 RNA）：rRNA 是组成核糖体的主要成分，核糖体是合成蛋白质的中心。rRNA 在蛋白质合成中的功能尚未完全了解。初步知道在蛋白质合成的开始阶段，rRNA 起着重要的作用。

④snRNA（核内小 RNA）：snRNA 参与真核生物细胞核中 RNA 的加工。snRNA 和许多蛋白质结合在一起成为小核糖核蛋白（snRNP），参与信使 RNA 前体（pre-mRNA）的剪接，使后者成为成熟 mRNA。

真核生物细胞核和细胞质中都含有许多小 RNA，它们有 100~300 个碱基，每个细胞中可含有 10^5~10^6个这种 RNA 分子。它们是由 RNA 聚合酶Ⅱ或Ⅲ所合成的，其中某些像 mRNA 一样可被加帽。在细胞核中的小 RNA 称为 snRNA，而在细胞质中的称为 scRNA。

但在天然状态下它们均与蛋白质相结合，故分别称为 snRNP 和 scRNP。某些 snRNPs 和剪接作用有密切关系。有些 snRNPs 分别和供体及受体剪接位点以及分支顺序相互补。

4. 基因的一般特征

从分子水平来说，基因有以下三个基本特性：

（1）基因可自我复制

基因通常以半保留的方式进行自我复制。

（2）基因决定性状

基因通过转录和翻译决定多肽链的氨基酸顺序，从而决定某种酶或蛋白质的性质，而最终表达为某一性状。

（3）基因可以发生突变

基因虽然很稳定，但也会发生突变。一般来说，新突变的等位基因一旦形成，就可通过自体复制，在随后的细胞分裂中保留下来。

5. 基因的类型

根据功能不同，将基因分为结构基因、组织特异性基因和调控基因。

（1）结构基因（管家基因、必需基因或持家基因）

结构基因指所有细胞中均要表达的一类基因，其产物是维持细胞的基本生命活动所必需的。如微管蛋白基因、核糖体蛋白基因等。结构基因的突变可导致特定蛋白质（或酶）一级结构的改变或影响蛋白质（或酶）量的改变。

（2）组织特异性基因（奢侈基因）

组织特异性基因指不同类型的细胞进行特异性表达的基因，其产物赋予各种类型细胞特异的形态结构和特异的生理功能。如胰岛素基因等。

（3）调控基因

调控基因是指某些可调节控制结构基因表达的基因。调控基因的突变可以影响一个或多个结构基因的功能，或导致一个或多个蛋白质（或酶）的改变。

此外，还有一些只转录而不翻译的基因，如核糖体 RNA 基因（ribosomalRNAgene），也称为 rDNA 基因，它们专门转录 rRNA；不转运 RNA 基因（transferRNAgene），也称为 tRNA 基因，是专门转录 tRNA 的。

6. 原核生物与真核生物中基因的区别

存在于原核生物与真核生物中的基因主要有以下区别：

①原核生物一般只有一个染色体，即一个核酸分子（DNA 或 RNA），大多数为双螺旋结构，少数以单链形式存在。这些核酸分子大多数为环状，少数为线状。例如大肠杆菌遗传物质是由 4.2×10^6bp（碱基对）组成的双链环状 DNA 分子，有 3000~4000 个基因，目前已经定位的基因达 900 多个。

②真核生物包括人类在内，其基因主要存在于细胞核内线状的染色体上。存在于细胞质的基因位于环状的线粒体 DNA 上。核内基因的 DNA 顺序由编码顺序和非编码顺序两部分构成。编码顺序是不连续的，被非编码顺序隔开。其次，真核的生物基因大小差别很大，例如，人类血红蛋白的基因长仅约 1700bp，而假肥大型营养不良症基因全长 2300kb，是迄今认识的最巨大的人类基因。

1.1.3　遗传学的产生与发展

遗传学的产生与发展经历了两个阶段：孟德尔以前（1900年以前）；孟德尔以后（1900年以后）。可以分为三个水平：个体水平、细胞水平、分子水平。四个时期：遗传学诞生前期、细胞遗传学时期、微生物与生化遗传学时期、分子遗传学时期。

1. 遗传学诞生前的时期（1900年前）

（1）古代人类对遗传变异和育种知识的积累

公元前5000年时，古巴比伦人就已经知道枣椰是雌雄异株的。公元前3世纪《吕氏春秋》一书中已提到“夫种麦而得麦，种稷而得稷，人不怪也”。公元前2世纪，《淮南子》有“黑牛生白犊”的记载。还发现三足驹，两足虎，一足三尾牛，鸡生角等变异现象。公元6世纪北魏贾思勰《齐民要术》论述了远缘杂交，指出马和驴杂交子代（骡）不育的问题。

（2）关于生殖和遗传的观点

古希腊哲学家柏拉图提出的“神创论”认为神在创造统治者时，成分中加进了金子；在文武百官的成分中加进了银子；在农民和手工业者组成中加进了铁和青铜。

古希腊哲学家和自然科学家亚里士多德的“血液说”认为血液形成具有高能量的精液，能量作用于母体的月经，形成子代个体。

达尔文的“泛生论”认为动物身体的各部分细胞里都含有具有传递特性的粒子（胚芽、泛子），可以形成胚胎的各个器官。这些泛子随着血液循环汇集到生殖细胞，当受精卵发育成成体时，胚芽进入器官发挥作用，表现出遗传现象。

1809年法国博学家拉马克在《动物哲学》中阐述了两个重要法则即“用进废退和获得性遗传”。“用进废退”观点认为经常使用的器官发达，不使用的器官退化或消失。“获得性遗传”即用进废退的性状可以遗传给后代。

魏斯曼的“种质论”反对“获得性遗传”。1883年德国生物学家魏斯曼提出生物体分种质和体质两部分。种质是亲代传给子代的遗传物质，可产生下一代的种质和体质，体质不能产生种质。环境只能影响体质，不能影响种质。因此，只有种质的变异才能遗传。起初认为，种质是生殖细胞，以后又认为是细胞核，晚年认为是细胞核中的染色体。

2. 遗传学的诞生（1865—1910）

1865年孟德尔发表了《植物杂交实验》论文，但没有得到重视。直到1900年，德国的植物学家科伦斯、荷兰阿姆斯特丹大学教授德弗里斯和奥地利维也纳农业大学的讲师冯·切尔马克，三位科学家分别在不同的植物上同时取得了与孟德尔相同的结果时，才重新发现并认识了孟德尔定律。因此，把1900年作为遗传学诞生并正式成为独立学科的一年。

3. 细胞遗传学时期（1910—1940）

1900年，美国细胞学家威尔逊明确表示细胞核是遗传物质的载体。可以说，在摩尔根正式建立基因理论之前，遗传的染色体学说作为一种推测性的思想确实存在过。1903年，哥伦比亚大学的研究生萨顿发表了《遗传中的染色体》论文，提出成对染色体的分配和分离与成对基因的分配和分离具有平行性的一种理论。1906年，英国学者贝特森用Genetics命名遗传学。1909年，丹麦的约翰森用Gene代替遗传因子，首先提出了基因型和表现型概念。1910 年，美国的摩尔根发现了果蝇的性连锁遗传和连锁交换规律，创立了基因学说，建立了细胞遗传学。1933 年获诺贝尔奖。在此期间，发展了辐射遗传学和群体遗传学。

4. 微生物与生化遗传学时期（1940—1960）

1928 年，格里菲斯发现了肺炎双球菌的转化现象。它的重要意义直到 20 世纪 40 年代中期才被认识。1941 年，美国遗传学家比德尔和生化学家泰特姆，提出了“一个基因一个酶”的学说。获 1958 年诺贝尔医学和生理学奖。1944 年，美国的艾弗里等人，用肺炎双球菌的体外转化实验，确定了 DNA 是遗传物质。1955 年美国遗传学家本泽，以噬菌体为材料，打破了经典的基因的“三位一体”概念，提出“顺反子学说”。1961 年，法国的分子遗传学家莫诺和雅各布，通过大肠杆菌乳糖代谢研究，提出了“操纵子学说”。

5. 分子遗传学时期（1960 年以后）

1950 年，英国的阿斯特伯里创立和定义了“分子生物学”一词。1952 年，贾格夫发现了 A=T、G≡C 碱基配对原则。1953 年，沃森和克里克提出了 DNA 双螺旋结构模型。这是进入分子遗传学发展新时代的标志，二人于 1962 年获诺贝尔奖。1958 年，克里克阐述了“中心 法则”。1961 年，尼仑伯格和柯拉纳等进行遗传密码的破译工作，1966 年全部完成。1968 年，史密斯首次发现了 DNA 限制性核酸内切酶，1978 年获诺贝尔奖。1972 年，伯格完成了人工 DNA 重组，1980 年获诺贝尔奖。1973 年，科恩将大肠杆菌的不同质粒重组在一起，在大肠杆菌中实现了重组质粒的表达，从此基因工程的研究逐渐发展起来，创立了遗传工程。1984 年，基因工程引入实验动物获得重要进展。1985 年，穆尔斯等人发明了具有划时代意义的聚合酶链式反应（PCR），1993 年获诺贝尔化学奖。1986 年，人类基因组计划提出，1990 年美国率先启动。

目前，人类基因组计划已经完成 3 张图。基因工程在植物、动物、微生物及人类的医疗保健等各个方面，都在起着举足轻重的作用。

6. 我国遗传学的发展

我国关于遗传学的研究在新中国成立前比较薄弱，没有明确的发展方向。在我国，第一个把早期细胞遗传学介绍给中国的学者是著名遗传学家李汝祺教授。李汝祺是发育遗传学的开拓者之一，为我国细胞遗传学的发展奠定了基础。此外，我国著名遗传学家谈家桢教授曾长期从事亚洲瓢虫遗传基因的多型性与地理分布的关系研究。1945 年他提出的色斑镶嵌显性理论，迄今仍被誉为遗传学上一个经典性的工作。他在果蝇种内和种间染色体内部结构演变方面的研究也具有独创性的贡献，其研究成果在国际上至今仍享有盛誉。新中国成立后，我国遗传学有了很大发展。应用理论研究的某些问题和育种新方法、新技术方面，取得了不少成就。

1.1.4　遗传学的分支学科

根据研究层次不同，遗传学的分支学科包括群体层次上的分支学科、细胞层次上的分支学科和分子层次上的分支学科。群体层次上的分支学科有群体遗传学、生态遗传学、数量遗传学和进化遗传学。细胞层次上的分支学科包括细胞遗传学和体细胞遗传学。分子层次上的分支学科研究基因结构、基因功能、基因突变和基因重组等。

根据研究内容不同将遗传学划分为发育遗传学、行为遗传学、辐射遗传学、免疫遗传学、医学遗传学和临床遗传学等。

根据研究对象不同，遗传学的分支学科有人类遗传学和微生物遗传学等。

1.1.5　研究遗传学的意义

1. 理论意义

①在揭示生命本质的研究中具有重要意义。

②遗传学的发展为探索生物进化提供了重要的理论基础。

③遗传学的发展极大地推动了生物学其他分支学科的发展。

④遗传学的发展为社会科学提供了丰富的自然科学内容。

2. 实践意义

①为植物育种提供了理论依据，对农业科学发展具重要意义。20世纪20年代，自从美国开始应用杂种优势原理指导玉米育种工作以来，使玉米获得大量增产。20世纪60年代随着矮秆基因的应用，小麦、水稻等作物的育种取得了突破，掀起世界范围的“绿色革命”。多倍体的西瓜和甜菜育成，人工合成的小黑麦异源多倍体已在生产中应用。20世纪70年代，通过远源杂交，使杂交水稻取得可喜突破。通过基因工程手段育种，改造生物，获得各类转基因植物如烟草、番茄、玉米、棉花等。

②改良动物品种。遗传学在动物品质改良上也取得了大量的成就，在增加奶、蛋、肉、毛的数量和改良品质方面有大量的事例，例如野牛中选育肉用牛和奶用牛，斗鸡中培育卵用鸡。20世纪70年代，人工胚胎移植、冷冻精液已普遍应用于繁殖优良种畜。克隆动物、转基因动物已经育成。

③与工业建设有密切的关系：抗菌素工业，氨基酸、核酸工业。

④与医学的密切关系：产前诊断、遗传性疾病诊断，转基因药物的生产等。

总之，研究遗传和变异的规律是为了能动地改造生物，更好地为人类服务。

1.1.6　遗传学的研究任务及研究内容

1. 研究内容

遗传学的研究内容主要包括：生物为什么会产生遗传和变异；是否存在控制遗传变异的物质（遗传物质），如果存在是什么，在生物的什么部位，有何特性；遗传和变异传递的规律；遗传信息的表达（子代得到遗传信息如何实现性状表现）；如何利用遗传学成果为人类服务。

2. 研究任务

遗传学的研究任务包括：认识遗传与变异现象与基本规律；揭示其内在本质；掌握其规律性，并利用其成果改造生物为人类服务；遗传学的主要研究任务是研究生物的遗传变异现象，深入探讨它们的本质，并利用所得成果，能动地改造生物，更好地为人类服务。

随着遗传学的不断发展，遗传学的研究内容越来越广泛，主要体现在研究遗传物质的本质、遗传物质的传递和遗传物质的表达四个方面。

进化、发育和遗传的共同基础是基因。进化论、细胞学说和基因论分别从群体、个体、细胞和分子水平上阐明宏观和微观的生命现象，遗传信息的进化和形态发生的进化之间有了共同的语言。

1.2　马铃薯育种学的任务和研究内容

1.2.1　马铃薯育种学的性质和任务

马铃薯育种是根据人类需要利用自然变异以及利用品种间杂交、远缘杂交、人工诱变、离体组织培养和 DNA 分子改造等途径来创造新的变异，根据一定的目标进行选择进而筛选出新品种的过程。新品种选育出后要加速繁育，尽快地推广应用。

马铃薯育种学是研究选育和繁殖马铃薯优良品种的理论与方法的科学。其基本任务是在研究和掌握马铃薯性状遗传变异规律的基础上，发掘、研究和利用马铃薯种质资源；并根据育种目标和原有品种基础，采用适当的育种途径和方法，选育适于该地区生产发展需要的高产、稳产、优质、抗病虫害、抗环境胁迫、生育期适当、适应性较广的优良品种；此外在其繁殖、推广过程中，保持和提高其种性，提供数量多、质量好、成本低的生产用种，促进高产、优质、高效马铃薯产业的发展。

马铃薯育种学是马铃薯人工进化的科学，是一门以遗传学、进化论为主要基础的综合性应用科学，它涉及植物学、植物生态学、植物生理学、生物化学、植物病理学、农业昆虫学、农业气象学、生物统计与实验设计、生物技术、农产品加工学等领域的知识与研究方法。

1.2.2　马铃薯育种学的主要内容

马铃薯育种学的主要研究内容有：育种目标的制订及实现目标的相应策略；种质资源的搜集、保存、研究评价、利用及创新；选择的理论与方法；人工创新变异的途径、方法及技术；杂种优势利用的途径与方法；目标性状的遗传、鉴定及选育方法；马铃薯育种各阶段的田间实验技术；新品种的审定、推广和种子（或播种材料）的生产。

1.3　国内外马铃薯育种概况

国内外先后育成几百个马铃薯品种，但广为栽培的品种却集中在数十个中，产生这种情况的部分原因是由于消费者不愿改变其食用习惯，或由于某些老品种最适于加工食用。

近年来，欧美主产马铃薯的国家正在改变其用途和销售方法。除了用于蒸食、加工淀粉和酒精外，多利用马铃薯加工食品，如炸片、炸条、全粉、罐头和快餐食品等。因此，对品种质量、块茎薯形等都有不同层次的要求，如要求具有高干物质含量、低还原糖含量，薯形长圆整齐和块茎芽眼浅等。我国现行马铃薯品种多不适于加工。因此，今后应加强选育适于马铃薯食品加工用的新品种，并建立原料生产基地、发展马铃薯食品加工企业。

1.3.1　国外马铃薯育种概况

据文献记载，英国于 1730 年记述有 5 个品种，德国于 1747 年和 1777 年分别记述有 40 个品种，美国于 1771 年记述有两个品种。1845—1847 年，由于欧洲晚疫病大流行对马铃薯生产危害极大，甚至绝产，因而开创了抗晚疫病育种工作。1906 年明确马铃薯卷叶病毒的特性之后，为开展马铃薯病毒病害的研究以及重视选育抗病毒病的品种工作打下了理论基础。

苏联、美国、德国和英国学者于 1925 年开始先后赴南美洲考察和收集马铃薯野生种及栽培种种质资源之后，为马铃薯育种工作开创了新纪元。近年来，在欧美一些国家中利用野生种与栽培品种杂交已获得了许多抗病新品种。

目前马铃薯的研究，发达国家均根据市场需求确立育种目标，这些育种目标围绕解决种薯生产、商品薯生产以及加工消费和环境污染等实际问题而确立。荷兰马铃薯育种目标主要是抗线虫、抗晚疫病、早熟、高淀粉、优良的烹调和加工品质、休眠期长、耐贮藏和薯形好等。选育高淀粉品种是德国、法国等国家的重要育种目标。同时这些国家也十分注重食品加工品种的选育。对炸薯片品种的薯形、皮色、肉色、还原糖含量和炸后颜色变化及休眠期、耐贮性均有十分严格的要求。对鲜食品种，要求块茎大小适中（商品率高）、肉色黄、坚实、口感好、芽眼浅等。应用先进的生物技术和分子生物学方法培育抗病优质的马铃薯品种已在荷兰、德国取得较大进展，许多发达国家脱毒原种的生产已规范化、集团化和产业化，利用基因转导将抗病基因和优良品质基因转移到马铃薯植株上，培育新品种的研究在英国、荷兰等国取得较大进展，抗病毒基因、抗病变基因的转移已获得成功。

1.3.2 我国马铃薯育种概况

马铃薯在我国已有 400 多年的栽培历史。至 20 世纪全国已有广泛栽培，但却少有研究，直到 20 世纪 40 年代，才由美国引入品种，进行引种鉴定。新中国成立后，特别是改革开放以来，随着与国际的频繁交往，马铃薯种质资源的不断引进，使资源研究和育种工作有了突出进展，极大地促进了中国马铃薯育种事业的发展。

近半个世纪以来，我国马铃薯育种工作从无到有，规模由小到大，经过了从引种鉴定到各个阶段杂交育种的漫长历程。针对不同时期生产上存在的主要问题、开展育种研究。20 世纪 50 年代中期至今已育成了 100 多个马铃薯品种，进行了 3 ~ 4 次品种的更新换代，减轻了晚疫病、病毒病和细菌病的危害，使马铃薯单产不断提高，在生产上有一定推广面积的品种约有 30 个，这些品种目前约占全国马铃薯播种面积的 90%，平均增产在 15%左右。随着生物技术的兴起和发展，我国马铃薯育种方法也发生了很大的变化。我国的马铃薯育种方法，从技术方面大体可分为天然籽实生苗育种、引种、杂交育种、诱变育种和生物工程技术育种。

1. 育种方法及研究现状

（1）天然籽实生苗育种

天然籽实生苗育种是马铃薯最原始的育种途径，在栽培天然籽实生苗的过程中，一旦发现优良性状的单株，就可以通过块茎的无性繁殖将其固定下来，经比较试验扩大繁殖就可成为一个新品种（系）。采用这种方法，我国各地选育出一批适合当地栽培的新品种（系）。例如，藏薯 1 号（从波兰 2 号天然籽实生苗中选出）、马铃薯 66013（男爵品种天然籽实生苗）。

（2）引种

从国外引入马铃薯品种，经过筛选鉴定，选出在生产上直接推广利用的材料，或为杂交育种提供亲本材料。例如 20 世纪 50 年代黑龙江省克山试验站从当时的民主德国、波兰引入推广了 8 个品种，其中米拉、疫不加、阿奎拉和白头翁等品种在生产上发挥了较大作用。

（3）杂交育种

杂交育种又称组合育种，是根据新品种的选育目标来选配亲本，通过人工杂交的手段，把分散在不同亲本上的优良性状组合到杂种之中，对其后代进行单株系选和比较鉴定来培育新品种的一种重要育种途径。根据亲本的亲缘关系远近不同，可区分为品种间杂交（近缘杂交）和种间杂交（远缘杂交）。

品种间杂交是我国目前最为常用的育种方法，一般包括品种（系）间的杂交、自交、回交和杂种优势（指纯自交系间的杂交）等四种方式。我国于 20 世纪 40 年代便开始了马铃薯的品种选育工作，70 多年来已育成了 100 多个品种，其中大多数品种都是通过品种间杂交选育而成的，少部分品种由自交方法育成，如克新 12 号、克新 13 号等。回交方法主要用于亲本材料的改良方面，很少用于培育新品种，现阶段主要利用回交手段进行新型栽培种的群体改良工作。至于杂种优势的利用，早在 20 世纪 70 年代初，我国便开始立项研究，但是经过 20 多年的研究探索，进展不大，只获得一些优良杂交亲本。这主要是由于马铃薯遗传基础极为复杂，必须经过几代，甚至 10 几代的自交，才能获得纯合的自交系。而马铃薯经过几代自交后，往往会出现自交不亲合现象，且产量和生活力下降，致使自交无法进行。尽管如此，但我国在这方面的研究水平在世界上还是领先的。

20 世纪 50 年代我国就有人开始研究马铃薯种间杂交（远缘杂交），经过 40 多年积极探索，近缘栽培种方面取得了一些成绩，通过对新型栽培种的群体改良，筛选了一批有价值的优良亲本，并利用这些亲本培育出一些不同用途的优良品种，如东农 304、克新 11 号、内薯 7 号、呼薯 7 号等。在野生种的利用方面，由于技术上的原因则出现了徘徊不前的局面。而国外如欧美、前苏联等国育成的品种中，有 60%都是通过远缘杂交方法育成的，都具有野生种的血缘，如大家比较熟知的白头翁、卡他丁、米拉等品种。

（4）诱变育种

诱变育种主要有辐射诱变育种、化学诱变育种和芽变育种。

辐射诱变育种一般包括电离射线、紫外线、激光等离子束诱变方式，还包括近年来发展起来的太空辐射育种。我国马铃薯的辐射诱变育种取得的成就较小，进展也较慢，远不如其他作物（如小麦、水稻、大豆等）发展迅速。迄今为止，只有鲁马铃薯 2 号等极少数品种是通过辐射方法育成的，而且仅局限于 Co^{60} 的照射，其他如紫外线、激光、离子束、太空诱变育种等的利用较少。

20 世纪 50 年代曾有人利用秋水仙素人工处理马铃薯块茎，希望获得诱变材料，但收效甚微。目前主要利用化学诱变剂来进行染色体加倍方面的研究，而用于育成品种方面的则较少。

芽变育种可分为自然芽变育种和人工芽变育种。许多马铃薯品种的芽眼有时会发生基因突变，突变的频率很低（10^{-8}），遗传型改变较小，产生与原品种在形态上或其他生物学性状上不同的优异类型，将这种类型扩大繁殖成为一个新品种。自然芽变作为一种育种方法，我国的马铃薯育种家们对此并不太重视。而国外的一些名牌品种，如麻皮布尔斑克、红纹白、男爵等都是利用芽变选育出来的。关于人工芽变育种，我国研究的还较少。

(5) 生物技术育种

生物技术育主要有基因工程育种、染色体工程育种和细胞工程育种。

基因工程育种在我国虽然起步较晚，但发展非常迅速，在马铃薯育种方面已取得了突破性的进展。高氨基酸转基因马铃薯已在呼盟农科所进入田间试验阶段。转 PVY 外壳蛋白基因马铃薯也已进入田间试验；马铃薯青枯病抗菌肽基因工程已获得成功。转抗马铃薯 PSTVd 的核酶基因工程马铃薯也已问世，目前已进行批量生产。这是国际上首次利用核酶控制类病毒获得成功的例子；马铃薯抗晚疫病转基因工程也获得重大突破，现已获得抗病植株；外源 DNA 导入方面正在试验当中，现已获得变异材料。

染色体工程育种也称“倍性操作”育种，这是 1963 年由 Chase 提出来的育种方案，即将四倍体降为二倍体，先在二倍体水平上进行选育、杂交和选择，然后再经过染色体加倍，使杂种恢复到四倍体水平。这使得野生种能够应用于马铃薯育种中。我国如今已在诱导双单倍体和一元单倍体、染色体加倍及 2n 配子利用等方面获得了成功，并得到一些“双单倍体-野生种”四倍体杂株，这些杂株已在育种中应用。

细胞工程育种主要是指利用花药组织培养、原生质体培养、体细胞融合与杂交等技术进行育种的方法。已利用花药组织培养技术选育出了一些具有不同特点的优良品系，现已正在育种中利用。利用原生质体培养已获得了原生质体培养的再生植株。我国的体细胞融合与杂交虽然正处于试验研究阶段，但已获得了体细胞杂种植株。

2. 几种主要育种方法的应用前景

随着生物技术的兴起和发展，我国马铃薯育种方法也发生了很大的变化。现将杂交育种、诱变育种和生物育种的研究进展及应用前景进行比较分析，以便于我们更好地开展马铃薯育种工作。

(1) 杂交育种

近些年来，由于受遗传基因狭窄的限制，利用传统单纯的品种种内杂交、自交，已很难选育出比较过硬的马铃薯品种，但由于该方面具有费用少、技术简单、容易操作等优点，在我国现有国情条件下，将依然占据主导地位。随着生物技术的发展，尤其是基因工程技术的日趋成熟，杂交、回交、自交等方法都将成为生物技术育种的辅助手段。而远缘杂交育种，由于引入了不同种或属的优良基因，特别是马铃薯野生种的基因，拓宽了种质资源，在杂交育种中具有广阔的应用前景，是今后我国杂交育种的重点主攻方向。尽管目前在技术上存在着一些困难，但是经过我国科研人员的共同努力，在不远的将来终将实现。在纯自交系间的杂种优势利用方面，通过多代自交的方法获得纯自交系已行不通，但是如果利用单倍体加倍的方法，便能获得纯四倍体自交系，这将为杂种优势的利用带来新的希望。

(2) 诱变育种

诱变育种在改良单一不良性状（如熟性、抗性等）方面比较有效，但我国近几年开展马铃薯诱变育种的单位较少，这可能与马铃薯是多倍体作物有关，因为多倍体作物的突变率较低。另外在二倍体马铃薯育种方面也很少有人通过辐射诱变的方法来研究。而近些年来发展起来的等离子束诱变育种、太空诱变育种也未在马铃薯育种中得到应用。等离子束诱变育种是 20 世纪 80 年代在我国兴起的新的研究领域，是将低能重离子注入生物体、组织或细胞中，使其产生生物学效应的科学，安徽农科院已在水稻育种中取得成功。太空育种是20世纪80年代末在我国兴起的，发展非常迅速，短短的9年时间，就已成功培育出了太空椒、太空番茄和水稻等作物新品种（品系），而在马铃薯育种中尚未见报道。宇宙空间具有微重力、高真空、超洁净、强辐射、大温差等特有环境，经过太空处理的种子，能够产生地面上用其他手段不能产生的变异。尤其是太空番茄的培育成功，给马铃薯太空育种的实施带来了可能。另外，激光、紫外线辐射育种也尚需我们进行试验研究。由于马铃薯的自然芽变率较低，因此，芽变育种利用较少，但芽变产生的新品种往往是综合性状比较优良的品种，因为它来源于生产中广泛栽培的品种，是对已育成品种某些不良性状的修饰与否定。通过芽变方法选育出的品种，也必然经得起考验。如通过芽变育种选育的麻皮布尔斑克品种，在美国已使用了100余年，至今仍然在生产上广泛利用。我国在这方面则缺乏足够的认识，有时即使发生了芽变，也往往错误地认为是水肥因素影响造成的，从而失去了选育新品种的机会。随着组织培养技术的日趋发展和完善，能否在组织培养（如茎尖剥离）过程中，采取某种措施（如药剂、辐射处理等）来增加芽变的发生率，从而创造出新的育种途径，即人工芽变育种，这方面很值得科研工作者去研究。

（3）生物技术育种

我国的生物技术育种发展很快，尤其在基因工程方面，取得了突破性的进展。基因工程育种在改良单一不良性状（如品质、抗病性等）方面是其他育种方法无法比拟的。原因在于基因工程是将目的基因直接导入到生产主栽品种中去，改其不良性状，使品种更加优良。基因工程育种是当前我国马铃薯育种中见效最快、发展最为迅速的方法之一。目前，转基因（尤指PVX/PVY/PLRV等）马铃薯的问世，对脱毒马铃薯来说将是严峻的挑战。因为前者重点在于抗毒、耐毒，种薯退化慢，利用期限较长久；后者则是避毒、躲毒，脱毒之后反而更易感染病毒，种薯退化快，利用期限短。而染色体工程育种在野生种杂种优势利用方面，具有自己鲜明的特点，是当前世界各国最热门的育种方法之一。我国一些育种单位也已相继开展研究，并取得很大成绩。染色体工程和基因工程育种在应用中各有优劣，前者在引入基因方面比后者丰富，在后代选择上可从不同角度（如抗病、丰产）和不同用途（如鲜食、加工）来进行，还可以用来筛选性状较整齐一致的优良组合用于生产实生种子，因而用途较广泛，使用也较灵活，但育种周期长，见效慢，而后者虽然引入基因少，改良性状比较单一，但针对性强，育种周期短，见效快。总的来说，染色体工程育种可用来选育新品种，基因工程则用来进行改良老品种。

细胞工程育种在我国起步虽晚，但发展较快，我国已在花药组织培养、原生质体培养，细胞融合和杂交等方面均取得了突出成绩。细胞工程育种的实施，为马铃薯远缘杂交育种带来了光明的前景，因为它能够解决远缘杂交中存在的技术上的难题。从根本上解决科、属间，属、种间以及种、种间的杂交不育的问题，是马铃薯育种的发展趋势。

总之，与其他作物相比，马铃薯育种进展相对较慢。21世纪马铃薯育种的根本变化将是依靠新的技术手段，直接选择基因型。转基因野生种和原始栽培种的利用仍是21世纪马铃薯的重要研究内容，是育种取得突破的关键；细胞融合技术和倍性操作技术的进展，将逐渐打破有性杂交障碍，使更多的野生资源得以应用；二倍体水平育种将大大提高选择效果，得到广泛利用；一直困扰马铃薯实生种子利用的后代分离难题，很可能在花药培养和2n配子利用技术的完善中得以解决。

当前，生物技术育种方法正广泛利用于马铃薯育种上，但是，它必须与常规育种相结合，因为生物技术与常规育种技术并无矛盾，两者是相辅相成的，完全可以互相补充，也就是说，一方面，生物技术只有在常规育种基础上进行才能在实践中发挥作用；另一方面，常规育种只有靠细胞工程提供新的技术和方法，才能使之摆脱困境，提高到一个新水平。

1.4 马铃薯品种

目前，全球约有150个国家和地区种植马铃薯，总产量3亿多吨，马铃薯是仅次于水稻、小麦、玉米的第四大作物。种植面积较大的国家有中国、俄罗斯、印度、美国、德国、法国、荷兰等。在欧美一些国家，马铃薯食品已成为人们日常生活中必不可少的绿色食品，世界人均年消费马铃薯28公斤，发达国家86公斤，中国18公斤。世界马铃薯品种（系）有4000多种，欧洲国家在新品种选育、脱毒种薯快繁、病毒鉴定等方面比较先进，美国、加拿大等发达国家以国际马铃薯生产的消费市场和需求为目标开展育种工作，并通过脱毒快繁技术提供种薯。

中国马铃薯主要分布在22个省、市、自治区，其中内蒙古占12%，贵州占11%，甘肃占10%，黑龙江占9%，云南、四川、重庆、山西各占7%，陕西占6%，湖北占5%。目前全国育成品种170多个，其中推广面积较大的有50多个。在种薯生产上，脱毒微型薯生产技术已成功地应用于马铃薯种薯生产，已逐渐形成适宜不同生态条件的脱毒种薯生产体系，脱毒马铃薯的应用面积达到20%以上。近年来，中国政府把马铃薯产业作为国家粮食安全和西部大开发的重要产业，在全国各地，特别是西部地区大面积推广。目前，随着农业种植结构的战略性调整和种薯、商品薯市场需求的不断增加，全国马铃薯种植面积已扩大到8000万亩左右，总产量达8000多万吨，约占世界的26%。

中国马铃薯一跃成为世界第一大生产国，人均占有量的不足、马铃薯加工产业的发展、加入WTO后中国马铃薯价格低廉的优势和产业结构调整中马铃薯比重的提高都有可能继续扩大中国马铃薯的生产。巨大的市场背后潜伏着很大的危机，技术储备严重不足已经显现，如不及时采取有力措施，可能在影响马铃薯生产的同时，影响到马铃薯产业的发展和国家经济发展。旧的马铃薯研究体系，特别是原有马铃薯育种体系正在瓦解，新的体系尚待形成。几十年来，我国的马铃薯科技事业取得了很大成绩，但育种方面因资源、投入、体制等的先天性不足，与国际先进水平的差距在拉大。因此，探讨我国马铃薯育种战略是非常必要的。

1.4.1 马铃薯的分布及生态学

普通栽培的马铃薯经过育种学家和栽培学家的努力，现在能在世界许多地方进行栽培。马铃薯是一种适应性强，栽培地域很广的作物，它对土壤要求不甚严格，在pH=4.8~7.1范围均可正常生长，肥沃的沙质壤土更适于马铃薯生长，在沙土或较黏重的土壤中也能较好生长。马铃薯不但适宜于高海拔地区，而且对温度的适应范围也较广。对日照差别的适应性，只要满足其生长期的基本条件，不论长日照还是短日照地区均可获得一定的块茎产量。马铃薯还具有抗灾能力强、生育期较短等特点。

另一方面，野生种几乎到处可以发现，大大超过栽培种分布的纬度范围。从美国向南经墨西哥和中美洲直到南纬45°都有发现。同时，马铃薯是中纬度到高纬度的主要作物。

野生马铃薯除了它们有广泛的气候适应性之外，就个别成员来说，对病虫害的适应力要比栽培马铃薯强得多，这对抗病虫育种是极为珍贵的种质资源。在野生马铃薯中，当然也在原始栽培种中还存在许多突变的事例，这些突变对育种学家来说，可能有所助益。如各种抗性的突变体，是抗性育种所要寻找的抗源，高蛋白突变体是品质育种的珍贵材料，等等。

1.4.2 马铃薯的种和分类

马铃薯在植物分类上属于茄科、茄属，它的种类很多，分类比较复杂。染色体基数为X=12。由于它可以通过无性繁殖繁育后代，所以自然界有一系列的多倍体存在，如二倍体（2n=2X=24）、三倍体（2n=3X=36）、四倍体（2n=4X=48）、五倍体（2n=5X=60）、六倍体（2n=6X=72）。

1.4.3 马铃薯品种的概念及类型

1. 马铃薯品种的概念

马铃薯品种是人类在一定的生态条件和经济条件下，根据人类的需要所选育的特定马铃薯群体。这种群体遗传特性相对稳定，生物学、形态学及经济性状相对一致；同时，这种群体在相应地区和耕作条件下种植，在产量、抗性、品质等方面都能符合生产发展的需要。马铃薯品种是人工进化、人工选择的结果，即育种的产物，是重要的农业生产资料。马铃薯品种也有其在植物分类学的地位，属于一定的种及亚种，但不同于分类学上的变种。变种是自然选择、自然进化的产物，一般不具上述特性和作用。英文术语 variety 兼具变种和品种的含义，为了避免混淆，近年有关文献中多用 cultivar 专指品种，以有别于变种。每个马铃薯品种都有其所适应的地区范围和耕作栽培条件，而且都只在一定历史时期起作用，所以优良品种一般都具有地区性和时间性。随着耕作条件及其他生态条件的改变，经济的发展，生活水平的提高，对品种的要求也会提高，所以必须不断地选育新品种以更替原有的品种。

2. 马铃薯品种的类型及其具体要求

（1）马铃薯品种的类型

根据用途不同将马铃薯品种划分为鲜食品种（菜用型品种）和加工类品种。加工类品种又细分为4种类型：炸片加工品种、炸条加工品种、淀粉加工品种、全粉加工品种。全粉主要用于生产复合薯片、马铃薯泥和其他食品。

（2）各类马铃薯品种性状的具体要求

鲜食品种：薯形好，芽眼浅，薯块大。干物质含量中等（15%~17%），高Vc含量（>25mg/100g鲜薯），粗蛋白质含量2.0%以上。炒食和蒸煮风味、口感好。耐贮运，符合出口标准。目前主要的鲜食品种有东农303、费乌瑞它、克星4号，春薯2号等。

炸片加工品种：还原糖含量低于0.25%，比重为1.085~1.100，耐低温贮藏，浅芽眼，圆形块茎。大西洋和夏波蒂是主要的油炸食品加工型品种。

炸条加工品种：还原糖含量低于0.25%，比重为1.085~1.100，耐低温贮藏，浅芽眼，长椭圆形或长圆形。

淀粉加工品种：淀粉含量在18%以上，白肉，耐贮藏。陇薯3号、陇薯5号、陇薯6号和克星3号等是典型的淀粉加工型品种。

全粉加工品种：还原糖含量低于0.25%，比重在1.085以上，耐低温贮藏，浅芽眼。

1.4.4 马铃薯品种需具备的特性

作为马铃薯品种，必须具备以下五大特性：特异性、一致性、稳定性、地区性和时间性。

特异性指不同品种间，至少有一个以上明显不同于其他品种的可辨认的标志性状。一致性指品种内个体间特征特性整齐一致。稳定性即经过特定的繁殖方法和在特定的繁殖周期内，其特征特性保持相对不变。品种的生物学特性适应一定地区生态环境和农业技术的要求称为地区性。马铃薯品种的时间性是指每个品种都有一定的使用周期。

1.4.5 马铃薯品种改良在马铃薯生产中的作用

马铃薯品种改良就是马铃薯的遗传改良。从野生植物驯化为栽培作物，就显示出初步的缓慢的遗传改良作用。现有马铃薯品种都是在不同历史时期先后从野生植物驯化而来的。

优良品种是指在一定地区和耕作条件下符合生产发展要求，并具有较高经济价值的品种。生产上的所谓良种，应包括具有优良品种品质和优良播种品质的双重含义。优良品种在马铃薯生产中具有以下作用。

①提高单位面积产量。在同样的地区和耕作栽培条件下，采用产量潜力大的良种，一般可增产10%或更高，在较高栽培水平下良种的增产作用也较大。

②改进产品品质。

③保持稳产性和产品品质。优良品种对常发的病虫害和环境胁迫具有较强的抗耐性，在生产中可减轻或避免产量的损失和品质的变劣。

④扩大种植面积。改良的品种具有较广阔的适应性，还具有对某些特殊有害因素的抗耐性，因此采用这样的良种，可以扩大该马铃薯的栽培地区和种植面积。

⑤有利于耕作制度的改良、复种指数的提高、农业机械化的发展及劳动生产率的提高。选用生育特性、生长习性、株型等合适的品种，可满足这些要求，从而提高生产效益。

当然，优良品种的这些作用是潜在的，其具体的表现和效益还要决定于相应的耕作栽培措施。而且一个品种绝不是万能的，它的优良表现也是相对的，因而育种工作不可能一劳永逸，它是随着生产发展和科技进步而不断发展的。

◎章末小结

遗传学是一门研究生物遗传信息以及遗传信息如何决定各种生物学性状发育的科学。遗传（heredity）是指亲代繁殖与其相似后代的现象。生物子代与亲代表现不同的现象称为变异。

马铃薯品种（variety）是人类在一定的生态条件和经济条件下，根据人类的需要所选育的关于马铃薯的一定群体。这种群体遗传特性相对稳定，生物学、形态学及经济性状相对一致；同时，这种群体在相应地区和耕作条件下种植，在产量、抗性、品质等方面都符合生产发展的需要。马铃薯品种是人工进化、人工选择的结果，即育种的产物，是重要的农业生产资料。

马铃薯育种是根据人类需要利用自然变异以及利用品种间杂交、远缘杂交、人工诱变、离体组织培养和DNA分子改造等途径创造新的变异，根据一定的目标进行选择、筛选出新品种的过程。新品种选育出后要加速繁育，尽快推广应用。马铃薯育种实际上就是马铃薯的人工进化，是适当利用自然进化的人工进化，其进程远比自然进化快。马铃薯育种学是研究选育及繁殖马铃薯优良品种的理论与方法的科学。

我国的马铃薯育种方法，从技术方面大体可分为天然籽实生苗育种、引种、杂交育种、诱变育种和生物工程技术育种等。杂交育种主要利用基因重组；诱变育种侧重于基因突变；而生物技术育种则侧重于染色体数目和结构变异。杂交育种技术简单，使用灵活，但受基因狭窄和杂交不育的限制，在这方面必须通过生物技术方法去解决；诱变育种操作方便，容易进行，且不受基因狭窄的限制，但改良性状比较单一，不能大范围地改良品种；生物技术育种虽然能够有效地解决杂交育种和诱变育种中存在的缺点和不足，但技术方法不容易掌握，操作较难，使用经费比较多，在我国现有国情条件下，一般育种单位很难开展这项工作。今后我们应当将这三种育种方法有机结合，以培育出更多、更好的马铃薯新品种。

◎知识链接

"自私的基因"理论内容

自私的基因（selfish gene）是指基因在生物进化中的绝对自私性，是对动物行为功能的基本解释。自私的基因理论是英国牛津大学行为生态学家道金斯（R. Dawkins）1976年在他的《自私的基因》一书中首先提出的。基因的天职是复制，而动植物只是它们的生存机器、运载体。每个运载体——动植物个体的寿命是有限的，而基因的寿命却不因个体的死亡而终结，个体完成职责后就被抛弃在一旁。有机体只是DNA制造出更多DNA的工具，即鸡只是鸡蛋为了再生鸡蛋的一种途径。基因的另一个天然特征就是自私。如果它不自私，而是利他主义者，把生存机会让与其他基因，自己就被消灭了，所以生存下来的必定是自私的基因，而非利他的基因。因此，基因是自私行为的基本单位，也是发生在生命运动各层次上的自私行为的原因。

虽然基因的自私性通常会导致个体行为的自私性，但有时也会导致个体的利他主义行为。达尔文在其进化论中把自然选择的对象视为物种的个体，根据其"适者生存"的观点，则无法彻底解释动物的利他行为。而道金斯认为，自然选择的基本单位不是物种，也不是种群或群体，甚至不是个体和染色体，而是作为遗传物质的基本单位——基因。在基因的层次上，则很容易解释动物的利他行为。

自私是生命的最基本特征。生物的大部分行为和性状，都是为了提高自己的适合度，或者说是提高某个控制这种性状基因的适合度。连生物的利他行为，其出发点也是为了自己的利益。即：帮助别人是为了别人能帮助我。这就是生命，一切以自我为中心，一切为了自己。而造成这一切的，是DNA这种自私的分子。生命不过是DNA复制自己的一种工具罢了。其实，我们都被自己的基因利用了！

没有谁能摆脱自私基因的控制，没有谁能做到大公无私。自私，生物的天性。

我国马铃薯“专用品种”的育种成就

马铃薯是一种粮蔬兼宜的重要农作物，它具有丰富的营养，在人民生活和农业生产中占有重要的地位。随着人民生活水平的提高，方便、营养价值高的快餐食品愈来愈受到人们的欢迎，其中马铃薯炸片和法国薯条已在中国大中城市成为热销食品，并且消费量不断增加。为满足消费者的需要，提高马铃薯的品质就显得越来越重要。

一、炸片（条）加工品种

国外的炸片加工品种有“大西洋（Atlantic）”、“斯诺顿（Snowden）”；炸条品种“夏波蒂（Shapedy）”、“赤褐布尔班克（RuestBurbank）”等，日本主要使用“丰白”品种。这些品种能满足食品加工生产的要求。我国已经育成适用于炸片加工的品种，如吉林省农科院蔬菜所育成的春薯3号、春薯88-3-1，这两品种被百事、卡露比食品有限公司测试选定为油炸原料薯品种；同时也育成了适宜脱皮保鲜食品加工的春薯四号。日本育成了适于油炸马铃薯片的品种，如在低温（2℃）贮存后加温处理时还原糖迅速减少的品系北海78号。1994年中国农业科学院蔬菜花卉研究所从荷兰AGRICO公司引进16个马铃薯品种，筛选出适合马铃薯薯条加工的品种“阿克瑞亚”（AGRIA），该品种在栽培适应性、丰产性、抗病性和薯块性状、加工品质尤其是炸条品质表现突出。此外还筛选出高产、鲜食的马铃薯品种“红多”（KONDOR）。该品种块茎长椭圆形，红皮，薯肉淡黄色，表皮光滑，芽眼中等，商品率高，属中晚熟品种。

二、淀粉加工专用品种

许多研究表明，马铃薯野生种内含有抗病、高产、高淀粉等遗传基因。利用引入的原始栽培种和野生种已创造了一些具有特殊基因（如抗病、高淀粉）的育种中间材料，这些材料目前正在育种工作中得到应用。我国利用CIP引进的野生种与普通栽培种（*S. tuberosum*）杂交产生的回交后代经多年田间鉴定，选出了ST17｛(S. cha×ka)×ka×H1×克三｝×DTO-33、ST22｛(S. cha×ka)×ka×NOOKSak×2071｝×A1624等高淀粉材料（淀粉含量超过20%）；ST4、ST9、ST10｛(S. Stcd×ka)×ka×克H1×8202-5｝×AL624等高抗X、抗Y病毒材料；Abnaki抗PLRV病毒。

三、超新型品种

超新型品种中，日本为适应饮食业的新变化，其马铃薯专家已经育成安第斯型二倍体和含有紫肉色素的马铃薯品种。目前秘鲁已经育成了橘色薯肉的马铃薯品种，韩国培育出了彩色薯肉的品种，这类品种具有营养价值高的特点，其赖氨酸含量是普通品种的2~4倍。我国于20世纪40年代中期便开始了马铃薯的品种选育工作，50多年来已育成了100多个品种，其中大多数品种都是通过品种间杂交选育而成的，少部分品种由自交方法育成，如克新12号、克新13号等。

总之，与其他作物相比，马铃薯育种进展相对较慢。目前，全世界进行基因型的选择都是依靠表现型，而普通马铃薯栽培种是四倍体种，遗传方式复杂，马铃薯生长发育受环境影响很大，选择效果较差，选择效率低。21世纪马铃薯育种的根本变化将是依靠新的技术手段，直接选择基因型。转基因野生种和原始栽培种的利用仍是21世纪马铃薯的重要研究内容，是育种取得突破的关键；细胞融合技术和倍性操作技术的进展，将逐渐打破有性杂交障碍，使更多的野生资源得以应用；二倍体水平育种将大大提高选择效果，得到广泛利用；一直困扰马铃薯实生种子利用的后代分离难题，很可能在花药培养和2n配子（FDR）利用技术的完善中得以解决。

当前，生物技术育种方法正广泛利用于马铃薯育种上，但是，它必须与常规育种相结合，因为生物技术与常规育种技术并无矛盾，完全可以互相补充，也就是说，一方面，生物技术只有在常规育种基础上进行才能在实践中发挥作用；另一方面，常规育种只有靠细胞工程提供新的技术和方法，才能使之摆脱困境，提高到一个新水平，两者是相辅相成的。

主要的马铃薯品种简介

大西洋：美国品种，中晚熟，生育期115天。株型直立，生长势中等，茎秆粗壮，基部有分布不规则的紫色斑点；叶亮绿色、紧凑、花冠浅紫色，开花多，天然结实性弱；块茎卵圆形或圆形，表皮光滑，有轻微网纹，鳞片密，芽眼浅，白皮，白肉；干物质23%，淀粉含量17.9%，还原糖含量0.03%。该品种对PVX免疫，中抗晚疫病。该品种抗旱性较强，水、旱地均可种植。

陇薯3号：是甘肃省农科院粮食作物研究所育成的高淀粉马铃薯新品种，1995年通过甘肃省农作物品种审定委员会审定，2002年4月获甘肃省科技进步二等奖。特征特性：该品种中晚熟，生育期（出苗至成熟）110天左右。株型半直立较紧凑，株高60~70cm。茎绿色、叶片深绿色，花冠白色，天然偶尔结实。薯块扁圆或椭圆形，大而整齐，黄皮黄肉，芽眼较浅并呈淡紫红色。结薯集中，单株结薯5~7块，大中薯重率90%以上。块茎休眠期长，耐贮藏。品质优良，薯块干物质含量24.10%~30.66%，淀粉含量20.09%~24.25%，Vc含量20.2~26.88mg/100g，粗蛋白质含量1.78%~1.88%，还原糖含量0.13%~0.18%，食用口感好，有香味。特别是淀粉含量比一般中晚熟品种高出3~5个百分点，十分适宜淀粉加工。抗病性强，高抗晚疫病，对花叶、卷叶病毒病具有田间抗性。

陇薯4号：甘肃省农科院育成。株高70~80cm，株型较平展，茎绿色，复叶大，叶色深绿，花冠浅紫色，天然结实性差。块茎圆形，芽眼年较浅，黄皮黄肉，表皮粗糙，块茎大而整齐，结薯集中，休眠期长，耐贮藏。晚熟，生育期115天以上，淀粉含量16%~17%，适宜鲜食和平共加工。植株高抗晚病，抗旱耐瘠薄。

费乌瑞它：该品种从荷兰引进，经组织培养繁育而成。该品种在陕西有很好的商品适应性和品种优势，是当前理想的双季、高产早熟品种。株高50厘米左右，直立型，薯块椭圆形，黄皮黄肉，表皮光滑，薯块大而整齐，芽眼浅平。肉质脆嫩，品质好。结薯早而集中，商品率高。从出苗到收获60天左右，休眠期短。春薯覆膜栽培可提早于5月中下旬上市，宜双季栽培。块茎结薯浅、对光敏感，应适当培土，以免块茎膨大露出地面绿化，影响品质。春播一般亩产1500~2000公斤，高的可达2500公斤以上。薯块大而整齐，受市场欢迎，面向南方市场及东南亚出口有广阔前景。

中薯3号：是中国农业科学研究院蔬菜花卉研究所育成的早熟品种，出苗后生育日数67天左右。株型直立，株高50厘米左右，单株主茎数3个左右，茎绿色，叶绿色，茸毛少，叶缘波状。花序总梗绿色，花冠白色，雄蕊橙黄色，柱头3裂，天然结实。块茎椭圆形，淡黄皮淡黄肉，表皮光滑，芽眼少而浅，单株结薯5.6个，商品薯率80%~90%。幼苗生长势强，枝叶繁茂，匍匐茎短，日照长度反应不敏感，块茎休眠期60天左右，耐贮藏。田间表现抗花叶病毒病，不抗晚疫病。室内接种鉴定：抗轻花叶病毒病，中抗重花叶病毒病，不抗晚疫病。块茎品质：干物质含量19.1%，粗淀粉含量12.7%，还原糖含量0.29%，粗蛋白含量2.06%，维生素C含量21.1毫克/100克鲜薯，蒸食品质优。

中薯4号：该品种由中国农科院蔬菜花卉所育成。属早熟、优质、炸片型马铃薯新品种。株形直立，分枝少，株高55厘米左右，茎绿色，基部呈淡紫色。叶深绿色，挺拔，大小中等，叶缘平展。花冠白色，能天然结实，极早熟，从出苗至收获60天左右。块茎长圆形，皮肉淡黄色，薯块大而整齐，结薯集中，芽眼少而浅，食味好，适于炸片和鲜薯食用。休眠期短，植株较抗晚疫病，抗马铃薯X病毒和Y病毒，生长后期经感卷叶病、抗疮痂病，种性退化慢。一般亩产1500~2000公斤。

夏波蒂：薯块长形，白皮，白肉，也适合炸条，现为美国和加拿大等国的主栽品种之一。其缺点是不抗晚疫病，抗退化性差。经民乐县试验示范，平均亩产量1420kg，最高产量达3000kg。

张引薯1号：特早熟品种，由甘肃省张掖市农科所引进，植株直立，分枝少，茎紫色，生长势强，叶色绿色。株高60cm左右，花蓝紫色。薯形长椭圆形，黄皮黄肉，表皮光滑，块茎大而整齐，芽眼少而浅，结薯集中，喜肥水。极早熟，生育期70天，休眠期短，耐贮存，淀粉含量15%左右，适宜鲜食。亩产量2000~3000kg，适应在川区地膜种植。适宜密植，每亩理论株数5500~6100株。

渭薯8号：该品种由甘肃省高台县农技站从渭源五竹良种繁育协会引进。经试验示范，表现生长势强，个大、产量高，平均亩产3600kg以上，适宜沿山冷凉灌区种植。

早大白：该品种早熟、抗病、高产，并具有薯块大而整齐、白皮白肉，商品性好的突出特点，故报辽宁省农作物品种审定委员会命名为“早大白”。“早大白”芽子壮、出苗快，前期生长迅速，一般栽培播后85天成熟；结薯集中、整齐，薯块膨大快，播后75天大中薯比例（商品率）达80%以上。覆膜栽培，播后65天成熟，早上市产值高，早倒茬提高复种效益。该品种一般栽培亩产2000公斤左右，大中薯比例（商品率）达93.2%；覆膜早收亩产1500公斤，大中薯比例达85%以上。

中薯3号：株型直立，分枝少，株高55~60厘米。茎绿色，复叶大，侧小叶4对，茸毛少，叶缘波状。花序总梗绿色。花冠白色，雄蕊橙黄色，柱头3裂，能天然结实。匍匐茎短，结薯集中，单株结薯数4~5个。具有早熟、丰产、抗病性强，商品性好等特点。春播从出苗至收获65~70天，一般每亩产1500~2000kg，大中薯率达90%，薯块大，较整齐，薯皮光滑，芽眼浅。田间表现抗重花叶病毒，较抗普通花叶病毒和卷叶病毒，不感疮痂病。夏季休眠期60天左右，适于二季作区春、秋两季栽培和一季作区早熟栽培。

郑薯6号：株高75厘米，分枝较少，株型直立，叶片较大，叶绿色，生长势强。花冠白色，能天然结果，块茎椭圆形，皮肉黄色，表皮光滑，芽眼浅，结薯集中，块茎大，单株结薯3~4块，休眠期短，耐贮藏，一般每亩2000kg，高产可达3000kg。块茎淀粉含量15%，粗蛋白质含量2.25%，每100g鲜薯维生素C含量13.62毫克，还原糖含量0.177%左右，品质好，适宜鲜食及加工用。植株抗病毒性强，无花叶病毒病，感染卷叶病毒，较抗疮迦病及螨类。

克新1号：株型开展，分枝较多，株高70厘米左右，茎绿色，复叶大，叶绿色，生长势强。花冠淡紫色，花药黄绿色无花粉，雌雄蕊均不育。块茎椭圆形，白皮白肉，表皮光滑，芽眼较多、中等深。结薯集中，块茎大而整齐，休眠期长，耐贮藏。食用品质中等，淀粉含量13%~14%，粗蛋白质含量0.65%，维生素C 14.4mg/100g鲜薯，还原糖0.52%。植株抗晚疫病（块茎易感病），高抗环腐病，抗Y病毒和卷叶病毒病，较耐涝。一般亩产约1500kg，高产可达2500kg以上。

黑佳丽：特征特性：幼苗直立，株丛繁茂，株型高大，生长势强。株高60cm，茎粗1.37cm，茎深紫色，横断面三棱形。主茎发达，分枝较少。叶色深绿，叶柄紫色，花冠紫色，花瓣深紫色。薯体长椭圆形，表皮光滑，呈黑紫色，乌黑发亮，富有光泽。薯肉深紫色，致密度紧。外观颜色诱惑力强。淀粉含量13%~15%，口感香面品质好。芽眼浅，芽眼数中等。结薯集中，单株结薯6~8个，单薯重120~300克。全生育期90天，属中早熟品种，耐旱耐寒性强，适应性广，薯块耐贮藏。抗早疫病、晚疫病、环腐病、黑胫病、病毒病。一般亩产2000~2500kg，比普通品种增产15%左右。适宜全国马铃薯主产区、次产区栽培，发展前景看好。黑色马铃薯营养丰富，每百克含蛋白质2.3g、脂肪0.1g、碳水化合物16.5g、钙11mg、铁1.2mg、磷64mg、钾342mg、镁22.9mg、胡萝卜素0.01mg、硫胺素0.1mg、核黄素0.03mg、烟酸0.4mg、抗血坏酸16mg、花青素100mg。该品种因含有大量的花青素，它的薯肉才呈紫色。花青素是一种天然抗氧化剂，可以消除人体内因代谢产生的有害物质——自由基（该物质能诱导组织产生癌变，加速组织细胞的衰老），因此黑色马铃薯具有抗癌、延缓机体组织衰老、增强血管弹性、改善循环系统和增进皮肤的光滑度、抑制炎症和过敏、改善关节的柔韧性等功效。黑色马铃薯既可做配菜，又可做特色菜肴。炒、炸、烧、煮、煨、蒸、煎等均可，能做成500道味道鲜美、形色各异的食品。另外，其本身含有丰富的抗氧化物质，经高温油炸后不需添加色素仍可保持原有的天然颜色。

◎观察与思考

1. 简述遗传学的研究内容及其发展方向。
2. 什么是基因？基因具有哪些特征？
3. 马铃薯品种有哪些类型？各具有什么特征？
4. 马铃薯品种应该具有哪些属性和作用？
5. 简述国内外马铃薯育种发展概况。
6. 简述马铃薯育种学的特点和任务。
7. 我国马铃薯育种方法主要有哪些？各有什么特点？

第 2 章 遗传的细胞学基础

细胞（cell）是生物体结构和生命活动的基本单元。细胞是由膜包围着含有细胞核（或拟核）的原生质所组成，是生物体的结构和功能的基本单位，具有自我复制的能力，是有机体生长发育的基础。细胞是代谢与功能的基本单位，具有完整的代谢和调节体系，不同的细胞执行不同的功能。细胞是有机体生长与发育的基础。细胞是遗传的基本单位，具有发育的全能性。因此，没有细胞就没有完整的生命。

2.1 细胞结构

除了病毒以外，所有的生物，不论是低等生物还是高等生物，都是由细胞构成的。低等的单细胞生物，包括细菌、一些真菌、藻类和原生动物，虽然只具有一个原始状态的细胞，但同样具有生命的基本特征，表现为一个完整的生命个体。高等的多细胞生物是由许多形态上和生理功能上不同的细胞组成的，但其整体的生命活动仍然是以细胞为基本单元的。

繁殖后代是生命活动的基本特征。无论是有性繁殖还是无性繁殖，都必须通过一系列的细胞分裂才能完成。因此，为了深入了解生物遗传和变异的规律及其内在的细胞学机制，首先应该弄清细胞的结构和功能、细胞的分裂方式、生物的繁殖方式及其与遗传表现的关系。

所有的细胞具有以下基本共性：所有的细胞具有相似的化学成分；所有的细胞表面都有细胞质膜；所有的细胞均有两种核酸；所有的细胞均有合成蛋白质的核糖体；所有的细胞均以一分为二的方式进行增殖。

2.1.1 细胞结构

根据起源与复杂程度不同，将细胞分为原核细胞、古核细胞和真核细胞。原核细胞没有核膜，DNA 为裸露的环状分子，通常没有结合蛋白，没有恒定的内膜系统，核糖体为 70S 型，通常称为细菌（bacterium）。真核细胞（eukaryotic cell）具有核被膜（nuclear envelope）和核仁（nucleolus），细胞质中有大量的细胞器如线粒体、叶绿体、内质网、高尔基体等。古核细胞（古细菌 archaebacteria）既不同于原核细胞也不同于真核细胞，属于生命的第三种形式。形态上与原核细胞相似，但并不意味着它们是最古老的细胞类型。真核细胞构成的生物为真核生物，原核细胞构成的生物为原核生物，没有细胞结构的生物为病毒。

在光学显微镜下观察植物的细胞，可以看到它的结构分为下列四个部分：细胞壁、细胞膜、细胞质和细胞核。

1. 细胞壁（cell wall）

细胞壁位于植物细胞的最外层，是一层透明的薄壁。它主要是由纤维素组成的，孔隙较大，物质分子可以自由透过。细胞壁对细胞起着支持和保护的作用。

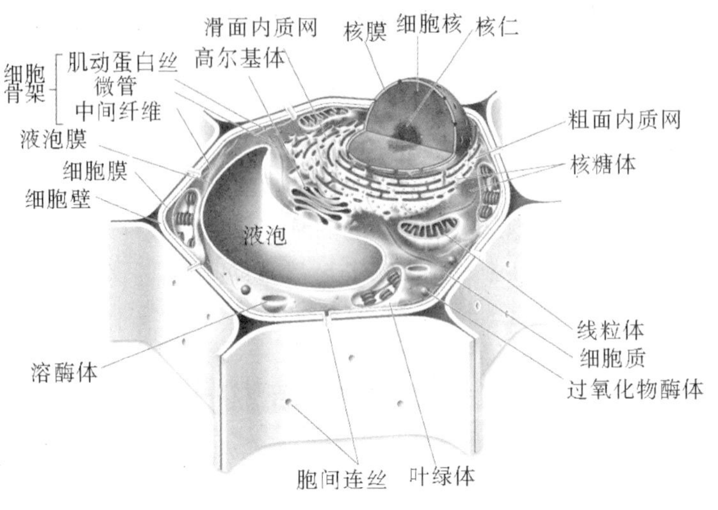

图 2-1　植物细胞结构图

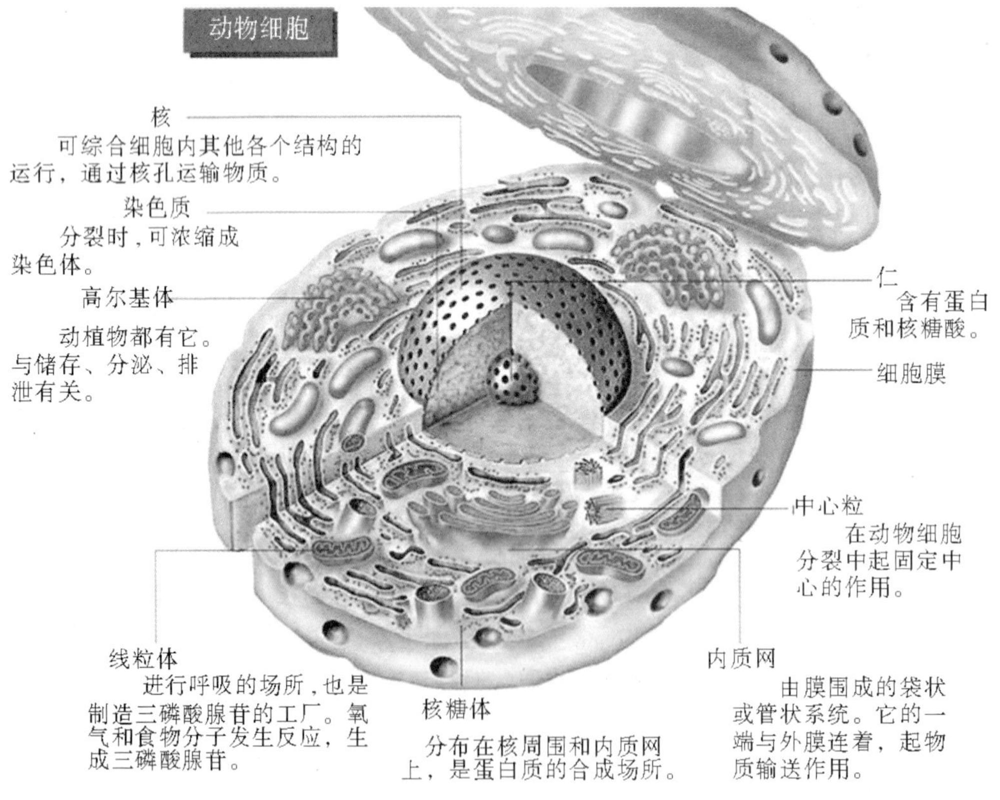

图 2-2　动物细胞结构图

2. 细胞膜（cell membrane）

细胞壁的内侧紧贴着一层极薄的膜，叫做细胞膜。厚度 75~100 埃，由类脂分子和蛋白质组成。细胞膜的主要功能有：使细胞和外界分开，具保护细胞的功能；使细胞保持一定的形态功能；和细胞的吸收、分泌、内外物质的交流、细胞的识别等有密切关系。

细胞膜在光学显微镜下不易分辨。用电子显微镜观察，可以知道细胞膜主要由蛋白质分子和脂类分子构成。在细胞膜的中间，是磷脂双分子层，这是细胞膜的基本骨架。在磷脂双分子层的外侧和内侧，有许多球形的蛋白质分子，它们以不同深度镶嵌在磷脂分子层中，或者覆盖在磷脂分子层的表面。这些磷脂分子和蛋白质分子大多是可以流动的，可以说，细胞膜具有一定的流动性。细胞膜的这种结构特点，对于它完成各种生理功能是非常重要的。

3. 细胞质（cytoplasm）

细胞膜包着的黏稠透明的物质，叫做细胞质。在细胞质中还可看到一些带折光性的颗粒，这些颗粒多数具有一定的结构和功能，类似生物体的各种器官，因此叫做细胞器。例如，在绿色植物的叶肉细胞中，能看到许多绿色的颗粒，这就是叶绿体。绿色植物的光合作用就是在叶绿体中进行的。在细胞质中，往往还能看到一个或几个液泡，其中充满着液体，叫做细胞液。在成熟的植物细胞中，液泡合并为一个中央液泡，其体积占去整个细胞的大半。细胞中的其他主要细胞器有线粒体、内质网、高尔基体、溶酶体和液泡等。

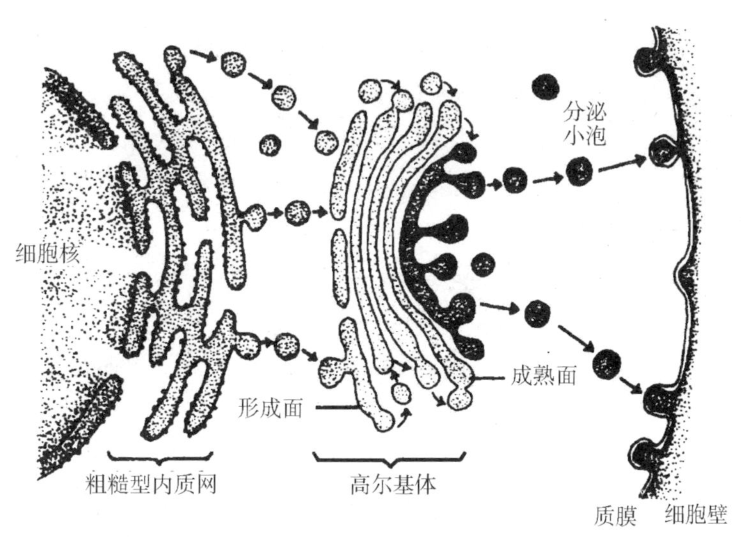

图 2-3　细胞内膜系统的相互关系

细胞质不是凝固静止的，而是缓缓地运动着的。在只具有一个中央液泡的细胞内，细胞质往往围绕液泡循环流动，这样便促进了细胞内物质的转运，也加强了细胞器之间的相互联系。细胞质运动是一种消耗能量的生命现象。细胞的生命活动越旺盛，细胞质流动越快，反之，则越慢。细胞死亡后，其细胞质的流动也就停止了。

除叶绿体外，植物细胞中还有一些细胞器，它们具有不同的结构，执行着不同的功能，共同完成细胞的生命活动。这些细胞器的结构需用电子显微镜观察，将这些在电镜下观察到的细胞结构称为亚显微结构。细胞质内的亚显微结构主要有线粒体、内质网、高尔基体、溶酶体、核糖体、中心体、细胞核等。

线粒体呈线状、粒状，故名。在线粒体上，有很多种与呼吸作用有关的颗粒，即多种呼吸酶。它是细胞进行呼吸作用的场所，通过呼吸作用，将有机物氧化分解，并释放能量，供细胞的生命活动所需，所以有人称线粒体为细胞的“发电站”或“动力工厂”。

内质网是细胞质中由膜构成的网状管道系统。它与细胞膜相通连，对细胞内蛋白质等物质的合成和运输起着重要作用。

核糖体是一种颗粒状小体，多存在于内质网膜的外表面，是合成蛋白质的重要基地。

中心体存在于动物细胞和某些低等植物细胞中，因为它的位置靠近细胞核，所以叫中心体。中心体与细胞的分裂运动有密切关系。

4. 细胞核（uncleus）

细胞质里含有一个近似球形的细胞核，是由更加黏稠的物质构成的。细胞核通常位于细胞的中央，成熟的植物细胞的细胞核，往往被中央液泡推挤到细胞的边缘。细胞核中有一种物质，易被洋红、苏木精等碱性染料染成深色，叫做染色质。生物体用于传宗接代的物质即遗传物质，就在染色质上。当细胞进行有丝分裂时，染色质就变化成染色体。

多数细胞只有一个细胞核，有些细胞含有两个或多个细胞核，如肌细胞、肝细胞等。细胞核可分为核膜、染色质、核液和核仁四部分。核膜与内质网相通连，染色质位于核膜与核仁之间。染色质主要由蛋白质和 DNA 组成。

分布于细胞核内的 DNA 是一种有机物大分子，又叫脱氧核糖核酸，是生物的遗传物质。在有丝分裂时，染色体复制，DNA 也随之复制为两份，平均分配到两个子细胞中，使得后代细胞染色体数目恒定，从而保证了后代遗传特性的稳定。

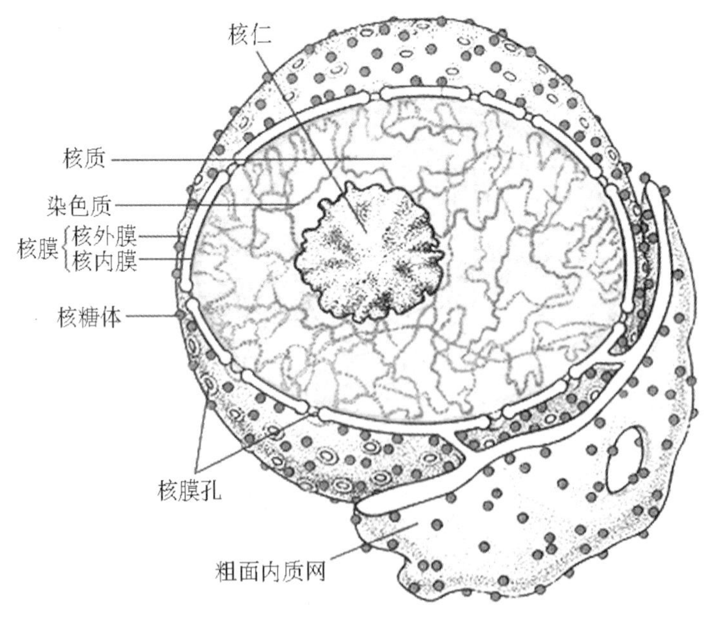

图 2-4 细胞核结构模式图

2.1.2　原核细胞与真核细胞之间的主要区别

表 2-1　　原核细胞与真核细胞的主要区别

类别	原核细胞	真核细胞
细胞大小	很小	较大
细胞核	无核膜、核仁	具有真正的细胞核
遗传信息	裸露、1 条 DNA 分子，无核小体结构	DNA 与蛋白质结合形成核小体，每个细胞 2 个以上 DNA 分子
DNA、RNA、蛋白质合成	均在细胞质进行	DNA、RNA 在核中，蛋白质在细胞质中
细胞质	无细胞器分化	有细胞器分化
细胞壁	主要是肽聚糖；磷壁酸	植物是纤维素，微生物是几丁质
生物种类	细菌、放线菌、古生菌等	真菌、原生动物、高等动植物等

原核细胞没有核膜，没有恒定的内膜系统，DNA 为裸露的环状分子，通常没有结合蛋白，核糖体为 70S 型，通常称为细菌（bacterium）。古核细胞既不同于原核细胞也不同于真核细胞，属于生命的第三种形式，形态上与原核细胞相似，但并不意味着它们是最古老的细胞类型。真核细胞具有核被膜和核仁。

2.1.3　动物细胞与植物细胞之间的主要区别

通常，植物细胞有细胞壁，而动物细胞没有。植物细胞有液泡，动物细胞没有。植物细胞有叶绿体，而动物细胞没有。动物细胞有中心体，植物细胞没有。植物细胞在分裂中期时有纺锤丝，而动物的叫星射线，是由中心体放出的。植物细胞的纺锤体是由两极发出纺锤丝形成的，而动物细胞的纺锤体是由中心体发出的星射线形成的；动物细胞形成子细胞的方式是细胞膜在细胞中央向内凹陷，一个细胞缢裂成两个细胞，植物细胞在分裂末期细胞中央出现细胞板，细胞板由中央向四周延展，最后演化成细胞壁，一个细胞分裂成两个细胞。

表 2-2　　动物细胞与植物细胞的比较

细胞结构	动物细胞	植物细胞
中心体	有	无
叶绿体	无	有
细胞壁	无	有
大液泡	无	有
细胞分裂	缢缩	形成细胞板

2.2 染　色　体

染色体是细胞核内最重要的组成部分。在光学显微镜或电子显微镜下，几乎在所有生物的细胞中都可以看到染色体的存在。各个物种的染色体都有其特定的形态特征。染色体和染色质是同一种物质的不同形态。在细胞分裂间期表现为染色质，在细胞分裂过程中表现为染色体。这两种形态之间的变换是渐进的、连续的，而不是突然的、中断的。在细胞的整个分裂过程中，染色体的形态和结构表现为一系列的有规律的变化。其中以有丝分裂中期或中期稍后表现得最为明显和典型。此时，染色体收缩到最粗最短的程度，并且排列在赤道板上。通常所说的染色体形态一般指染色体在这个时期的形态。

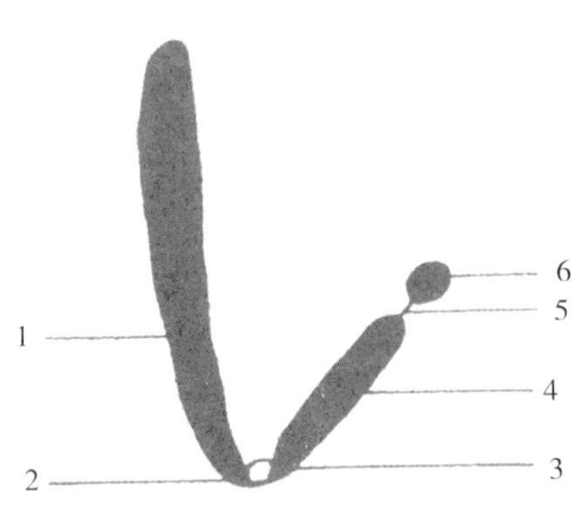

图 2-5　中期染色体形态的示意图
1. 长臂　2. 主缢痕　3. 着丝点
4. 短臂　5. 次缢痕　6. 随体

2.2.1　染色体的形态结构

一条完整的染色体应该具有一个着丝粒，两个端粒和至少一个复制起始点。

1. 主缢痕（初级缢痕；着丝粒区）

在光学显微镜下，每个染色体都有一个着丝粒（centromere），着丝粒把染色体分为两个臂（arm）。细胞分裂时，纺锤丝就附着在着丝粒区域。因而着丝粒又称为着丝点（spindle fiber attachment）。用碱性染料对染色体进行染色，当两个臂被染色时，着丝点不着色，在光镜下，好像染色体在此区域是中断的，于是又称着丝粒区域为主缢痕。动粒（着丝点；着丝盘）是主缢痕处两染色单体外侧表层部位与纺锤丝接触的，由微管蛋白组装而成的颗粒结构，与染色体的运动有关。

表 2-3　**细胞核染色体类型**

染色体类型	符号	臂比	着丝粒指数	分裂后形态
中央着丝粒染色体	M	1~1.7	0.5~0.375	V
近中央着丝粒染色体	SM	1.7~3	0.374~0.25	L
近端着丝粒染色体	ST	3~7	0.249~0.125	I
顶端着丝粒染色体	T	>7	0.124-0	I

备注：臂比=长臂/短臂　　着丝粒指数=短臂长度/染色体总长度

在细胞分裂过程中，着丝点对染色体向两极的移动具有决定性作用，纺锤丝牵引染色体时就附着在着丝粒区域之处。若染色体由于某种原因发生断裂，势必成为两段，一段有着丝粒，另一片段没有着丝粒。有着丝粒的片段可以正常地移向两极，不会由于断裂而丢失，但无着丝粒的片段则不能正常地移向两极，常常会丢失在细胞质中。

着丝粒和着丝点过去常被当做同义词使用，目前有人根据电镜观察指出，它们是在空间位置上相关，而构造上有别的两种结构。着丝粒是细胞分裂中期时两条染色单体相互联结的部位，而着丝点是指主缢痕处和纺锤丝接触的结构。

根据着丝粒在染色体上的位置和染色体两臂的长度比（臂比）不同，将染色体分成 4 类：中央着丝粒染色体、近中央着丝粒染色体、近端着丝粒染色体和顶端着丝粒染色体。

2. 次缢痕与随体

有些染色体上除了主缢痕区之外，还有一个不着色或着色很淡的区域，通常位于短臂上，称为次缢痕（secondary constriction）。次缢痕的外侧还有一部分染色体，这一部分可大可小，有时其直径与该染色体相同，有时较小，称为随体（satellite）。次缢痕的位置和随体的大小，在一个物种内是相对固定的，这些也是识别特定染色体的重要形态标志。

次缢痕与核仁的形成有关。次缢痕是核仁组织者（nucleolar organizer）的一部分。细胞分裂过程中，核仁紧靠在副缢痕区。有的物种则有两对或两对以上的染色体带有次缢痕和随体。带有随体的染色体称为随体染色体。

3. 端粒

端粒是每个染色体末端特化的部位，着色较深，由端粒 DNA 和端粒蛋白组成。端粒的主要作用是防止染色体降解、粘连，抑制细胞凋亡，与寿命长短有关。

2.2.2　染色体的大小及数目

正常情况下，每种生物不同时期的染色体数目是恒定的。不同物种间染色体数目差异很大。最短的染色体长度为 0.25μm，接近光学显微镜的分辨率。最长的染色体长度是 30μm。

表 2-4　**水稻和玉米在细胞减速分裂的粗线期染色体的长度**

染色体编号	水稻		玉米	
	全长（μm）	长臂/短臂	全长（μm）	长臂/短臂
1	79.0	1.72	82.40	1.30
2	47.5	2.16	66.50	1.25
3	47.0	1.23	62.00	2.00
4	38.5	2.08	58.78	1.60
5	30.5	2.05	59.82	1.10
6	27.5	4.00	48.73	7.10
7	26.5	1.03	46.78	2.80
8	23.0	1.70	47.48	3.20
9	21.0	3.20	43.24	1.80

续表

染色体编号	水　稻		玉　米	
	全长（μm）	长臂/短臂	全长（μm）	长臂/短臂
10	21.0	6.00	36.93	2.80
11	20.5	1.56	——	——
12	18.0	3.00	——	——

在正常二倍体生物的体细胞内，染色体总是成对存在的，即总是有两个染色体在大小、形态和功能上完全相同，或极为相似，这样的两条染色体称为同源染色体。某一对染色体与其他形态、大小功能不同的染色体互称为非同源染色体。例如苹果的体细胞内有34条染色体，分为17对，即17对同源染色体，这17对之间都互称为非同源染色体。

特定数目的染色体在体细胞中是两两成对存在的。但在形成性细胞的过程中，染色体数目要减半，每个性细胞只能得到原来在体细胞中成对存在的同源染色体中的一条，而不是一对。也就是说，在染色体数目上，性细胞是体细胞的一半，体细胞是性细胞的2倍。在遗传学上，通常用2n表示某种生物体细胞中的染色体数目，用n表示性细胞（配子细胞）中的染色体数目。X代表染色体组的染色体基数，X前面的数字代表该物种的倍性。

例如：水稻 2n=24=12Ⅱ，n=12

茶　2n=30=15Ⅱ，n=15

桃　2n=16=8Ⅱ，n=8 等。

可见，体细胞中成双的各对染色体实际上可以分成为两组。其中一组来自雄性性细胞，另一组来自雌性性细胞。每一组称为一套染色体组，又叫做基因组（genome）。

表2-5　**一些物种的染色体数目**

物　种	染色体数目	物　种	染色体数目
人	46	猪	38
马	64	鸡	78
家蚕	56	小白鼠	40
水稻	24	普通小麦	42
大麦	14	玉米	20
烟草	48	陆地棉	52
大豆	40	西瓜	22

2.2.3　超数染色体

在有些生物中，除了正常染色体以外，还可能存在一些额外染色体，叫做超数染色体。超数染色体上一般不载有功能基因，在一定的数目范围内，这些额外染色体对细胞和个体的生存和发育没有明显的影响。相对而言，我们把正常染色体称为 A 染色体，而把那些超数染色体简称为 B 染色体。

2.2.4　染色体组型（染色体核型）

二倍体生物配子细胞内的所有染色体称为该生物的染色体组。每一种生物染色体数目、大小及形态都是特异的，这种特定的染色体组成称为作染色体组型。根据每种生物染色体数目、大小和着丝粒位置、臂比、次缢痕、随体等形态特征，对生物核内染色体进行配对、分组、归类、编号、进行分析的过程称为染色体组型分析。

通过染色体组型分析，对研究生物的遗传变异、物种间的亲缘关系、生物的系统演化，远缘杂交、染色体工程、辐射的遗传效应和人类染色体疾病等都具有十分重要的意义。

2.3　细 胞 分 裂

生物界的细胞分裂主要有无丝分裂、有丝分裂和减数分裂。

2.3.1　细胞周期（cell cycle）

从一个新产生的细胞到它分裂产生子细胞的这一过程称为细胞周期。细胞周期可分成四个阶段：M 期、S 期、G_1 期和 G_2 期。M 期是分裂期，通常是细胞周期中最短的时期，占整个时期的 5% ~10% 的时间。DNA 的合成发生在 S 期（synthesis），G_1（gap1）和 G_2（gap2）是 S 期和 M 期之间的两个间隙期。G_1、S、G_2 合称为间期（interpose）。此期染色质均匀地分布于核中，所以在显微镜下看不到染色体。一条染色体复制以后，通过着丝粒连接在一起的两条染色单体互称为姐妹染色单体。染色单体是不成熟的染色体，当染色单体拥有独立完整的着丝粒以后，就成为独立的染色体。位于一对同源染色体的不同着丝粒上的染色单体互称为非姐妹染色单体。

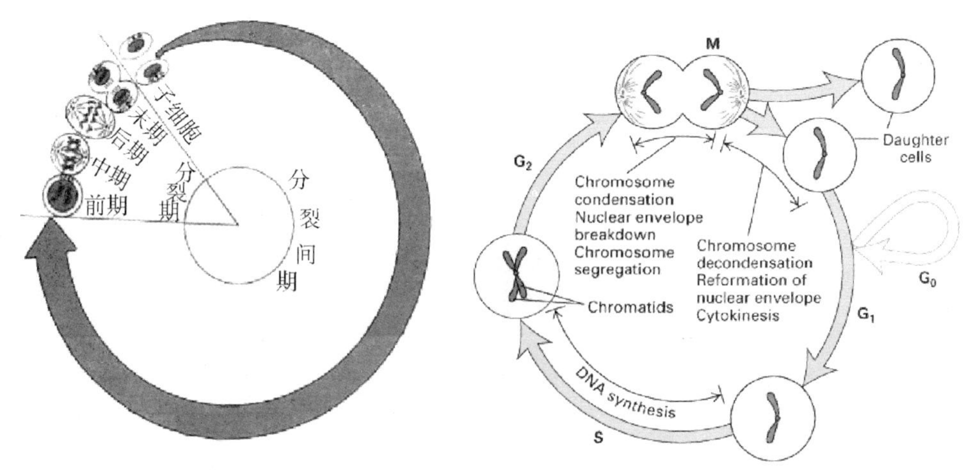

图 2-6　细胞周期及细胞类型

根据细胞的分裂状态不同，将细胞分为永久分化细胞、休眠细胞和连续分裂的细胞。连续分裂的细胞又称为周期中细胞。

2.3.2　原核细胞的无丝分裂

原核细胞的无丝分裂包括 DNA 的复制和分配以及胞质的分裂两个方面。根据电镜观察，原核细胞的染色体附着在间体上，复制后，原有的和新复制的染色体各自附着在与膜相连的间体上。随着细胞的延长，两个染色体之间膜伸长，当两条染色体充分分开时，中间发生凹陷，细胞分成两个细胞。

除了原核细胞外，真核细胞仅在极少数情况下发生无丝分裂（神经细胞、胚乳细胞、腺细胞等）。

2.3.3　真核细胞的有丝分裂

有丝分裂是一个连续的过程，为了便于研究，根据染色体在细胞周期中的形态变化不同，将细胞周期划分为：间期、前期、中期、后期和末期。

1. 有丝分裂过程

（1）间期

指细胞从一次分裂结束到下一次分裂开始之前的一段时间。此期看不到染色体的结构，又可以分为三个时期：G_1 期、S 期、G_2 期。

（2）前期

此期染色体开始逐渐变得清晰可辨，逐渐凝缩使其缩短变粗，收缩成螺旋状，这种形状易于移动。当染色体变得明显可见时．每条染色体已含有两条染色单体，互称为姐妹染色单体。通过着丝粒把它们相互连接在一起，到前期末，核仁逐渐消失，核膜开始破裂，核质和细胞质融为一体。

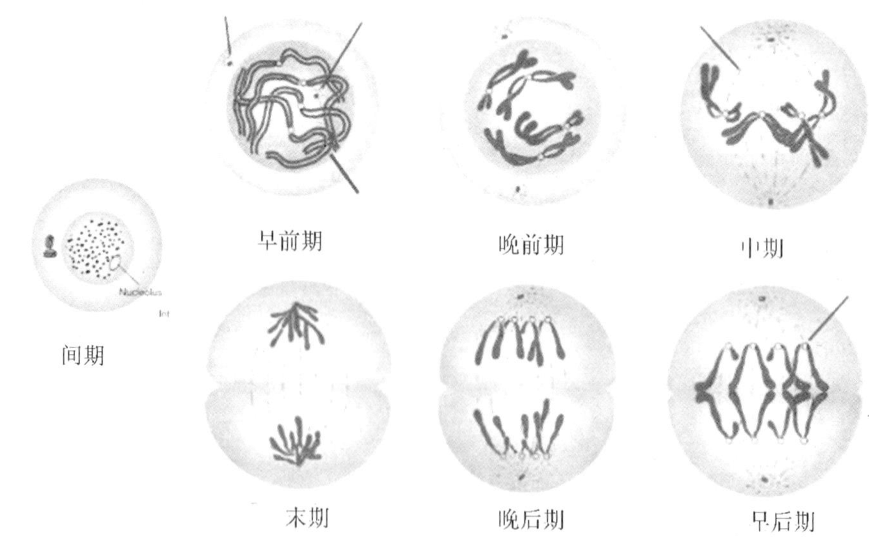

图 2-7　动物细胞有丝分裂过程

（3）中期

在此期纺锤体逐渐明显，这个鸟笼状的结构在核区形成，由细胞两极间一束平行的纤丝构成。着丝粒附着在纺锤丝上，染色体向细胞的赤道板。

（4）后期

在后期，着丝粒纵裂为二，姐妹染色单体彼此分离，各自移向一极。染色体的两臂由着丝粒拖曳移动，这时染色体是单条的，称为子染色体。

（5）末期

子细胞的染色体凝缩为一个新核，在核的四周核膜重新形成，染色体又变为均匀的染色质，核仁又重新出现，又形成了间期核。末期结束时，纺锤体被降解，细胞质被新的细胞膜分隔成两部分，结果产生了两个子细胞，其染色体和原来细胞中的完全一样。

2. 有丝分裂的特点

染色体复制 1 次，细胞分裂 1 次，分裂形成 2 个子细胞，子细胞与母细胞的细胞核染色体组成一样。

3. 有丝分裂的意义

个体发育 —— 细胞 ╱分裂——→ 数量增多
　　　　　　　　　╲分化——→ 种类齐全

有丝分裂是体细胞数量增长时进行的一种分裂方式，染色体复制一次，细胞分裂一次。分裂产生的两个子细胞之间以及子细胞和母细胞之间在染色体数量和质量即遗传组成上是相同的，这就保证了细胞上下代之间遗传物质的稳定性和连续性。因此，有丝分裂是母细胞产生和自己相同的子细胞的分裂方式。

2.3.4　细胞的减数分裂

减数分裂（meiosis）也是有丝分裂的一种，是发生在特殊器官、特殊时期的特殊的有丝分裂。减数分裂又称为成熟分裂（maturation division），发生在性母细胞形成配子的过程中。因为这种分裂使细胞内的染色体数目减半，所以称为减数分裂。比如，在黄瓜的体细胞内，$2n=14$，而在经减数分裂形成的黄瓜的雌雄配子中，$n=7$。减数分裂包括两次连续的核分裂而染色体只复制一次，每个子细胞核中只有单倍数的染色体的细胞分裂形式。两次连续的核分裂分别称为第一次分裂和第二次分裂。每次分裂都可以分成前、中、后、末四期。其中最复杂和最长的时期是前期Ⅰ，又可分为细线期、偶线期、粗线期、双线期和终变期。第一次分裂是减数的；第二次分裂是不减数的。第一次分裂复杂，时间长；第二次分裂跟一般的有丝分裂一样。每次分裂都可以分成前、中、后、末四期。

1. 减数分裂过程

（1）减数第一次分裂（减数分裂Ⅰ）

①前期Ⅰ：前期Ⅰ又可分为细线期、偶线期、粗线期、双线期和终变期，这些时期是完全连续的过程。

➢ 细线期（凝集期；花束期）：此期染色体呈细长线状，核仁依然存在。在细线期和整个的前期中染色体持续地浓缩。细线期中，沿着每条染色体浓缩的小区域称为染色粒，呈链珠状。

➢ 偶线期（配对期或合线期）：细线状的同源染色体开始配对，在性母细胞中，实际上有两套染色体，每条染色体都有一条与之同源的染色体，逐步相互配对或联会。细胞中可见二价体。

➢ 粗线期（重组期）：在这一阶段，染色体完全联会，发生交换，缩短变粗，但核仁仍然存在。在核中同源染色体的对数等于 n，一对配对的同源染色体称二价体或四联体，在特殊情况，存在不能配对的染色体则称单价体或二联体。染色粒直线排列在每一对的同源染色体上，像一串精致的珠链。

➢ 双线期（合成期）：在细线期时每条同源染色体看起来都是单条的线状，而此时 DNA 已在 S 期复制过了，只不过难以分辨而已。因此，双线期每条染色体就出现两条，与有丝分裂中期相似，其中每一条称为染色单体。由于配对的同源染色体每条都产生两条姐妹染色单体，所以联会复合体的结构是含有一束四条染色单体。非姐妹染色单体间的交错结构称为交叉，每一对同源染色体都有一个或更多的交叉存在。发生在减数分裂早期的交叉称为交换，常发生在粗线期。交换主要存在于减数分裂，在有丝分裂中十分罕见。一个交换是两个非姐妹染色单体之间的一次精确的断裂、互换和重接。交换另外的作用是产生新的基因组合，这是群体遗传变异的一个重要来源。

➢ 终变期（浓缩期）：此期明显不同于双线期，染色体进一步地收缩，交叉端化常可见到“O”形或“+”形的一对同源染色体。

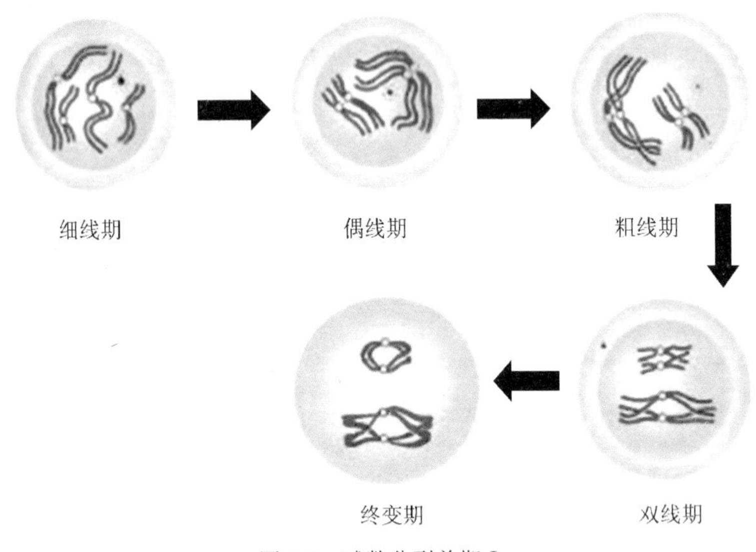

图 2-8　减数分裂前期 I

②中期 I：核膜、核仁消失，每对同源染色体位于赤道板上，着丝粒分居于赤道板并附着在纺锤丝上。而有丝分裂的中期着丝粒位于赤道板上，中期 I 着丝粒并不分裂。纺锤体进行装配。二价体向赤道面排列，从纺锤体一极出发的微管与一个同源染色体的两个动粒相连，这样保证了一对同源染色体的分离。每个四分体含有四个动粒。

③后期 I：在有丝分裂中，当染色体向两极移动时，后期便开始了。同源染色体彼此分离，向相对的两极移动。同源染色体随机分向两极，非同源染色体自由组合，表现出遗

传多态性，如人类染色体重组组合有 2^{23} 个。

④末期Ⅰ：此末期和随后的“间期”也称“分裂间期”，并不是普遍存在的，在很多生物中没有这一阶段，也没有核膜重新形成的过程，细胞直接进入第二次减数分裂。在另一些生物中，末期Ⅰ和分裂间期是短暂的，但核膜重新形成。在很多情况下此期不合成DNA，染色体的形状也不发生改变。

染色体到达两极，解旋后成为染色质，重新形成两个子核，每一个核是一个单倍体，因为它只含一套染色体，但每条染色体含有附着在着丝粒上的两条姐妹染色单体。因此减数分裂Ⅰ被称为”减数分裂”，而第二次减数分裂和有丝分裂相同，染色体的数目保持不变。

（2）减数第二次分裂（减数分裂Ⅱ）

减数Ⅱ分裂就是一种有丝分裂，分前期Ⅱ、中期Ⅱ，后期Ⅱ，末期Ⅱ四个时期。

前期Ⅱ：此期和前期Ⅰ的情况相似，每条染色体都已经复制过，所不同的是此期的染色体数是 n 。

中期Ⅱ：染色体排列在赤道板上，纺锤丝附着在单个的着丝粒上，染色单体从彼此紧密相连逐渐部分地分离。

后期Ⅱ：着丝粒纵裂，姐妹染色单体由纺锤丝拉着向两极移动。

末期Ⅱ：在子细胞两极染色体周围核膜重新形成。

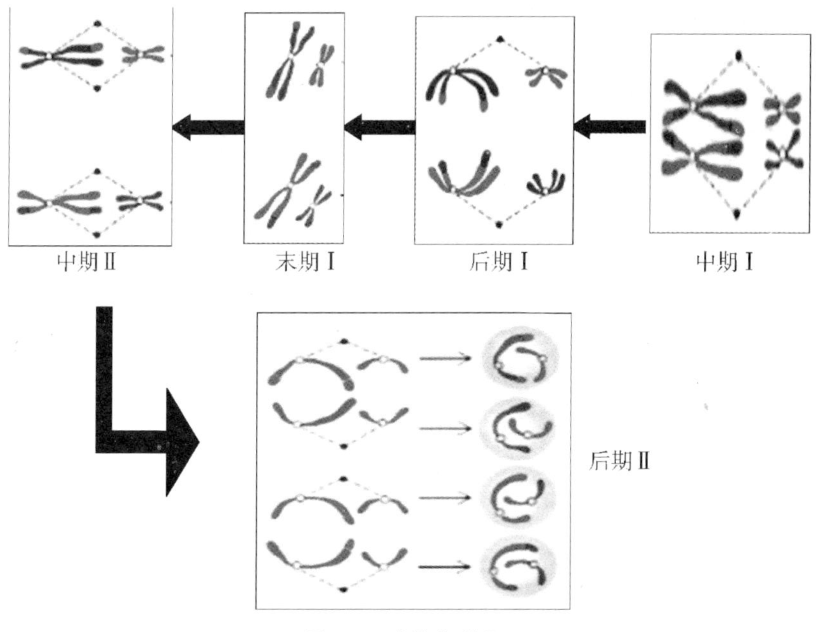

图 2-9　减数分裂Ⅱ

2. 减数分裂的特点

①具有一定的时空性，也就是说它仅在一定的发育阶段，在生殖细胞中进行。

②减数分裂经第一次分裂后染色体数目减半。

③前期长而复杂，同源染色体经历了配对（联会）、交换过程，使遗传物质进行了重

组。非同源染色体之间发生自由组合，组合方式有（2^n，n代表非同源染色体的对数）。

④每个子细胞遗传信息的组合是不同的。

3. 减数分裂的意义

减数分裂是形成性细胞时所进行的一种细胞分裂，染色体经过一次复制，细胞连续两次分裂，结果形成的子细胞的染色体数为母细胞的一半，由2n变为n。通过配子结合，染色体又恢复到2n。这样保证了有性生殖时染色体的恒定性，从而保证了生物上下代之间遗传物质的稳定性和连续性，也保证了物种的稳定性和连续性。

另一方面，由于同源染色体分开，移向两极是随机的，加上同源染色体的交换，大大增加了配子的种类，从而增加了生物的变异性，提高了生物的适应性，为生物的发展进化提供了物质基础。

2.4 细胞分化

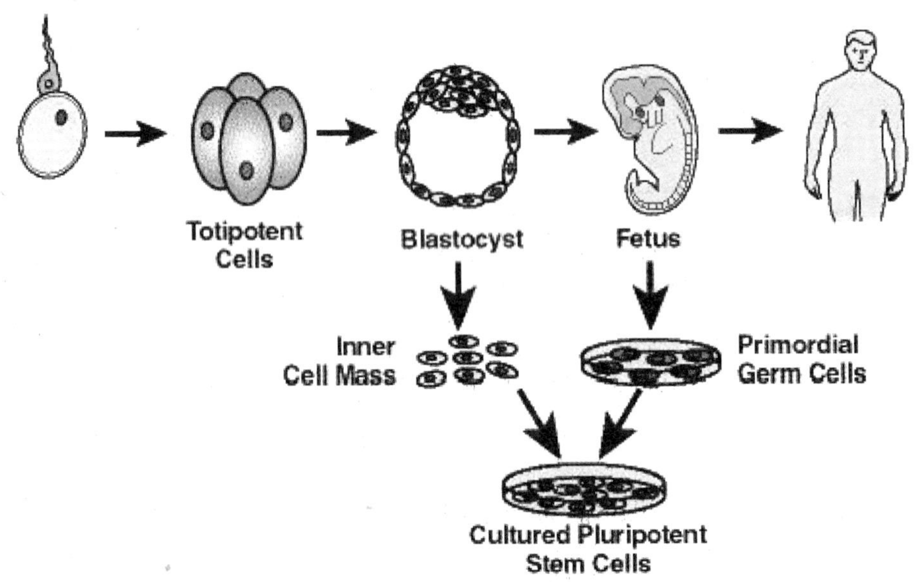

图2-10 细胞分化

细胞分化是指在个体发育中，由一种相同类型的细胞（同源细胞）经细胞分裂后逐渐在形态、结构和功能上形成稳定差异，产生不同细胞类群的过程。高等生物由不同的组织和器官组成，各种组织和器官又由不同类型的细胞组成，以人类为例，每一个成熟个体大约由10^{14}个，200多种细胞构成。受精卵的分裂、生长和分化是个体发育的起始点。细胞分化是细胞生物学的一个重要基础理论问题，也是发育生物学中的一个核心问题。细胞分化主要研究真核生物在整个生命周期中细胞演化的现象和规律以及基因在这种周期性演化过程中的调节机制。研究细胞分化及其机制对于了解个体发育、基因表达与调控、遗传、育种以及疾病的发生于防治等相关课题都具有非常重要的意义。细胞分化是个体发育的基础，是生物界普遍存在的一种生命现象；细胞分化使多细胞生物体中的细胞趋向专门化，提高表现各种生理功能的效率。总之，没有细胞分化，生物体不能进行正常的生长发育。

不同生物具有不同的发育模式，但都涉及细胞增殖、细胞分化以及细胞间的相互作用。细胞分化是指在个体的生长发育过程中，由一个或一种细胞增殖产生的后代子细胞在形态、结构和生理功能上发生稳定性差异的过程。

2.4.1　细胞分化的内因

研究表明，细胞分化的关键在于特异性蛋白质的合成，特异性蛋白质合成的内因在于基因的选择性表达。根据功能不同，将细胞内与细胞分化相关的基因划分为管家基因、奢侈基因和调节基因。

管家基因也称为持家基因或看家基因，指所有细胞中均要进行表达的一类基因，其产物是维持细胞基本生命活动所必需的，因此，将管家基因编码合成的蛋白质称为持家蛋白。奢侈基因也称为组织特异性基因，属于不同类型的细胞进行特异性表达的基因，其产物赋予各种类型细胞特异的形态结构和特异的生理功能。这类基因表达的特异性蛋白质是细胞进行分化的物质基础，因此，故称为奢侈蛋白。调节基因的产物用于调节组织特异性基因的表达，或者起激活作用，或者起阻抑作用。

2.4.2　细胞分化的特点

细胞进行分化时，主要表现出以下特点：方向性和稳定性、条件可逆性和可诱导性、时空性、普遍性以及不对称性。细胞分化将导致细胞之间在生化组成、形态结构以及功能上出现稳定的差异。

1. 方向性和稳定性

（1）方向性

随着细胞的分裂和分化，发育方向逐渐被限定，称为决定。决定意味着基因活动模式改变。由于决定的作用，在高等生物中，细胞总是由一个受精卵开始朝着特定的方向分化，此即细胞分化的方向性，即高度分化的细胞，它们不能再转变为其他类型的细胞，而且也失去了分裂能力。例如：哺乳动物桑葚胚的内细胞团和外围细胞，前者形成胚胎、后者形成滋养层。无脊椎动物早期的卵裂球已经决定，每个卵裂球只能形成身体的一部分。

（2）稳定性

动物细胞发生分化之后，其遗传表型保持稳定，并且这种分化状态能够传递许多世代，此即细胞分化的稳定性。例如：果蝇幼虫的成虫盘移植到成虫体内不发生细胞分化，可继续增殖或移植。如将其再移植回变态期幼虫体内则又能按原来已决定的命运分化。

细胞分化同时也表现出持久性，即细胞分化发生在生物体的整个生命进程中，但在胚胎时期达到最大限度。

分化基本上是稳定的和有方向性的，自然情况下，个体的发育亦是不可逆的。

2. 条件可逆性和可诱导性

在一定条件下，具有增殖能力但已经分化的细胞可以发生逆转，并回复到胚性状态，即细胞发生了脱分化，这种特性即为细胞分化的可逆性。细胞在外界条件诱导下出现脱分化的特性称为细胞分化的可诱导性。

高度分化的植物细胞，仍然具有发育成完整植株的能力。高度分化的动物细胞，从整个细胞来说，全能性受到了限制，但是，它的细胞核仍然保持着全能性。

3. 时空性

细胞分化的内因是在细胞质（信号系统）和细胞核（基因组）共同作用下，选择性地表达特定的基因，称为差别基因表达。这种差异性主要体现在奢侈基因只会在特定的发育阶段和一定的空间位置上进行表达，这种奢侈基因表达的时空性同时也决定了细胞分化的时空性。

4. 普遍性

细胞分化的普遍性主要体现在以下两个方面：各种生物均有分化现象；个体一生中都进行着细胞分化。

最重要的细胞分化发生在胚胎期，这个时期细胞分化表现得明显而且迅速。干细胞是细胞更新和组织修复的基础。

5. 不对称性

细胞分化不对称性主要体现在以下几个方面：细胞质分配的不对称性；组织器官分化发育的不对称性；性别决定和性别分化的不对称性。

2.4.3 细胞增殖与细胞分化的比较

不同的生物具有不同的发育模式，但都涉及：细胞增殖、细胞分化和细胞间的相互作用。细胞增殖与细胞分化的异同点如下：

1. 不同点

细胞增殖导致细胞数量增加，但子细胞的形态结构及功能相似。而细胞分化并不会使细胞的数量增加，细胞经过分化，在形态结构及功能上出现明显而稳定的差异。

2. 相同点

细胞不论是进行增殖还是分化，细胞核遗传信息都不变。

细胞分裂和细胞分化是生物界普遍存在的生命现象，细胞分裂是细胞分化的基础，没有细胞分裂就没有细胞分化，但只有细胞分裂，而没有细胞分化，就不可能形成具有体定形态、结构和功能的组织和器官，生物体也就不可能进行正常的生长发育。因此，细胞分裂和细胞分化是生物个体发育的基础。

2.5 配子的形成及受精

生物的繁殖方式大致可分为三大类：营养体繁殖、无性繁殖和有性生殖。

营养体繁殖是生物营养体的一部分直接形成新个体的繁殖方法。植物、动物界都有，但植物界更普遍一些。其原理是植物的根有发生不定芽的潜力，茎有发生不定根的潜力。例如，甘薯可用块根繁殖，马铃薯利用块茎繁殖，竹、藕则利用地下茎繁殖，生姜的姜块是根状茎，可以直接用于繁殖，草莓的蔓匍匐在地面上，其茎节只要接触土壤，就可以产生不定根，成为新植株。在林木、花卉、果树上，压条、嫁接、扦插等都是营养繁殖方式在生产上的实际应用。

无性生殖是指利用无性孢子发育为新个体的繁殖方法，在真菌类和裸子植物中较普遍。也有人将营养繁殖和孢子繁殖都统称为无性生殖，所以无性生殖有广义和狭义之分。无性生殖的后代和亲代具有相同的遗传组成，因为它是通过体细胞的有丝分裂完成的，后代和亲代总是简单地保持相似。严格说来，从遗传学的角度上说，营养繁殖的后代与亲代仍是同一个世代。

有性生殖是指亲本通过减数分裂形成雌配子和雄配子，雌雄配子受精形成合子，随后合子分裂、分化而发育成后代的生殖方式。这是最重要、最普遍的生殖方式，是遗传学研究的主要范畴。

2.5.1　动物雌雄配子的形成

高等动物都是雌雄异体的，它们的生殖细胞分化很早，在自身的胚胎发育过程中即已形成。生殖细胞位于生殖腺中。待个体发育成熟时，它们再进一步发育。当雄性个体发育成熟时，生殖腺中生成精原细胞，通过有丝分裂生成初级精母细胞，接着进行减数分裂，第一次分裂形成两个次极精母细胞，再经减数分裂的第二次分裂形成四个精子。

当雌性个体发育成熟时，生殖腺中生成卵原细胞，卵原细胞经一次有丝分裂形成初级卵母细胞，接着进行减数分裂，不过，减数分裂中纺锤体是不对称的，第一次分裂产生一个次极卵母细胞和第一极体，次极卵母细胞经第二次分裂形成一个卵细胞和一个第二极体，第一极体又分裂为两个第二极体，减数分裂结束共产生一个卵细胞和三个极体。

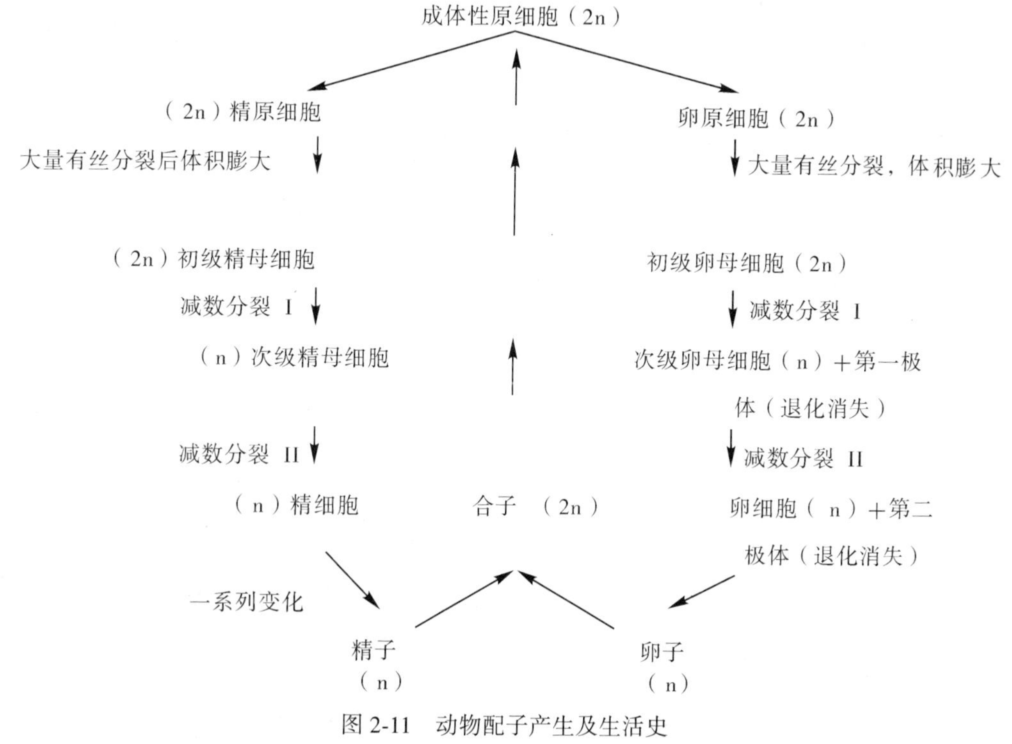

图 2-11　动物配子产生及生活史

2.5.2　植物雌雄配子的形成

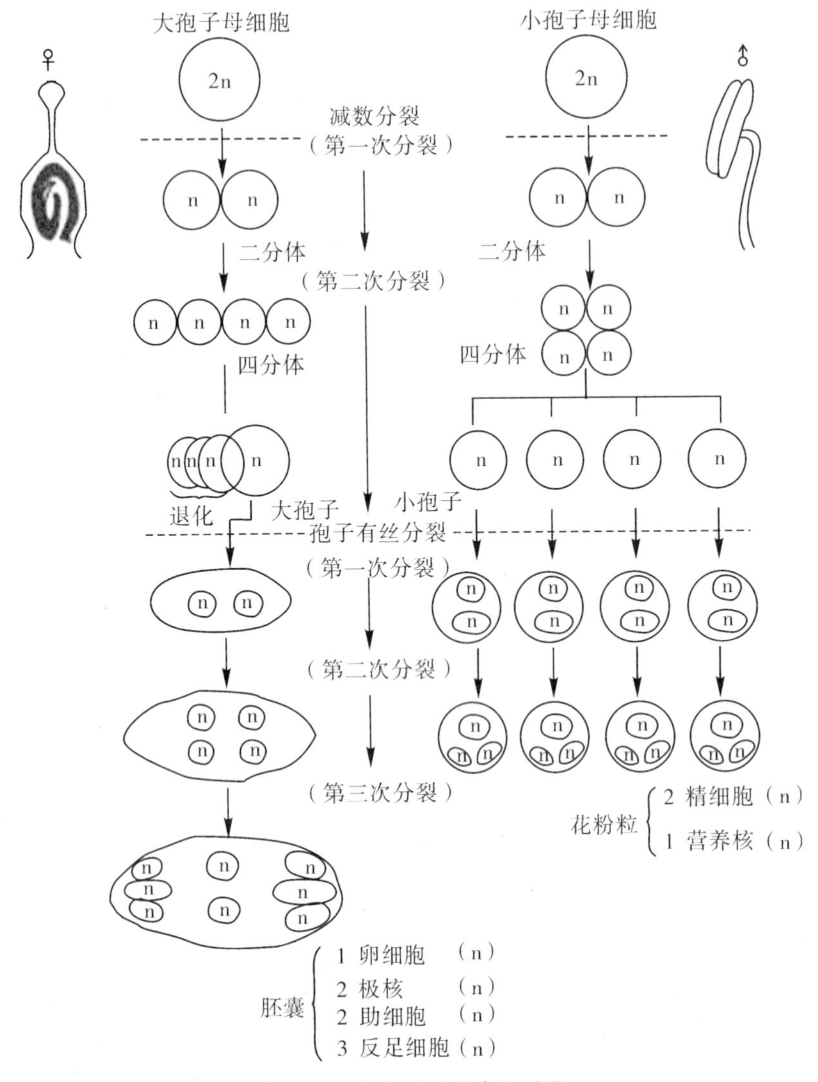

图 2-12　植物配子的产生过程

高等植物的生殖细胞不是早已分化好了的，而是到个体发育成熟时才从体细胞中分化形成的。高等植物有性生殖的全过程都是在花器里进行的，包括减数分裂、受精和产生种子。

被子植物雄性配子的形成过程：雄蕊的花药中分化出孢原细胞，然后分化为花粉母细胞（2n），经减数分裂形成四分孢子，再进一步发育成 4 个单核花粉粒。单核花粉粒经过一次有丝分裂，形成营养细胞和生殖细胞；生殖细胞再经一次有丝分裂，才形成为一个成熟的花粉粒，其中包括两个精细胞（n）和一个营养核（n）。这样一个成熟花粉粒在植物学上称为雄配子体。被子植物雌性配子形成过程：雌蕊子房里着生胚珠，在胚珠的珠心里分化出大孢子母细胞（2n），由一个大孢子母细胞经减数分裂，形成直线排列的 4 个大孢子（n），靠近珠孔方向的三个退化解体，只有远离珠孔的那一个继续发育，成为胚囊。发育的方式是细胞核经过连续的三次有丝分裂，每次核分裂以后并不接着进行细胞质分裂，形成雌配子体。胚囊继续发育，体积逐渐增大，侵蚀四周的珠心细胞，直到占据胚珠中央的大部分。8 核胚囊，每端 4 个核，以后两端各有一个核移向中央，叫做极核。在有的物种中这两个核融合成中央细胞。近珠孔的三个核形成三个细胞，一个卵和两个助细胞近合点端的 3 个核形成三个反足细胞。在有些植物中，反足细胞可分裂为多个细胞，如水稻、玉米。

2.5.3　受精（fertilization）

雄配子（精子）和雌配子（卵细胞）融合为一个合子的过程称为受精。植物在受精前有一个授粉的过程。成熟的花粉粒落在雌蕊柱头上的过程叫做授粉（pollination）。授粉又有自花授粉和异花授粉之分。

自花授粉是指同一朵花中雄蕊中的花粉落在雌蕊柱头上的过程，如大麦、小麦、水稻、大豆、豌豆、芝麻等作物都是自花授粉作物。严格的自花授粉作物一定是两性花，即雌雄同花，但是，两性花的植物不一定都是自花授粉的，而更多的是异花授粉。异花授粉是一朵花的花粉传到另一朵花的柱头上的过程。

异花授粉又有同株异花授粉和异株异花授粉。也有学者只把异株异花授粉叫做异花授粉，而把同株异花授粉归入自花授粉的范围。有的植物既能进行自花授粉又能进行异花授粉，如棉花，又称为常异花授粉。各种植物的天然异花授粉百分率既受遗传的控制，也受开花时外界环境的影响。

花粉落在柱头上以后，吸收柱心上的水分，花粉内壁自萌发孔处突出，形成花粉管。花粉管穿过柱心沿着花柱向子房伸展。在伸长过程中，花粉粒中的内含物全部移入花粉管，且集中于花粉管的顶部。

花粉管通过花柱，进入子房直达胚珠，然后穿过珠孔进入珠心，最后到达胚囊。花粉管进入胚囊一旦接触助细胞，其末端就破裂，管内的内含物，包括营养核和两个精子一起进入胚囊，接着营养核解体，一个精核（n）与卵细胞融合为合子（2n），将来发育成胚；被子植物中，另一个精核与两个极核融合形成胚乳核（3n），将来发育成胚乳。这一过程称为双受精。双受精是被子植物所特有的现象。受精以后，整个胚珠发育为种子。种子的主要组成部分是胚、胚乳和种皮。合子和胚乳核产生以后，种子的形成过程就开始了。一是合子发育为胚，二是胚乳细胞发育成胚乳，胚和胚乳是受精后形成的。卵子与精子受精结合使合子有了 2n 条染色体，合子就是子代的开始，因为胚细胞就是合子通过一系列有丝分裂形成的。种子播种以后所形成的幼苗，是胚细胞通过一系列有丝分裂产生的。由此可知，子代个体的全部体细胞是合子无数次有丝分裂的复制品。

由两个极核与一个精核结合所产生的胚乳细胞是种子内胚乳的始祖，种子发育初期的全部胚乳细胞都是它通过一系列有丝分裂形成的。胚乳细胞既然是由两个极核和一个精核结合所产生，自然就有 3n 个染色体，例如，玉米的胚乳细胞有 30 条染色体。

种皮不同于胚和胚乳，它是母本的体细胞组织，因此，就种子的组织结构来说，胚和胚乳是受精后发育而成的，属于子代，而种皮、果皮，则属于亲代组织，所以说，一个正常的种子可以说是由胚（2n）、胚乳（3n）和母体组织（2n）三方面密切结合的嵌合体，或者说一个正常的种子是由亲代和子代形成的嵌合体。

2.5.4 生物的生活周期

生活周期是指个体发育的全过程。任何生物都有一定的生活周期（life cycle）。各种生物的生活周期是不同的。一般有性生殖的动植物的生活周期是指从合子到个体成熟直至死亡的全过程。在植物中，这一过程大多数包括一个有性世代和一个无性世代，二者交替发生，称为世代交替。伴随着世代交替，染色体数目也呈现出规律性的变化。

高等植物从一个受精卵（合子）发育成为一个孢子体，称为孢子体世代，是无性世代。孢子体经过一定的发育阶段，某些细胞特化，进行减数分裂，使染色体数目减半，形成配子体，产生雌配子和雄配子，称为配子体世代，也就是有性世代。雌雄配子经受精作用形成合子，又发育为新一代的孢子体（2n）。孢子体世代与配子体世代相互交替，恰与染色体数目的变换相一致，因而能保证物种染色体数目的恒定性，保证各物种遗传性状的稳定性。雌配子体和雄配子体都是单倍体。

1. 家蚕的生活周期

家蚕的性细胞形成和受精过程与其他动物差不多，性原细胞都是在胚胎发育的早期就分化而成。与哺乳动物不同的是，受精卵不是在母体内发育形成胚胎，而是在体外。并且从合子发育为成虫的过程中需经过幼虫和蛹的变态阶段，而哺乳动物的受精卵是在母体内发育为成体的。

2. 玉米的生活周期

玉米是一年生禾本科植物，同株异花，杂交手续简便，一个果穗可产生大量的后代种子，而且变异类型丰富，染色体大，且数目不多，2n=20，所以一直是植物遗传学研究的好材料。高等植物从受精卵发育成一个完整的绿色植物，是孢子体的无性世代，称为孢子体世代。孢子体世代是二倍体（2n），每个细胞中都含有来自雌雄配子的各一整套单倍数的染色体。孢子体发育到一定程度以后，在花药和胚珠内发生减数分裂，产生大孢子和小孢子。大小孢子经过有丝分裂发育为雌雄配子体，它们分别包括雌配子（卵细胞）和雄配子（精细胞）。雌雄配子体是单倍体（n），只含有 n 条染色体。雌雄配子体的形成使植物进入了生命周期的有性世代，又叫配子体世代。配子体是单倍体。雌雄配子受精结合以后，完成有性世代又进入无性世代。由此可见，高等植物的配子体世代是很短暂的，而且是在孢子体内度过的，它不能独立生存。在高等植物的生命周期中，大部分时间是孢子体体积的增长和组织的分化。

2.5.5 直感现象

在双受精过程中，如果在 3n 胚乳的性状上由于精核的影响而直接表现父本的性状，这种现象称为胚乳直感或花粉直感。例如，玉米子粒有黄色和白色两种，如果黄粒植株的花粉授给白粒植株的花丝上，所结子粒是黄色，这是由于黄粒父本对胚乳产生直接的影响。还有玉米胚乳的某些其他的性状，如非甜质对甜质，非糯性对糯性也都有明显的花粉直感现象。

1. 花粉直感

在双受精过程中，胚乳细胞的染色体是 3n，其中 2n 来自极核，n 来自精核。如果在 3n 胚乳的性状上，由于受精核的影响而直接表现出父本的某些性状的现象称胚乳直感（xenia）或花粉直感。花粉直感仅仅影响杂种有机体的本身。这就是说，胚乳直感是一种遗传现象，但是只影响杂交的 F_1，因为 F_1 种下去，胚乳只是作为营养物质，所以不会再遗传下去。

2. 果实直感

在种皮和果皮组织再发育过程中，如果由于受花粉影响而表现父本的某些性状，则称为果实直感（metaxenia）。例如涩皮容易剥离的中国板栗，如果授以难剥离的日本板栗花粉，就变得像父本一样难剥离。葡萄的白玫瑰品种如授以红色品种玫瑰露的花粉，使白玫瑰的果实成熟时果汁呈红色。胚乳直感是有花粉直接参与受精引起的；而果实直感并没有花粉参与受精，而是受花粉的影响，二者是有区别的，但从结果看是相同的，即都是由于花粉影响而引起的直感现象。

◎章末小结

细胞（cell）是生物体结构和生命活动的基本单元。细胞是由膜包围着含有细胞核（或拟核）的原生质所组成，是生物体的结构和功能的基本单位，具有自我复制的能力，是有机体生长发育的基础。细胞是代谢与功能的基本单位，具有完整的代谢和调节体系，不同的细胞执行不同的功能。细胞是有机体生长与发育的基础。细胞是遗传的基本单位，具有发育的全能性。因此，没有细胞就没有完整的生命。所有的细胞具有以下基本共性：所有的细胞具有相似的化学成分；所有的细胞表面都有细胞质膜；所有的细胞均有两种核酸；所有的细胞均有合成蛋白质的核糖体；所有的细胞均以一分为二的方式进行增殖。

染色体和染色质是同一种物质的不同存在状态。在细胞分裂间期表现为染色质，在细胞分裂过程中表现为染色体。一条完整的染色体应该具有一个着丝粒，两个端粒和多个复制起始点。二倍体生物配子细胞内的所有染色体称为该生物的染色体组。每一种生物染色体数目、大小及形态都是特异的，这种特定的染色体组成称为作染色体组型。

细胞分裂方式主要有无丝分裂、有丝分裂和减数分裂。有丝分裂是体细胞数量增长时进行的一种分裂方式，染色体复制一次，细胞分裂一次。分裂产生的两个子细胞之间以及子细胞和母细胞之间在染色体数量和质量即遗传组成上是相同的，这就保证了细胞上下代之间遗传物质的稳定性和连续性。减数分裂是形成性细胞时所进行的一种细胞分裂，染色体经过一次复制，细胞连续两次分裂，结果形成的子细胞的染色体数为母细胞的一半，由 2n 变为 n。通过配子结合，染色体又恢复到 2n。这样保证了有性生殖时染色体的恒定性，从而保证了生物上下代之间遗传物质的稳定性和连续性，也保证了物种的稳定性和连续性。另一方面，由于同源染色体分开，移向两极是随机的，加上同源染色体的交换（2n，n 代表同源染色体的对数），大大增加了配子的种类，从而增加了生物的变异性，提高了生物的适应性，为生物的发展进化提供了物质基础。其次，非姐妹染色单体之间发生交换时产生重组型配子也增加了生物的变异性。

生物的繁殖方式大致可分为营养体繁殖、无性繁殖和有性生殖。不同生物具有不同的发育模式，但都涉及细胞增殖、细胞分化以及细胞间的相互作用。

细胞分化是指在个体的生长发育过程中，由一个或一种细胞增殖产生的后代子细胞在形态、结构和生理功能上发生稳定性差异的过程。研究表明，细胞分化的关键在于特异性蛋白质的合成，特异性蛋白质合成的内因在于基因的选择性表达。根据功能不同，将细胞内与细胞分化相关的基因划分为管家基因、奢侈基因和调节基因。细胞进行分化时，主要表现出以下特点：方向性和稳定性、条件可逆性和可诱导性、时空性、普遍性以及不对称性。细胞分化将导致细胞之间在生化组成、形态结构以及功能上出现稳定的差异。

◎知识链接

DNA 核苷酸的排列组合顺序大有奥秘——解开 DNA 的秘密

现在，人们已基本上了解了遗传是如何发生的。20 世纪的生物学研究发现：人体是由细胞构成的，细胞由细胞膜、细胞质和细胞核等组成。已知在细胞核中有一种物质叫染色体，它主要由一些叫做脱氧核糖核酸（DNA）的物质组成。染色体是由 DNA 和蛋白质结合而成。而 DNA 的基本组成单位是脱氧核苷酸，一分子脱氧核苷酸由一分子脱氧核糖、一分子含氮碱基、一分子磷酸组成。所以染色体的化学成分大的方面是 DNA 和蛋白质，小的方面是脱氧核糖、含氮碱基、磷酸和氨基酸（或蛋白质）。

生物的遗传物质存在于所有的细胞中，这种物质叫核酸。核酸由核苷酸聚合而成。每个核苷酸又由磷酸、核糖和碱基构成。碱基有五种，分别为腺嘌呤（A）、鸟嘌呤（G）、胞嘧啶（C）、胸腺嘧啶（T）和尿嘧啶（U）。每个核苷酸只含有这五种碱基中的一种。

单个的核苷酸连成一条链，两条核苷酸链按一定的顺序排列，然后再扭成“麻花”样，就构成脱氧核糖核酸（DNA）的分子结构。在这个结构中，每三个碱基可以组成一个遗传的“密码”，而一个 DNA 上的碱基多达几百万，所以每个 DNA 就是一个大大的遗传密码本，里面所藏的遗传信息多得数不清，这种 DNA 分子就存在于细胞核中的染色体上。它们会随着细胞分裂传递遗传密码。

人的遗传性状由密码来传递。人有 10 万个基因，而每个基因是由密码来决定的。人的基因中既有相同的部分，又有不同的部分。不同的部分决定人与人的区别，即人的多样性。人的 DNA 共有 30 亿个遗传密码，排列组成 10 万个基因。

DNA 指 deoxyribonucleic acid 脱氧核糖核酸（染色体和基因的组成部分）。

脱氧核苷酸的高聚物，是染色体的主要成分。遗传信息的绝大部分贮存在 DNA 分子中。

分布和功能：原核细胞的染色体是一个长 DNA 分子。真核细胞核中有不止一个染色体，每个染色体也只含一个 DNA 分子。不过它们一般都比原核细胞中的 DNA 分子大而且和蛋白质结合在一起。DNA 分子的功能是贮存决定物种的所有蛋白质和 RNA 结构的全部遗传信息；策划生物有次序地合成细胞和组织组分的时间和空间；确定生物生命周期自始至终的活性和确定生物的个性。除染色体 DNA 外，有极少量结构不同的 DNA 存在于真核细胞的线粒体和叶绿体中。DNA 病毒的遗传物质也是 DNA。

结构：DNA 是由许多脱氧核苷酸残基按一定顺序彼此用 3′，5′-磷酸二酯键相连构成的长链。大多数 DNA 含有两条这样的长链，也有的 DNA 为单链，如大肠杆菌噬菌体 ØX174、G4、M13 等。有的 DNA 为环形，有的 DNA 为线形。主要含有腺嘌呤、鸟嘌呤、胸腺嘧啶和胞嘧啶 4 种碱基。在某些类型的 DNA 中，5-甲基胞嘧啶可在一定限度内取代胞嘧啶，其中小麦胚 DNA 的 5-甲基胞嘧啶特别丰富，可达 6 摩尔%。在某些噬菌体中，5-羟甲基胞嘧啶取代了胞嘧啶。20 世纪 40 年代后期，查加夫（E. Chargaff）发现不同物种 DNA 的碱基组成不同，但其中的腺嘌呤数等于其胸腺嘧啶数（A=T），鸟嘌呤数等于胞嘧啶数（G=C），因而嘌呤数之和等于嘧啶数之和。一般用几个层次描绘 DNA 的结构。

◎观察与思考

1. 某合子，有两对同源染色体 A 和 a 及 B 和 b，在它们生长时期体细胞的染色体组成应该是下列哪一种：AaBb，AABb，AABB，aabb；还有其他组合吗？

2. 某物种细胞染色体数为 2n=24，分别指出下列各细胞分裂时期的有关数据：

（1）有丝分裂后期染色体的着丝点数

（2）减数分裂后期 I 染色体的着丝点数

（3）减数分裂末期Ⅱ的染色体数

3. 假定某杂合体细胞内含有 3 对染色体，其中 A，B，C 来自母体，A′，B′，C′来自父本。经减数分裂该杂种能形成几种配子，其染色体组成如何？其中同时含有全部母本或全部父本染色体的配子分别是多少？

4. 下列事件是发生在有丝分裂，还是减数分裂？或是两者都发生，还是都不发生？

（1）子细胞染色体数与母细胞相同

（2）染色体复制

（3）染色体联会

（4）染色体发生向两极运动

（5）子细胞中含有一对同源染色体中的一个

（6）子细胞中含有一对同源染色体的两个成员

（7）着丝点分裂

5. 人的染色体数为 2n=46，写出下列各时期的染色体数目和染色单体数。

（1）初级精母细胞　（2）精细胞　（3）次级卵母细胞　（4）第一级体

（5）后期 I　（6）末期Ⅱ　（7）前期Ⅱ　（8）有丝分裂前期

（9）前期 I　（10）有丝分裂后期

6. 玉米体细胞中有 10 对染色体，写出下列各组织的细胞中染色体数目。

（1）叶　（2）根　（3）胚　（4）胚乳　（5）大孢子母细胞　（6）卵细胞

（7）反足细胞　（8）花药壁　（9）营养核　（10）精核

7. 以下植物的杂合体细胞内染色体数目为：水稻 2n=24，小麦 2n=42，黄瓜 2n=14。理论上它们能分别产生多少种含不同染色体的雌雄配子？

8. 某植物细胞内两对同源染色体（2n=4），其中一对为中间着丝点，另一对为近端着丝点，试绘出以下时期的模式图。

（1）有丝分裂中期

（2）减数第一次分裂中期

（3）减数第二次分裂中期

9. 简述细胞的基本结构。

10. 简述细胞器之间的联系。
11. 简述细胞有丝分裂的过程及其意义。
12. 简述细胞减数分裂的过程及其意义。
13. 细胞分化的实质是什么？细胞分化表现出哪些特征？

第3章　遗传的三大规律

人类很早就从整体上认识了遗传现象，即亲子性状相似，在直观上认为子代所表现的性状是父母本性状的混合遗传，在以后的世代中不再分离。孟德尔（Gregor Johann Mendel，1822—1884）从1856年起在修道院的花园里种植豌豆，开始了他的“豌豆杂交试验”，到1864年共进行了8年。孟德尔认为父母本性状遗传不是混合，而是相对独立地传给后代，后代还会分离出父母本性状。总结试验规律后，孟德尔提出了遗传学第一定律和第二定律即分离规律和独立分配定律。

3.1　分离定律

孟德尔在研究遗传规律之前，已有许多科学家通过植物的有性杂交试验，试图解释生物的性状是如何遗传的，但均没有获得成功。孟德尔在前人失败的领域内获得成功，这应归功于他卓越的洞察力和采用了科学的方法。

3.1.1　孟德尔成功的主要原因

1. 取材合理

以严格自花授粉植物豌豆作为杂交试验材料，确保所用的材料在遗传上的纯合性。豌豆作为遗传学研究有三大优点：严格的自花授粉；可以非常方便地进行人工杂交，豌豆雄性的花药非常发达；豌豆的性状之间的差异非常明显。孟德尔所选的七对相对性状容易识别，都是独立性状，没有连锁现象。

2. 设计合理

采用各对性状上相对不同的品种为亲本进行系统的杂交试验，并通过定量分析法，找出了豌豆杂交实验显示出来的规律。

3. 方法正确

采用统计学的方法，孟德尔发现两大规律，采用测交法来验证分离假设的正确性。

4. 态度严谨

孟德尔将自交后代单株保存，六七代的材料，九十万株都严格分开保存，对每一株的株数等都很清楚。

3.1.2　概率原理在遗传育种中的应用

1. 概率

概率（几率）是在某事件未发生前人们对此事件出现的可能性进行的一种估计。指在反复试验中，预期某一事件出现次数在试验总次数中所占的比例（试验次数无限大时，A 出现频率的极限），用 P 表示，$0 \leq P \leq 1$。

$$P(A)\ 概率 = \frac{A\ 事件出现的次数}{试验次数（可测）} = \lim (nA/n)$$

频率指某一事件已发生的情况。如人口出生率的统计、升学率的统计等。但某事件以往发生的频率也可以作为对未来事件发生的可能性的估计。

2. 关于概率的两个定律

（1）乘法定律（sum rule）

乘法定律：独立事件 A 和 B 同时发生的概率等于各个事件发生概率之乘积。独立事件是指两个或两个以上互不影响的事件，比如掷硬币，第一次掷的结果可能是正，也可能是反，第二次掷也是如此，但其结果丝毫不受第一次结果的影响，是互相独立的事件。

$$P(A \cdot B) = P(A) \times P(B)$$

如：Aa 的杂合体，产生 A 配子的概率是 1/2，产生 a 配子的概率也是 1/2，♀♂配子结合产生 AA、aa 的概率分别是 $P = 1/2 \times 1/2 = 1/4$。

（2）加法定律（product rule）

加定律适合于互斥事件。互斥事件是指不可能同时发生的事件（一个事件发生另一个事件就不发生）。如掷硬币结果不是正就是反，不可能正反同时出现；人类生孩子，除异常情况外，不是生男孩就是生女孩。

加法定律内容：两个互斥事件同时发生的概率是各个事件各自发生的概率之和。

$$P(A\ 或\ B) = P(A) + P(B)$$

如人类生育孩子，生男孩或女孩的概率为：

$$P(男或女) = P(男) + P(女) = 0.5 + 0.5 = 1$$

3. 概率理论的分析方法

（1）棋盘分析法

此法适用于 1~2 对基因的差异、计算合子出现的概率等。

如：YyRr×YyRr 杂交后代分离比。

表 3-1 **YyRr×YyRr 杂交后代分离比**

雌雄配子	1/4YY	2/4Yy	1/4yy
1/4RR	1/16YYRR	2/16YyRR	1/16yyRR
2/4Rr	2/16YYRr	4/16YyRr	2/16yyRr
1/4rr	1/16YYrr	2/16Yyrr	1/16yyrr

（2）支线分析法（分枝法）

适用于多对基因的差异、计算合子出现的概率等。如：YyRr×YyRr 杂交后代分离比。

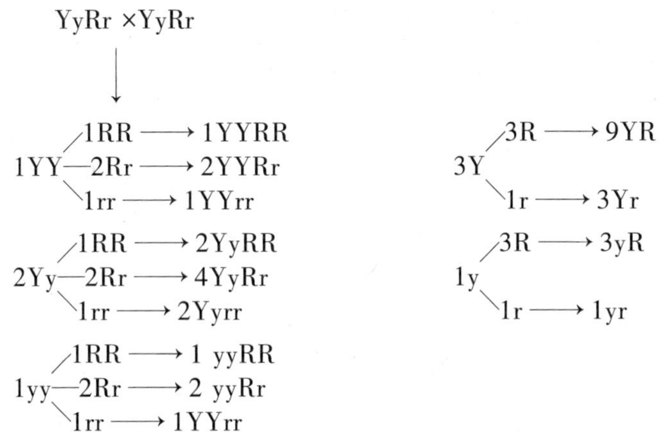

4. 概率在遗传分析中的应用

（1）应用于一对基因杂种的遗传分析

如估算产生配子类型的概率、产生各种基因型的概率和产生各种表型的概率。

（2）应用于两对或两对以上基因杂种的遗传分析

如估算产生各种类型的数目、F_1产生各种类型配子的概率、F_2产生各种基因型、表型的概率、分枝法推算基因型和表现型及特殊交配类型的概率等。

3.1.3　一对相对性状的杂交试验

1. 性状及杂交的相关概念

把生物体表现出来的形态特征和生理生化特征统称为性状。在观察和研究分析各种生物时，需要把生物的性状区分为许多小的单位，这些被区分开的各个性状称为单位性状。如花色、株高、种子的形状等。同一单位性状在不同个体间所表现出来的相对差异称为相对性状，即同一单位性状的相对表现。如花色有红有白，株高有高与矮等。

同一个体自身产生的雌雄配子的交配或同一基因型的个体之间的交配称为自交。在遗传分析中，有意识地将两个基因型不同的亲本进行的交配称杂交。任何不同基因型的亲代杂交所产生的个体称为杂种。杂交产生的种子及种子长成的植株为杂种第一代 F_1（Filial generation）。由 F_1自交或互交产生的种子及其长成的植株称为 F_2。

2. 豌豆的杂交试验

孟德尔从豆科植物中选择了自花授粉且是闭花授粉的豌豆作为杂交试验的材料，经过精心设计，采取单因子分析法和定量分析法，首创了测交方法，提出了关于一对相对性状的遗传规律，即分离定律。

一对相对性状的分离试验：

P：　♀ 红花 CC　×　白花 cc ♂

↓杂交

F_1：　红花 Cc

↓自交

表 3-2　　**红花 Cc 自交后代的分离比（红花：白花=3：1）**

雌配子 \ 雄配子	50%C	50%c
50%C	25%CC	25%Cc
50%c	25%Cc	25%cc

3. 试验结果表现出的规律

表 3-3　　**豌豆杂交实验 7 对相对性状的杂交结果**

豌豆表型	F_1	F_2		F_2比例
圆形×皱缩子叶	圆形	5474 圆	1850 皱	2. 96 : 1
黄色×绿色子叶	黄色	6022 黄	2001 绿	3. 01 : 1
紫花×白花	紫花	705 紫	224 白	3. 15 : 1
膨大×缢缩豆荚	膨大	882 鼓	299 瘪	2. 95 : 1
绿色×黄色豆荚	绿色	428 绿	152 黄	2. 82 : 1
花腋生×花顶生	花腋生	651 腋生	207 顶生	3. 14 : 1
高植株×矮植株	高植株	787 高	277 低	2. 84 : 1

孟德尔通过分析 7 对相对性状的杂交试验结果，总结出以下规律：

（1）F_1代的性状表现一致。

由于亲本的基因型是反向纯合的，F_1的基因型全部是杂合的，而且等位基因之间是完全显隐性关系，故性状表现一致；同时，F_1代的性状通常和一个亲本的相同。把得以表现的性状为显性性状（dominant character），未能表现的性状为隐性性状（recessive character），将此称为 F_1一致性法则。

（2）杂种 F_2出现性状分离。

在 F_2代中初始亲代的两种性状都能得到表达。这种现象叫做性状分离（character segregation）。

（3）F_2群体变异的非连续性（因为研究的性状是质量性状）。

在 F_2代中显性：隐性=3：1。

1909 年，孟德尔的遗传因子被改名为基因。通常，显性基因用大写英文字母表示，隐性基因用小写英文字母表示。控制某一性状的遗传组成或基因组成叫基因型或遗传型，表现出来的具体性状叫表现型（或表型）。成对的基因组成中，基因不同个体的叫杂合体，基因相同的个体叫纯合体。

3. 1. 4　性状分离现象的解释

1. 孟德尔的假设

为解释上述规律，孟德尔提出如下假设：

①每对相对性状都由一对遗传因子控制，控制显性性状的叫显性因子，控制隐性性状的叫隐性因子。

②遗传因子在体细胞中是成对存在的，但各自独立，互不混杂，在性细胞中是成单存在的。

③成对的遗传因子，一个来自父方，一个来自母方。

④成对的遗传因子在形成配子时，彼此分开，分别进入不同的配子。这样导致 F_1形成两种数目相等的配子。

⑤配子的结合是随机的。

⑥控制红花的遗传因子和控制白花的遗传因子是同一遗传因子的两种存在形式。控制红花的遗传因子对控制白花的遗传因子为显性，即红花因子和白花因子同时存在时，只表现红花因子的性状。

2. 分离定律（rule of Segregation——Mendel's first law）

分离定律的实质是：控制一对相对性状的一对等位基因在杂合状态时互不污染，保持其独立性，在产生配子时彼此分离，并独立地分配到不同的性细胞中去。

3. 实现分离比应满足的条件

①子一代个体形成的两种配子在数目、生活力和结合机会上都相同。

②3 种基因型的存活率到观察时为止是相等的。

③显性是完全的。

④F_2应有足够的个体。

3.1.5　等位基因、基因型和表型的概念

决定性状表现的遗传因子称为基因，基因位于特定的染色体上。基因在染色体上所处的位置称为基因座，特定的基因在染色体上都有其特定的座位。位于一对同源染色体对等位置的基因互称为等位基因，等位基因具有相同的功能，但是相对表现不同。控制同一单位性状，位于同一基因座位上的两个以上的一组等位基因称为复等位基因，例如人类 ABO 血型的遗传。

体细胞内，基因之间的组合方式称为基因型。在二倍体细胞或个体中，等位基因的两个成员相同的细胞或个体称为纯合体。在二倍体细胞或个体中，等位基因的两个成员不同的细胞或个体称为杂合体。

显性性状是指两个具有相对性状的纯合体杂交，子一代表现出来的亲本之一的性状。两个具有相对性状的纯合体杂交，子一代没有表现出来的性状称为隐性性状。

3.1.6　一对等位基因之间的关系

一对等位基因之间，一个基因的存在可以抑制另一个基因的表达，将起抑制作用的基因称为显性基因，被抑制的基因称为隐性基因。等位基因之间（A 与 a）的显隐性也是相对的。

1. 完全显性（$A>>a$，$Aa=AA\neq aa$）

具有一对相对性状差异的两个纯合亲本杂交后，F_1只表现出一个亲本的性状，即完全显性。即对于杂合体而言，显性基因完全遮盖对等的隐性基因的表达。

2. 不完全显性（A=a，Aa=1/2（AA+aa））

一对等位基因在一个体细胞中同时表达，但表达的量减半，导致杂合体表现为双亲的中间性状，例如：紫茉莉的花色遗传。红花亲本（RR）和白花亲本（rr）杂交，F_1（Rr）为粉红色。人的天然卷发也是由一对不完全显性基因决定的，其中卷发基因 W 对直发基因 w 是不完全显性。纯合体 WW 的头发十分卷曲，杂合体 Ww 的头发中等程度卷曲，ww 则为直发。有耳垂 AA、Aa，无耳垂 aa。眼睑单 aa，双 AA、Aa。

鉴别相对性状表现完全显性或不完全显性，也取决于观察的分析水平。例如，镰形细胞贫血症在遗传上通常由一对隐性基因 HbSHbS 控制，杂合体的人（HbAHbS）在表型上是完全正常的，没有任何病症，但是将杂合体人的血液放在显微镜下检验，不使其接触氧气，也有一部分红细胞变成镰刀形。

3. 共显性（Aa=AA 且 Aa =aa）

对于杂合体而言，体细胞中同时表达 A 基因与 a 基因，而且是互不影响地表达，因此，双亲的性状同时在 F_1 个体上表现出来。例如人类 AB 血型、MN 血型的遗传。MN 血型人体内无天然抗体，输血时不用考虑 MN 血型是否一致。

M 型（LMLM）×（LNLN）N 型——→F1（LMLN）MN 型

镶嵌显性与共显性的区别：是在显性表现的范围上存在差异，共显性的遗传表现是全身性的，而镶嵌显性的遗传表现是局部性的。

4. 镶嵌显性（A 与 a 相互存在抑制作用，Aa=AA 或 Aa =aa）

对于杂合体而言，某些体细胞中表达 A 基因，某些体细胞中表达 a 基因，将这种现象称为镶嵌显性。如鞘翅瓢虫（Harmonia a×yridis）的遗传。

黑缘型（SASA）×（SESE）均色型——→F1（SASE）新类型

5. 超显性（Aa>AA>aa）

杂合体对某一性状的表现超越了显性纯合体，将这种现象称为超显性。对于杂合体而言，体细胞中同时表达 A 与 a 基因，而且是互不影响地表达，因此，双亲的性状同时在 F_1 个体上表现出来。

3.1.7　分离定律的验证

1. 测交法

图 3-1　测交法示意图

让未知基因型的个体或待检测个体与隐性纯合体进行杂交，根据后代性状分离比来推测待检测个体的基因型及其产生的配子类型和配子比例的方法称为测交。测交后代的表现型代表待检测个体产生的配子类型和比例。测交原理及特点：隐性纯合体只产生一种配子而且对测交后代的性状表现没有决定作用，因此，可以根据测交后代的性状分离比来推测待检测个体的基因型及其产生的配子类型和比例。从下面的试验可以得出结论：成对的基因在杂合状态下互不污染保持其独立性，在形成配子时分别分离到不同的配子中去，且比例相等。

2. 自交法

F_2植株自交产生 F_3 株系，然后根据 F_3的性状表现来验证 F_2的基因型。根据孟德尔的设想，F_2代中呈白花的植株，F_3代应该不会再分离，只产生白花植株；F_2代中呈红花的植株，2/3 应该是 Cc 杂合体，1/3 应该是 CC 纯合体，前者 2/3 的植株在 F_3代应再分离出 3/4的红花植株和 1/4 的白花植株，而后者 1/3 的植株在 F_3 代不再分离，全部为红色植株。

3. 花粉鉴定法

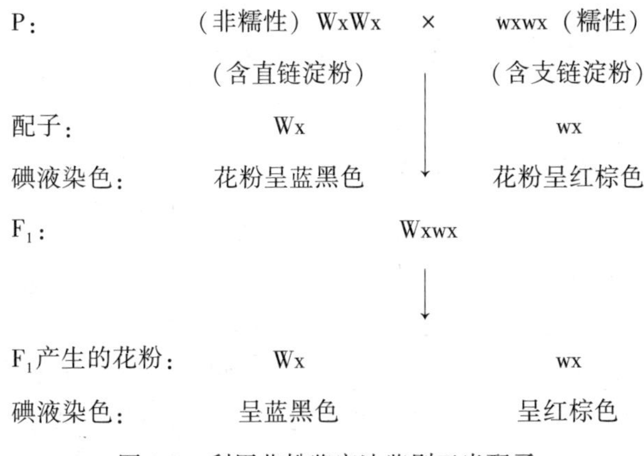

图 3-2　利用花粉鉴定法鉴别玉米配子

在减数分裂期间，同源染色体分开并分配到两个配子中去，杂种的相对基因也就随之分开而分配到不同的配子中去，如果这个基因在配子发育期间就表达，那么就可用花粉粒进行观察鉴定。例如玉米、水稻等的子粒有糯性、非糯两种。糯性的为支链淀粉，非糯性的为直链淀粉；以稀碘液处理糯性的花粉或籽粒的胚乳，呈红棕色反应；以稀碘液处理非糯性的花粉或籽粒，则呈蓝黑色反应。

3.1.8　分离规律的应用

分离规律是遗传学中基本的一个规律，这一规律从理论上说明了生物由于杂交和分离所出现的变异的普遍性。

①通过性状遗传研究，可以预期后代分离的类型和频率，进行有计划种植，以提高育种效果，加速育种进程。

②根据分离规律的启示，良种生产中要防止天然杂交而发生分离退化，去杂去劣及适当隔离繁殖。

③根据分离规律，了解表现型之间的联系和区别。

④利用花粉培育纯合体。利用花粉培养获得单倍体是快速获得纯合体的方法之一。

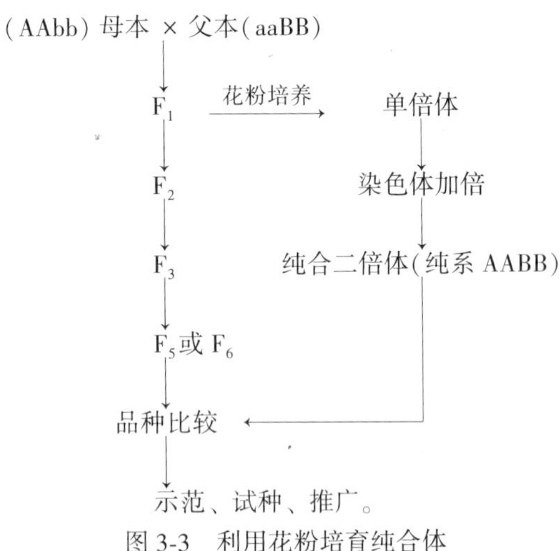

图 3-3　利用花粉培育纯合体

3.1.9　环境的影响和基因的表型效应

基因型是指一个生物体的基因的组合方式。表现型指有机体所有性状和特征的总和。通常情况下，一定的基因型会导致一定表型的产生，这就是基因型效应。

表现型（P）= 内因 + 外因 = 基因型（G）+环境（E）

遗传学上把某一基因型的个体，在各种不同的环境条件下所显示的表型变化范围称为反应规范。例如：玉米控制叶绿体形成的基因是一对等位基因，A 对 a 是显性。AA、Aa 的个体在光下可以形成叶绿体，aa 个体光下不能形成叶绿体。AA 在暗处也不能形成叶绿体。说明基因型不是决定某一性状的必然实现，而是决定发育性状的可能性，即决定着个体的反应规范，AA 和 aa 个体的反应规范不同。

能改变另一基因的表型效应的基因称为修饰基因。它通过改变细胞的内环境来改变表型。例如：香豌豆植株的红花基因 A，AA 的个体红花的颜色不同，有红色、偏蓝的红颜色。发现有另外一对基因 D/d 基因与此有关，DD 和 Dd 基因型的植株花色红色，而 dd 的花色偏蓝。原因 dd 植株细胞液 pH 高（0.6），偏碱性，花青素在酸性环境显红色，碱性条件下偏蓝色。D/d 基因即修饰基因。

3.1.10　表现度和外显率

特定基因型的个体在不同的遗传背景和环境因素影响下，个体间的基因表达的变化程度称为表现度。例如多指是由显性基因控制的，带有一个有害基因的人都会出现多指，但多出的这一手指有的很长，有的很短，甚至有的仅有一个小小突起，表明都有一定的表型效应，但变异程度不同。又如克汀病患者，同样患病，但症状有轻有重，重者生活无法自理，轻者可以从事简单劳动，可以做 10 以内的加减法。这就是表现度的不同。

在特定环境中，某一基因型（常指杂合子）个体显示出预期表型的频率（以百分比表示）称为外显率。也就是说同样的基因型在一定的环境中有的个体表达了，而有的个体可能没有表达，这样外显率就小于 100%。例如：颅面骨发育不全症，是显性遗传病，应该代与代之间连续，但偶尔会出现代与代之间不连续现象，就是由于显性基因外显不全。

3.2　自由组合定律

孟德尔以豌豆为材料，选用具有两对相对性状差异的纯合亲本进行杂交，研究两对相对性状的遗传后提出了独立分配规律即自由组合规律。

3.2.1　自由组合定律

1. 两对相对性状的杂交实验

以豌豆为研究材料，黄色圆粒和绿色皱粒品系杂交。

P：　♀ 黄色圆粒 YYRR　×　绿色皱粒 yyrr ♂

↓杂交

F_1：　黄色圆粒 YyRr

↓自交⊗

自交后代性状分离比如表 3-4 所示。

表 3-4　**黄色圆粒 YyRr 自交后代性状分离比（性状分离比 = 9∶3∶3∶1）**

雄配子 / 雌配子	YR	Yr	yR	yr
YR	YYRR	YYRr	YyRr	YyRr
Yr	YYRr	YYrr	YyRr	Yyrr
yR	YyRR	YyRr	yyRR	yyRr
yr	YyRr	Yyrr	yyRr	yyrr

F_1在形成配子时等位基因发生分离，非等位基因之间进行独立分配和随机组合，这样就形成类型不同而数目相等的配子。雌雄配子随机结合，合子的成活率均相等。

2. 自由组合定律的实质

自由组合规律的实质是有机体在形成配子时，多对非等位基因独立分离产 2^n 种类型的配子且数目相等。这些非等位基因在杂合状态时，保持其独立性，互不污染，形成配子时，等位基因各自独立分离，非等位基因之间则发生自由组合。

3. 多对非等位基因的遗传

只要多对非等位基因是属于独立遗传的，其杂种后代的分离就有一定的规律可循。

表 3-5　**n 对非等位基因的遗传规律**

杂合基因对数	F_1配子类型	F_1配子组合	F_2基因型类型	F_2表型类型	分离比
1	2	4	3	2	$(3:1)^1$
2	4	16	9	4	$(3:1)^2$
3	8	64	27	8	$(3:1)^3$
4	16	256	81	16	$(3:1)^4$
n	2^n	4^n	3^n	2^n	$(3:1)^n$

3.2.2　自由组合规律的应用

1. 理论上的应用

独立分配规律是在分离规律基础上，进一步揭示多对基因之间自由组合的关系，解释了不同基因的独立分配是自然界生物发生变异的重要来源。

①进一步说明生物界发生变异的原因之一，是多对基因之间的自由组合。

②生物中丰富的变异类型，有利于广泛适应不同的自然条件，有利于生物进化。

2. 实践上的应用

①分离规律的应用完全适应于独立分配规律，且独立分配规律更具有指导意义。

②在杂交育种工作中，有利于有目的地组合双亲优良性状，并可预测杂交后代中出现的优良组合及大致比例，以便确定育种工作的规模。

例如：水稻育种

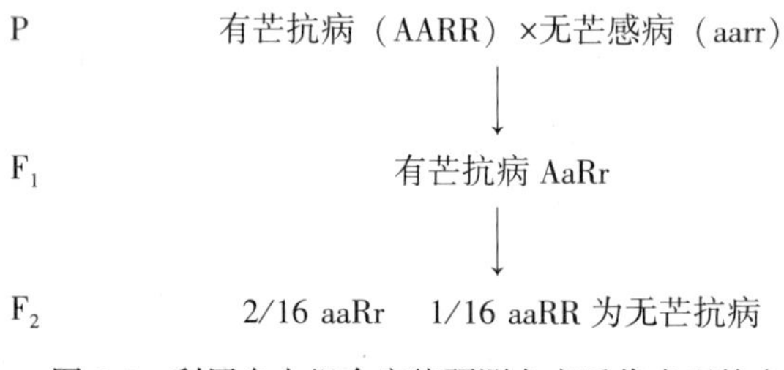

图 3-4　利用自由组合定律预测杂交后代表现特点

其中 aaRR 纯合型占无芒抗病株总数的 1/3，在 F_3 中不再分离。如 F_3 要获得 10 个稳定遗传的无芒抗病株（aaRR），则在 F_2 至少选择 30 株以上 aaRR 和 aaRr（无芒抗病株），供 F_3 株系鉴定。

3.2.3　遗传的染色体学说

1. 染色体和基因间的平行现象

①在遗传中都具有完整性和独立性。

②在体细胞中成对存在，在配子中有每对中的一个。

③等位基因和同源染色体分别来自父本和母本。

④非等位基因和非同源染色体在减数分裂中的分离都是独立的。自从孟德尔规律被重新发现后，Sutton 和 Boreei 在 1903 年提出了遗传的染色体学说，认为基因在染色体上，Sutton 指出：如果假定基因在染色体上，那么就可以十分圆满地解释孟德尔学说。

2. 分离定律的解释

一对基因杂合体形成配子时，染色体的分离和基因的分离同时发生，可见基因的分离是由于染色体的分离造成的。

3. 自由组合定律的解释

两对基因杂合体形成配子时，染色体独立分配和基因自由组合，可见基因的自由组合就是由于染色体的独立分配。

3.3 基因互作

3.3.1 基因与性状之间的关系

基因与性状之间的关系主要有一因一效，一因多效和多因一效。一因一效指一个基因影响一个性状的表现。一个基因影响多个性状的发育为一因多效。多对非等位基因共同影响一个单位性状的表现属于多因一效。

1. 性状的多基因决定（多因一效）

正常的叶绿素形成由 50 多个显性基因控制，其中一个基因发生变异，就会导致叶绿素合成受阻。果蝇的复眼颜色由 40 多个基因决定，任何一个基因异常，就会导致色素基因合成受阻，形成白眼，性状的发育受多基因控制，基因与性状之间的关系这种关系为多因一效。玉米子粒糊粉层颜色 A1、A2-花青素的有无，C-糊粉层颜色的有无，R-植株颜色的有无，只有当这四个显性基因都存在时，Pr 决定胚乳呈现紫色，pr 决定胚乳红色。

2. 基因的多效性（一因多效）

一个性状受若干基因控制，一个基因也可影响若干性状的发育，这叫一因多效。例如开红花的豌豆结绿色的种子，页腋上有黑色斑点，这三种性状同时出现；开白花的豌豆结黑色的种子，页腋上无黑色斑点，这三种性状也同时出现。卷毛鸡的卷毛是由一对基因控制的，但这种控制涉及多种性状的变化，也是一因多效。

生物是一个有机的整体，每一个基因的作用都不可能脱离这个整体而单独控制性状，而是控制这一性状的所有基因相互协调、相互控制、共同作用来控制性状。

3.3.2 基因互作

独立遗传的多对非等位基因之间相互作用共同决定性状的表现，将这种现象称为基因互作。基因互作主要有以下类型：互补作用、积加作用、重叠作用、上位作用和抑制作用。

1. 互补作用

两对独立遗传的基因（AaBb）共同决定一种性状的表现，当两种显性基因都存在互补时，个体表现为一种性状，只有一种显性基因或没有显性基因时表现另一种性状，多对非等位基因之间的作用称为互补作用。发生互补作用的基因称为互补基因。

（1）F_2性状分离比

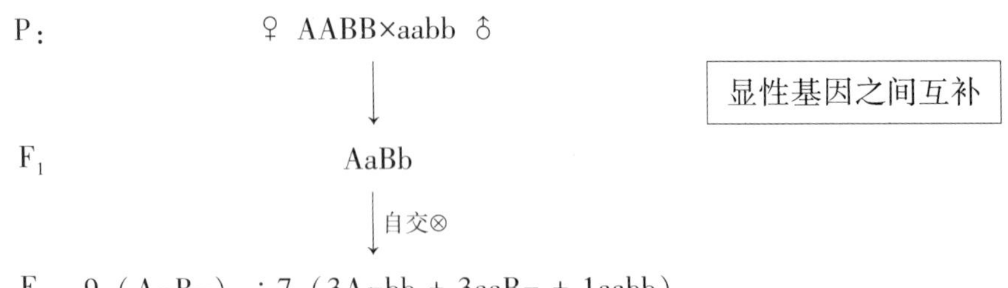

（2）香豌豆花色遗传

例如香豌豆花色遗传：两个白花品种，杂交 F_1代开紫花，F_2代分离出 9/16 紫花和7/16白花。

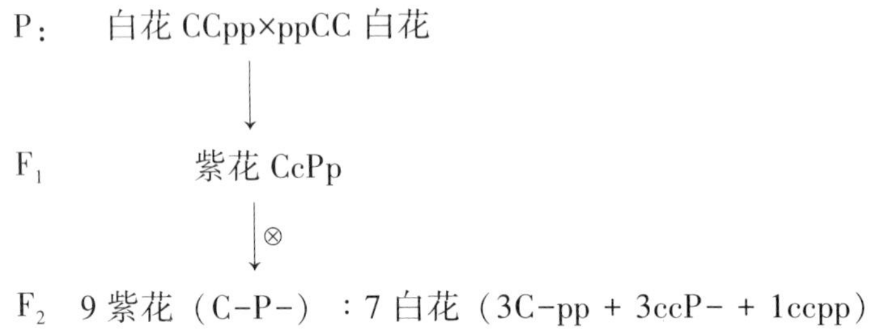

2. 积加作用

（1）积加作用的实质

多对非等位基因是独立遗传的，符合自由组合定律，一对等位基因之间是完全显隐性关系，对于有机体而言，它所表达的显性基因类型越多，由显性基因影响的性状表现越明显，将这种随着表达的显性基因类型越多，性状的表现越明显的基因互作类型称为积加作用。

（2）F_2性状分离比

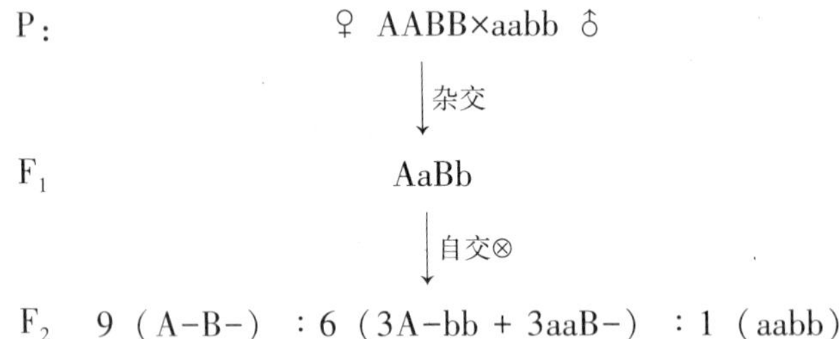

（3）南瓜果形遗传

P：　圆球形 AAbb × 圆球形 aaBB

↓

F_1　扁盘形 AaBb

↓⊗

F_2　9 扁盘形（A-B-）：6 圆球形（3A-bb + 3aaB-）：1 长圆形（aabb）

例如南瓜果形遗传：用两种不同基因型的圆球形品种杂交，F_1 产生扁盘形，F_2 出现三种果形：9/16 扁盘形，6/16 圆球形，1/16 长圆形。可知，两对基因都是隐性时，为长圆形，只有 A 或 B 存在时，为圆球形；A 和 B 同时存在时，则形成扁盘形。

3. 重叠作用

（1）重叠作用本质

两对独立遗传的基因共同决定一种性状的表现，一个显性基因的性状表现效果与多个显性基因的性状表现效果相同，将多对非等位基因之间的这种互作方式称为重叠作用。

（2）F_2性状分离比

P：　♀ AABB × aabb ♂

↓杂交

F_1　AaBb

↓自交⊗

F_2　15（9A–B– + 3A–bb + 3aaB–）：1（aabb）

（3）荠菜果形的遗传

例如荠菜果形的遗传：将两种植株杂交，F_1全是三角形蒴果。F_2则分离 15/16 三角形蒴果和 1/16 卵形蒴果。

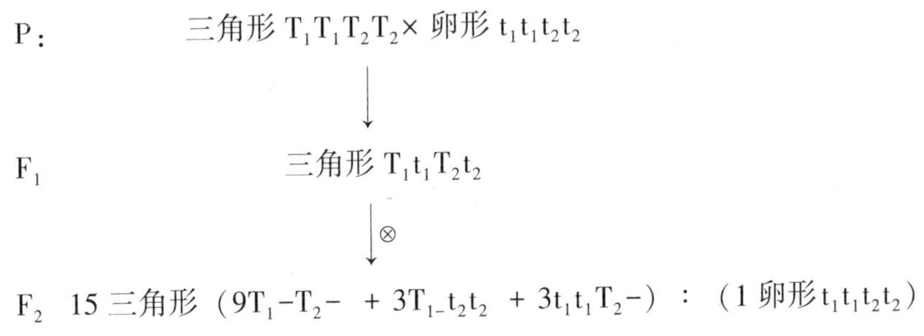

4. 上位作用

一对等位基因中的某个基因对另一对等位基因具有显性抑制作用，从而表现出由该基因决定的性状，将这种作用称为上位作用。起掩盖作用的基因称为上位基因（epistatic gene），被掩盖的另一对等位基因称为下位基因（hypostatic gene）。上位基因表达时，个体表现为由上位基因所决定的性状，而与上位基因对等的另一等位基因对性状并无决定作用。根据起掩盖作用的基因不同，上位基因又有隐性上位基因和显性上位基因之分。如果起掩盖作用的基因是隐性基因，将这个隐性基因称为隐性上位基因。如果起掩盖作用的基因是显性基因，将这个显性基因称为显性上位基因。上位基因本身能够决定性状的表现。

（1）隐性上位作用（a 为隐性上位基因）

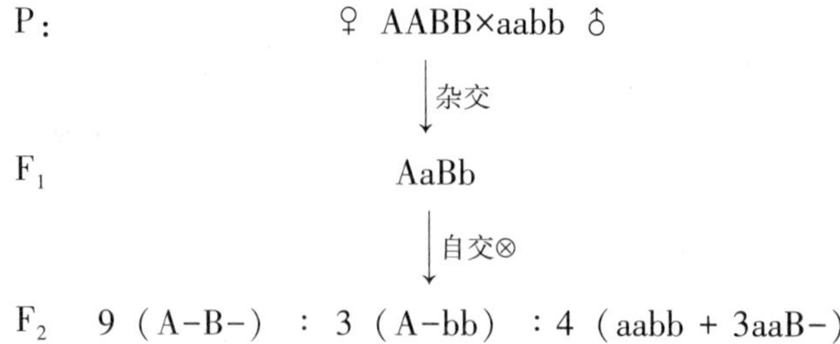

例如兔子毛皮颜色：C 控制黑色素形成的基因，C 能合成，G 负责色素分布，G 负责将 C 合成的色素分布在毛内部多一些；g 负责将 C 合成的色素分布在毛外部多一些，cc 对 G 或 g 有掩盖作用，称为隐性上位。

（2）显性上位作用（A 为显性上位基因）

例如西葫芦的皮色遗传：显性白色基因（A）对显性黄皮基因（B）和绿色隐性基因（y）有上位性作用。

P：♀ AABB（白色）×aabb（绿色）♂

↓杂交

F_1　AaBb（白色）

↓自交⊗

F_2　12（白色：9A-B- + 3A-bb）：3（绿色：aaB-）：1（绿色：aabb）

5. 抑制作用

在两对独立遗传的基因中，其中一对等位基因中的显性基因本身并不控制性状的表现，但对另一对等位基因中的显性基因的表现具有抑制作用，将这种现象称为抑制作用。起抑制作用的基因称为抑制基因，抑制基因一般不产生表型效应（不控制具体性状）。

例如：　白羽莱航鸡 × 白羽温德鸡

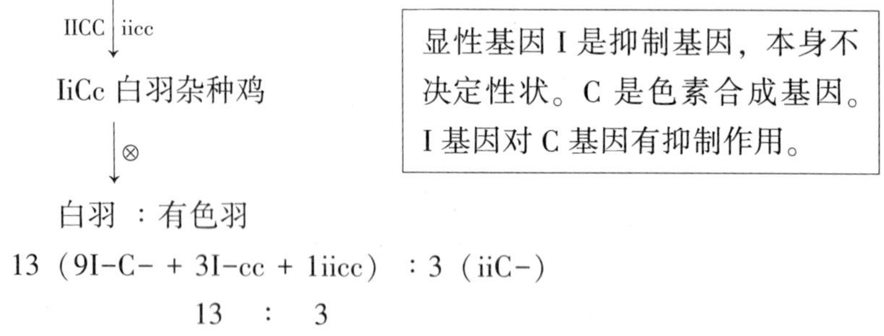

13（9I-C- + 3I-cc + 1iicc）：3（iiC-）

13　：　3

3.4　连锁遗传规律

Bateson 发现连锁遗传现象不久，Morgan 用果蝇为材料，证明具有连锁关系的基因位于同一条染色体上。这一点是很容易理解的，因为生物的基因有成千上万，而每一个细胞内的染色体只有几十条，所以一条染色体必须荷载许多基因。这些位于同一条染色体上的非等位基因通常较多地连锁在一起进行遗传。

3.4.1　性状连锁遗传的表现

1. 香豌豆杂交实验

1905 年，W. Bateson 和 R. C. Punnet 研究了香豌豆两对性状的遗传。其中，一对性状是花色遗传，紫花对红花为显性，另一对性状是花粉形状的遗传，长形对圆形为显性。

花颜色紫色 P 对红色 p 显性，花粉粒形状长形 L 对圆形 l 显性。F_2分离比不符合 9∶3∶3∶1，亲本型组合较多，重组型组合偏少。原来为同一亲本的两个性状，在 F_2中常常有联系在一起的倾向，这说明来自同一亲本的基因，有较多的在一起传递的可能。

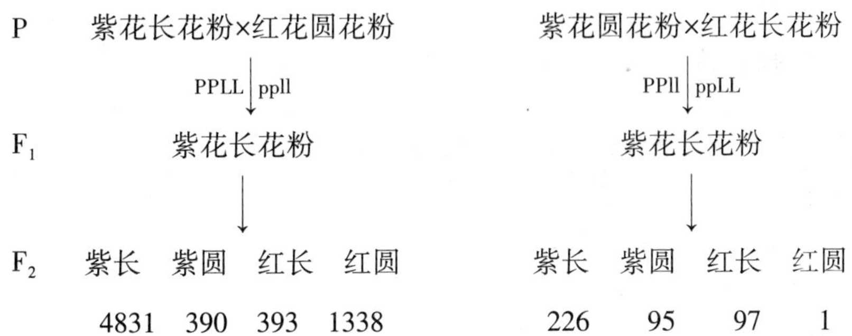

2. 试验结果特征

①F_1花色和花粉性状分离比符合 3∶1，表明都是由单基因控制的，但 F_2不符合 9∶3∶3∶1 的分离比。

②在测交试验中，亲本型组合比理论数多，重组型组合比理论数少。

3.4.2　连锁遗传（linkage）

1. 连锁遗传（linkage）的内涵

位于同一条染色体上的非等位基因较多地联系在一起向后代传递的现象称为连锁遗传。从试验现象分析，两个显性性状在一起，两个隐性性状在一起配成的杂交组合称为相引相，而一个显性性状与一个隐性性状在一起配成的杂交组合称为相斥相。而实质上，根据染色体特定区域携带的基因不同，将染色体的某一区域分为相引相与相斥相。染色体或 DNA 分子的某一区域如果携带的全是显性基因或全部是隐性基因，将染色体的这个区域称为相引相（coupling phase，AB//ab）。反之，如果染色体某一区域携带的既有显性基因，也有隐性基因，将染色体的这个区域称为相斥相（repulsion phase，Ab//aB）。相引相与相斥相都是连锁遗传。

2. 连锁遗传（linkage）的类型

根据非等位基因之间的连锁紧密程度不同，将连锁遗传分为完全连锁和不完全连锁。

（1）完全连锁

位于同一条染色单体上的非等位基因紧密地联系在一起，不发生分离现象，即非姐妹染色单体之间不发生交换，只形成两种亲本型配子，没有重组型配子的产生，将这种连锁称为完全连锁。

完全连锁时，F_2性状类型及分离比为 3∶1。如果多对非等位基因之间完全连锁并且决定同一个单位性状，由于它们的遗传规律符合分离定律（一对等位基因的遗传规律），因此，将这些位于同一条染色体上的非等位基因称为拟等位基因（当做一对等位基因）。

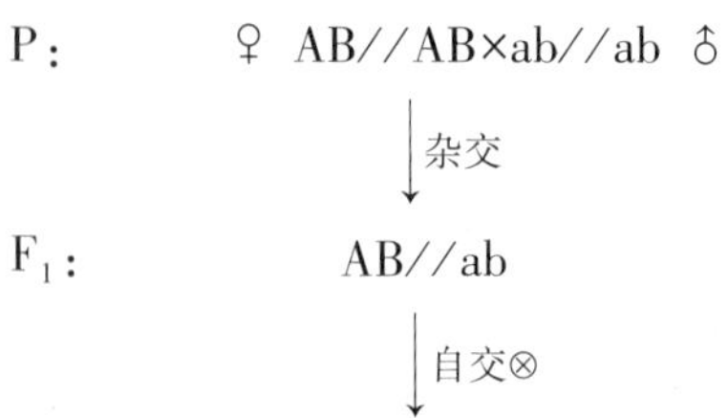

自交后代性状分离比见表 3-6。

表 3-6 **完全连锁时，AB//ab 自交后代的性状表现特点**

雌配子＼雄配子	50%亲本型 AB	50%亲本型 ab	0%重组型	0%重组型
50%亲本型 AB	25%AABB	25%AaBb	0	0
50%亲本型 ab	25%AaBb	25%aabb	0	0
0%重组型配子	0	0	0	0
0%重组型配子	0	0	0	0

例如：果蝇体色、翅膀的遗传。

P 灰身残翅 BBvv♂ × bbVV♀黑身长翅

↓

F_1 灰身长翅 BbVv ♂ × bbvv 黑身残翅

↓

F_2 黑身长翅 bbVv 灰身残翅（亲本类型）Bbvv

因为 F_1 BbVv♂在形成配子时，只形成了 bV 和 Bv 两种配子，即 bV 完全连锁，Bv 也完全连锁。

（2）不完全连锁

位于同一条染色体上的非等位基因之间由于联系不紧密而发生分离现象，即减数分裂时，非姐妹染色单体之间发生交换，从而产生重组型配子，将这种连锁称为不完全连锁。

假设 Rf=（重组型配子/总配子数）×100%＝20%时，AB//ab 自交后代的遗传规律如表 3-7 所示。

表 3-7　　**不完全连锁时，AB//ab 自交后代的性状表现特点**

雄配子 / 雌配子	40%亲本型 AB	40%亲本型 ab	10%重组型 Ab	10%重组型 aB
40%亲本型 AB	16%	16%	4%	4%
40%亲本型 ab	16%	16%	4%	4%
10%重组型 Ab	4%	4%	1%	1%
10%重组型 aB	4%	4%	1%	1%

3.4.3　不完全连锁与基因重组

1. 重组值

一对同源染色体在进行减数分裂时，非姐妹染色单体之间发生局部片段的交换，因此导致该区域的非等位基因之间发生重新组合而产生重组型配子，将这种现象称为重组。

在同条一染色体上的两个或两个以上的非等位基因在遗传时，联合在一起的遗传频率大于重新组合的频率。重组类型的产生是由于在配子形成过程中，同源染色体的非姐妹染色单体之间发生了局部交换。

重组率（Rf）可以用以下公式计算：

$$\text{重组值}=\frac{\text{重组型配子}}{\text{配子总数（亲本型配子+重组型配子）}}\times 100\%$$

2. 重组值的计算方法

相引相和相斥相的重组值不同。

(1)

相引相：AB/AB × ab/ab　　　相斥相：Ab/Ab × aB/aB

F_1基因型：　AB/ ab　　　Ab/ aB

F_2表型 4 种：　A-B-；A-bb；　　aaB-；　aabb

F_2后代数量：　a1　　a2　　　a3　　a4

在相引相中，AB 和 ab 配子是亲型配子，且 AB=ab 的频率=q。

aabb 个体的频率 $x=q^2=\frac{a4}{a1+a2+a3+a4}$，$q=\sqrt{x}=\sqrt{\frac{a4}{a1+a2+a3+a4}}$

$$\text{亲本型配子的总频率}=AB+ab=2q=2\sqrt{x}=2\sqrt{\frac{a4}{a1+a2+a3+a4}}=2\sqrt{\frac{\text{双隐性个体数}}{F_2\text{ 个体总数}}}$$

$$\text{重组配子的频率（重组值）}=1-2q=1-2\sqrt{x}=1-2\sqrt{\frac{a4}{a1+a2+a3+a4}}=1-2\sqrt{\frac{\text{双隐性个体数}}{F_2\text{ 个体总数}}}$$

(2) 相斥组

在相斥组中，AB 和 ab 配子是重组型配子。

$$\text{其总频率（重组值）}=2q=2\sqrt{x}=2\sqrt{\frac{a4}{a1+a2+a3+a4}}=2\sqrt{\frac{\text{双隐性个体数}}{F_2\text{ 个体总数}}}$$

例如：香豌豆花色和花粉粒的遗传（相引组）

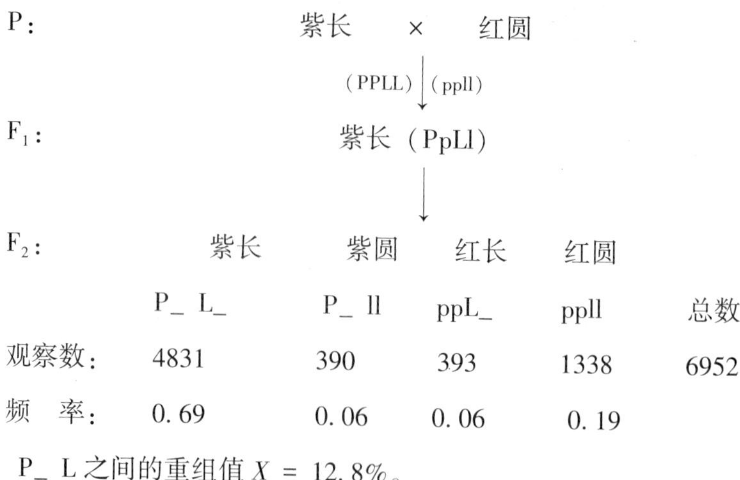

P_ L之间的重组值 X = 12.8%。

3.4.4　染色体的重组方式

1. 染色体内重组（intra-chromosomal recombination）

位于同一条染色体上的非等位基因之间的重组称染色体内重组，非姐妹染色单体之间发生交换导致了非等位基因之间的重组。重组以后，亲本型配子占多数，重组型配子占少数。

2. 染色体间重组（inter-chromosomal recombination）

非同源染色体之间自由组合而产生的重组称为染色体间重组。重组以后，配子类型有 2^n种（2^n中的 n 代表非同源染色体对数），各种类型的配子比例相等。

3.5　细胞质遗传和母性影响

细胞核内染色体上的基因是重要的遗传物质，由核基因决定的遗传方式称为“细胞核遗传”。随着遗传学研究的不断深入，人们发现“细胞核遗传”不是生物唯一的遗传方式。生物的某些遗传现象并不决定于核基因或不完全决定于核基因，而是决定于或部分决定于细胞核以外的一些遗传物质。这种遗传称为“核外遗传”或“非染色体遗传”，此种遗传不遵循孟德尔的遗传规律，所以又称为“非孟德尔式遗传”。它包括核外或拟核以外任何细胞成分所引起的遗传现象。

3.5.1　细胞质遗传的发现

表 3-8　紫茉莉叶色杂交试验

母　本	父　本	后　代
白色	白色、绿色、花斑	白色
绿色	白色、绿色、花斑	绿色
花斑	白色、绿色、花斑	白色、绿色、花斑

1908 年，Carl Corrans 在研究紫茉莉花斑枝条遗传规律时，发现了细胞质遗传。紫茉莉的叶子是绿的，有些枝条上是白叶，有些是白绿相间（花斑）。这是因为在绿色枝条中质体能产生叶绿素；而在白色枝条中，由于某种因素使叶绿体不能产生正常的叶绿素而呈现白色；花斑枝条中含有两种类型的细胞，间隔存在，呈现白绿相间的花斑状。不论父本的花粉来自哪一种枝条，子一代总是表现出母本的性状，与父本提供的花粉无关。将这种只受母本遗传物质控制，子代只表现出母本性状的现象称为母系遗传，又称为偏母遗传。

细胞质遗传是指由细胞质内的基因所决定的遗传现象和遗传规律，细胞质遗传又称为非染色体遗传、非孟德尔遗传、核外遗传。例如叶绿体基因组、线粒体基因组和质粒等的遗传均属于细胞质遗传。

3.5.2　细胞质遗传的特点

细胞质遗传具有以下特点：

①遗传方式是非孟德尔式的，F_1没有一定的分离比例。

②正反交的结果不同。

③核外基因难以通过杂交进行定位。

④遗传物质分布于细胞器上，不受核移植的影响。

⑤人工诱变频率极高，且具有一定的专一性。

3.5.3　细胞质遗传的物质基础

细胞质或核外基因组包括细胞器基因组（质体、线粒体、叶绿体、动粒）、共生生物、细菌质粒等。

1. 质体 DNA

20 世纪 50 年代就有人看到叶绿体中有呈孚尔根反应的颗粒存在，推测其中可能有 DNA。1962 年，Ris 和 Plant 用电镜观察衣藻、玉米等植物的叶绿体超薄切片，发现在基质中电子密度较低的部分有 20. 5nm 左右的细纤维。用 DNA 酶处理时消失，证明是 DNA。

质体 DNA 多为环状闭合大分子，DNA 裸露，不和组蛋白结合成复合体。DNA 中无甲基化现象（核 DNA25%左右的 C 残基是甲基化的）。

2. 线粒体 DNA

线粒体 DNA 由共价闭合环（目前发现只有四膜虫和草履虫似乎是线性的）组成，高等动物中长度为 5~6μm。

虽然细胞核遗传和细胞质遗传各自都有相对的独立性，但这并不意味着它们彼此之间丝毫没有关系。因为核、质共处于细胞这个统一体内，它们之间必然是相互依存、相互制约，而不可分割的。

3.5.4　母性影响

子代某一性状的表型由母本的核基因型决定，而不受本身基因型的支配，性状表现与母亲表型相似，将这种现象称为母性影响，又称前定作用。根据母性影响对后代影响程度不同，母性影响有暂时的母性影响和长久的母性影响两种。

1. 短暂的母性影响

短暂的母性影响仅影响到后代的幼龄时期，对后代的成体无影响，如麦粉蛾的肤色遗传。正常的野生型麦粉蛾体内能合成犬尿素，进一步可形成色素，使幼虫皮肤为有色，成虫复眼为褐色；突变型不能把前体物合成犬尿素，不能形成色素，使幼虫皮肤无色，成虫复眼为红色。这种差异是一对等位基因（核基因）控制的。野生型为A，突变型为a。

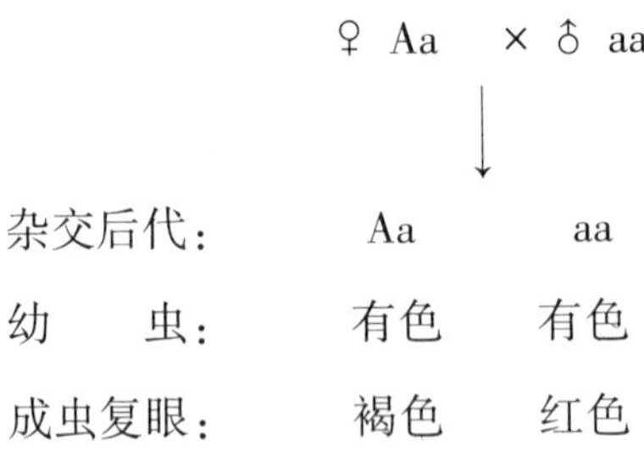

从理论上讲说，aa个体应该表现为无色，但却有色。这是因为犬尿素的合成受核基因控制，分布在卵细胞质内。后代可利用来自卵细胞质的犬尿素合成色素，使幼虫体色为有色，但这种犬尿素不能合成，到成体后就已用完，因此后代成虫复眼为 红色。这种影响受母亲核基因控制，只影响到幼龄期。

2. 持久的母性影响

椎实螺是雌雄同体动物，单独培养时发生自交，混合培养进行杂交。椎实螺外壳螺旋方向有左旋（逆时针）和右旋（顺时针）两种。由一对等位基因D（右旋）和d（左旋）控制。因为卵裂的物质来自母亲，所以受母亲的核基因控制，与其自身的基因无关，但自身的基因又影响下一代。

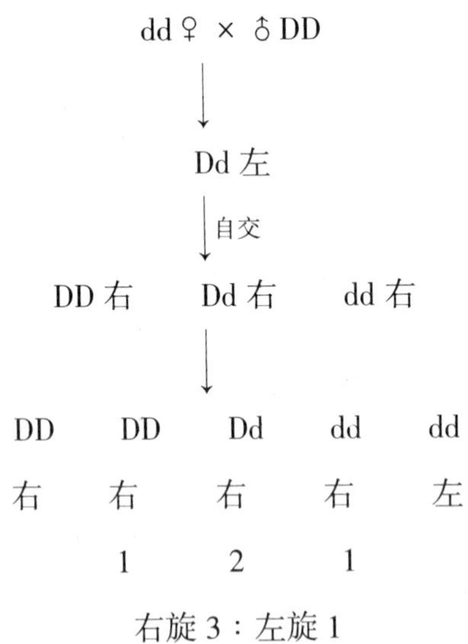

3.6 植物雄性不育的遗传

个体不能产生有功能的配子或不能产生在一定条件下能够存活的合子的现象称为不

育。植株不能产生正常的花药、花粉或雄配子，但它的雌蕊正常，能接受正常花粉而受精结实称为雄性不育性。根据决定雄性不育性的遗传机制不同，将雄性不育性划分为细胞质雄性不育、细胞核雄性不育和核质互作雄性不育。

3.6.1　雄性不育的类型

1. 细胞质雄性不育（质不育型）

细胞质雄性不育基因既有显性基因，也有隐性基因。

如：质不育型♀×♂正常品系

↓

F_1　　全部雄性不育♀×♂正常品系

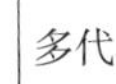

全部雄性不育

雄性不育性由细胞质基因控制，一般不受父本基因型的影响。由细胞质基因控制的雄性不育性容易保持而育性不易恢复，因此应用价值不大。

2. 细胞核雄性不育型

核基因控制的雄性不育，有显性核不育和隐性核不育，遗传方式符合孟德尔遗传规律。根据对光的反应不同，核基因控制的雄性不育分为以下两种：

①不受光温影响的核雄性不育：与光温影响无关。

②光温敏核雄性不育：受光和温度影响。高温或长日条件下不育；适温短日可育。

3. 核质互作雄性不育型

核质互作雄性不育型也称质核互作型，是由细胞核基因和细胞质基因共同作用控制的雄性不育类型。在细胞质里存在雄性不育基因S，细胞核内存在核不育基因r，两种不育基因都存在时，才能表现雄性不育。细胞质可育基因为N，核可育基因为R。

3.6.2　雄性不育的应用

雄性不育主要应用于杂种优势育种，杂交母本获得雄性不育后，就可以节省大面积制种时的去雄劳动量。并保证杂交种子的纯度。但在应用时，必须具备不育系、保持系和恢复系。

1. 三系的培育

（1）不育系和保持系的培育

S（rr）×　N（rr）⟶S（rr）

↓⊗

N（rr）

具有雄性不育系特征的品种或品系称为雄性不育系。雄性不育系只作杂交母本用，简称A系。雄性不育系的基因型为S（rr）。

能够保持雄性不育系特性的品系或品种称为保持系。保持系本身是可育的，它与不育系杂交，杂交后代仍能保持不育系的不育性。只作杂交父本用。简称 B 系。保持系基因型为 N（rr）。

（2）恢复系的培育

能使雄性不育系的后代恢复其育性的品种或品系称为恢复系 N（rr）。恢复系与雄性不育系杂交，就能获得可育的杂交种，以供大田生产之用。作杂交父本，简称 C 系。

恢复系⊗──→恢复系（进行繁殖）。

2. 雄性不育系的利用方法

（1）二区三系制种法

①第一区：是不育系和保持系繁殖区（隔离区），在此区交替种植不育系和保持系，二者在开花时，保持系给不育系提供花粉杂交，同时也自交，在保持系植株上收获保持系。

②第二区：制种区即杂种制种隔离区，交替种植不育系和恢复系。恢复系给不育系提供花粉，生产杂交种，供大田使用。而恢复系植株自花授粉繁殖恢复系的种子。在实际生产中，由于作物种类不同，方法也大同小异。

（2）二系法

1973 年，石明松在晚粳农垦 58 中发现“湖北光敏核不育水稻——农垦 58S”。该材料在长日照下不育，短日照下可育，因此可将不育系和保持系合二为一，从而提出了生产杂交种子的“二系法”。

3. 三系配套影响杂种有时的关键

①不育系的不育度要高，应接近 100%。

②恢复系的花粉量要大，恢复力要强，至少要达到 85%的恢复度。

③不育系与恢复系间的杂种优势要强。

◎章末小结

分离定律、自由组合定律和连锁交换规律为遗传学三大定律。分离定律的实质：控制一对相对性状的一对等位基因在杂合状态时互不污染，保持其独立性，在产生配子时彼此分离，并独立地分配到不同的性细胞中去。自由组合定律的实质是：两对基因在杂合状态时，保持其独立性，互不污染，形成配子时，同一对等位基因各自独立分离，非等位基因之间则自由组合。通常采用自交法，测交法和花粉鉴定法验证分离定律和自由组合定律。连锁交换规律的实质是：在同一条染色体上的两个或两个以上的非等位基因在遗传时，联合在一起的遗传频率大于重新组合的频率。重组类型的产生是由于在形成配子的过程中，同源染色体的非姐妹染色单体之间发生了局部交换。基因互作称为被修饰的孟德尔遗传。

细胞质基因决定的遗传现象和遗传规律称为细胞质遗传。细胞质遗传具有以下特点：遗传方式是非孟德式的，F_1没有一定的分离比例；正反交的结果不同，F_1都显示母本的性状；核外基因难以通过杂交进行定位；遗传物质在细胞器上，不受核移植的影响；人工诱变频率极高且具有一定的专一性。

子代某一性状的表型由母本的核基因型决定，而不受本身基因型的支配，将这种现象称为母性影响。母性影响与细胞质遗传非常相似。

◎知识链接

“细胞学说”的建立及其意义

英国科学家Robert Hooke于1665年用自制的显微镜观察了软木的薄片，第一次描述了植物细胞的构造。在此后长达170多年的历史中，人类对细胞的观察积累了丰富的资料。

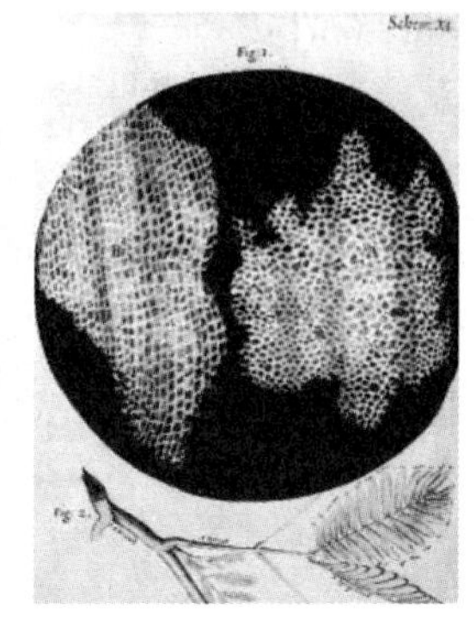
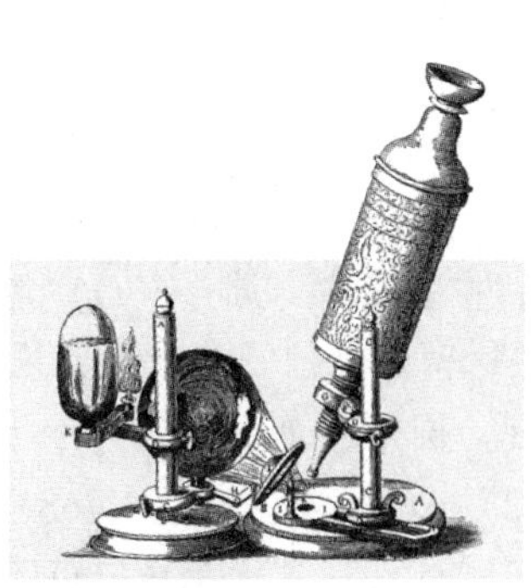

英国科学家Robert Hooke及他自制的显微镜和软木细胞

“细胞学说”由1838—1839年间由德国植物学家施莱登（Matthias Jakob Schleiden）和动物学家施旺（Theodor Schwann）所提出，直到1858年才较完善。它是关于生物有机体组成的学说。完善的“细胞学说”包括下列内容：细胞是有机体，一切动植物都是由单细胞发育而来，并由细胞和细胞产物所构成（不可描述成“一切生物都是由细胞和细胞产物构成”，因为病毒等生物并不具有细胞结构）；所有细胞在结构和组成上基本相似；新细胞是由已存在的细胞分裂而来；生物的疾病是因为其细胞机能失常；细胞是生物体结构和功能的基本单位；生物体是通过细胞的活动来反映其功能的；细胞是一个相对独立的单位，既有它自己的生命，又对于其他细胞共同组成的整体的生命起作用。

“细胞学说”的建立一改当时不少人从自然哲学角度对生命普遍模式的认识，而完全从生命科学的角度解释生命的基本结构。在“细胞学说”中，抛弃了“活力论”（即认为生命中起作用的是一种无形的“生命力”）的观点，而是从物理和化学的角度理解细胞的变化。“细胞学说”的建立使人们认识到研究细胞的重要性，因而开辟了细胞研究的新时代。自从“细胞学说”建立以来，人们不再局限于对细胞进行观察和描述，而是侧重于研究细胞的发生及生理功能。而且“细胞学说”还为达尔文的进化论提供了强有力的证据，“细胞学说”证明了动物与植物之间——从细胞水平看，有着明确的相互关联。

伟大的革命导师恩格斯曾把“细胞学说”与能量守恒和转换定律、达尔文的自然选择学说等并誉为19世纪最重大的自然科学发现。

◎观察与思考

1. 为什么分离现象比显、隐性现象有更重要的意义？

2. 在番茄中，红果色（R）对黄果色（r）是显性，下列杂交可以产生哪些基因型，哪些表现型，它们的比例如何？

（1）RR×rr　（2）Rr×rr　（3）Rr×Rr　（4）Rr×RR　（5）rr×rr

3. 简述细胞质遗传的特点。

4. 在南瓜中，果实的白色（W）对黄色（w）是显性，果实盘状（D）对球状（d）是显性，这两对基因是自由组合的。问下列杂交可以产生哪些基因型，哪些表型，它们的比例如何？

（1）WWDD×wwdd　（2）WwDd×wwdd

（3）Wwdd×wwDd　（4）Wwdd×WwDd

5. 小麦中有一种雄性不育属细胞质遗传。不育株和可育株杂交，后代仍为不育。另外，有些小麦品系带有能恢复其育性的显性基因。研究表明显性恢复基因的引入对细胞质不育因子的保持没有影响。请问什么样的研究结果会让你得出这种结论？

6. 在番茄中，圆形（O）对长形（o）是显性，单一花序（S）对复状花序（s）是显性。这两对基因是连锁的，现有一测交得到下面4种植株：

（1）圆形、单一花序（OS）23

（2）长形、单一花序（oS）83

（3）圆形、复状花序（Os）85

（4）长形、复状花序（os）19

问O—S间的交换值是多少？

7. 有两对基因A和a，B和b，它们是自由组合的，而且A对a是显性，B对b是显性。试问：

（1）AaBb个体产生AB配子的概率是多少？

（2）AABb个体产生AB配子的概率是多少？

（3）AaBb×AaBb杂交产生AABB合子的概率是多少？

（4）aabb×AABB杂交产生AABB合子的概率是多少？

（5）AaBb×AaBb杂交产生AB表型的概率是多少？

（6）aabb×AABB杂交产生AB表型的概率是多少？

（7）AaBb×AaBB杂交产生aB表型的概率是多少？

8. 在一个基因型为AaBb的杂合体中，A/a与B/b不连锁时产生的配子类型是什么？如果A/a与B/b连锁，在发生或不发生交换的情况下会产生哪些配子类型？

9. 为什么单交换最多只能产生50%的重组基因型配子？

10. A对a为显性，D对d为显性，两个位点间的重组值为25%。基因型为Ad/aD的植株自交后，后代有哪些基因型和表型，它们的比例如何？如果杂合体基因型为AD/ad，比例又如何？

11. 玉米基因R和S相互连锁，对RS/rs的测交分析发现有20%的减数分裂细胞在这两位点间发生了一次交叉，其余80%的减数分裂细胞在这两位点间没有发生交叉，请回答得到RS/rs基因型的比例是多少？

12. 一个双因子杂合体AaBb自交得到如下F_2代：

A_ B_　　198

A_ bb	97
aa B_	101
aa bb	1

基因A与B是否连锁？如果连锁，重组值是多少？写出亲本的基因型。

13. 细胞质遗传有什么特点？它与母性影响有什么不同？

14. 一个基因型为Dd的椎实螺自体受精后，子代的基因型和表型分别如何？如果其子代个体也自体受精，它们的下一代的基因型和表型又如何？

15. 正交和反交的结果不同可能是因为：(1) 细胞质遗传，(2) 性连锁，(3) 母性影响。怎样用实验方法来确定它属于哪一种类型？

16. 不同组合的不育株与可育株杂交得到以后代：

(1) 1/2可育，1/2不育；

(2) 后代全部可育；

(3) 仍保持不育。

写出各杂交组合中父本的遗传组成。

17. 在玉米中，利用细胞质雄性不育和育性恢复基因制造双交种，有一种方式是这样的，先把雄性不育自交系A（S（rfrf））与雄性可育自交系B（N（rfrf））杂交，得单交种AB。把雄性不育自交系C（S（rfrf））与雄性可育自交系D（N（RfRf））杂交，得单交种CD。然后再将两个单交种杂交，得双交种ABCD，问：双交种的基因型和表型有哪几种？比例如何？

18. 二倍体植株A的细胞质不同于二倍体植株B的细胞质。为了研究核质互作关系，你希望得到胞质来源于植株A而核主要来源于植株B的植株，应该如何做？

第4章　数量性状的遗传

凡不易受环境条件的影响、在一个群体内表现为不连续性变异的性状为质量性状。例如孟德尔所研究的豌豆子粒的形状（圆满与皱缩）、子叶的颜色（黄色与绿色）、花的颜色（红色与白色）等。凡容易受环境条件的影响、在一个群体内表现为连续性变异的性状为数量性状。农作物的大部分农艺性状都是数量性状，例如植物籽粒产量或营养体的产量、株高、成熟期、种子粒重、蛋白质和油脂含量，甚至是抗病性和抗虫性等。植物育种工作，包括育种方案的制定、亲本的选配、对杂种后代的选择、杂种优势的利用等，都必须熟识数量性状的遗传变异规律，因此掌握数量性状的遗传规律就显得非常重要。

4.1　数量性状的特征及其遗传基础

4.1.1　数量性状及其特征

1908年，尼尔逊-埃尔研究了小麦子粒颜色的遗传，小麦子粒颜色硬质多为红粒，粉质多为白粒。通过大量实验发现：

红粒×白粒——→红粒——→红粒（浅红，最浅红）：白＝3∶1

红粒×白粒——→红粒——→红粒（深红，中红，浅红，最浅红）：白＝15∶1

红粒×白粒——→红粒——→红粒（最深红，暗红，深红，中红，浅红，最浅红）：白＝63∶1

实验1：　红粒 $R_1R_1R_2R_2R_3R_3$ × 白粒 $r_1r_1r_2r_2r_3r_3$

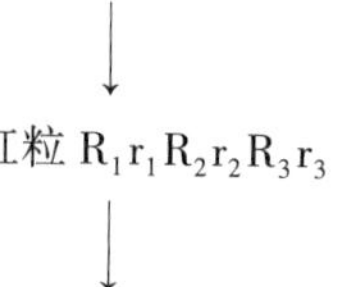

6R　5R1r　4R2r　3R3r　2R4r　1R5r　6r

最深红　暗红　深红　中红　浅红　最浅红　白

实验2：　红粒 $r_1r_1R_2R_2R_3R_3$× 白粒 $r_1r_1r_2r_2r_3r_3$

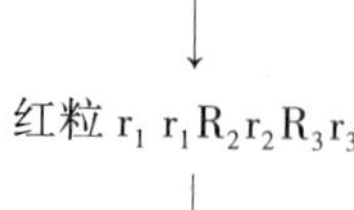

4R　3R1r　2R2r　1R3r　4r

深红　中红　浅红　最浅红　白

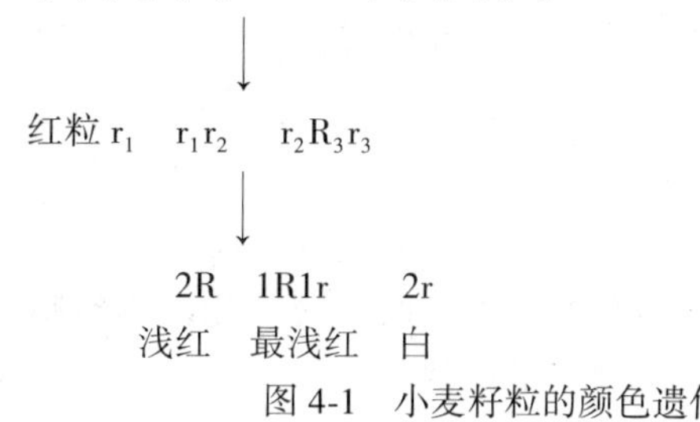

图 4-1　小麦籽粒的颜色遗传

尼尔逊-埃尔的解释：用 R_1r_1，R_2r_2，R_3r_3 表示小麦红粒白粒。假设 R 为控制红色素形成的基因，r 为不能控制红色素形成的基因。$R_1R_2R_3$ 为非等位基因，其对红色素的合成效应相同，且为累加效应。

1. 数量性状的基本特征

①数量性状是由多对基因控制的。

②每对基因的作用是微小（微效）的，数量性状是这些微效基因共同作用的结果。

③微效基因大多数情况下表现为相等而且具有累加效应，但有时也表现为显性效应，有时表现为减效效应。

④微效基因容易受环境因素的影响，即数量性状是由遗传与环境因素共同作用的结果。

2. 数量性状和质量性状的异同点

（1）不同点

表 4-1　**数量性状和质量性状的异同点**

特　征	质 量 性 状	数 量 性 状
基因数目及其效应	一个或少数几个主（效）基因，每个基因的效应大而明显。	几个到多个微效基因，每个基因单独的效应较小。
环境影响	不易受环境的影响。	对环境变化很敏感。
性状主要类型	品种、外貌等特征。	生产、生长等性状。
变异方式	间断型	连续型
考察方式	描述	度量
研究水平	家庭	群体
后代遗传动态	F_1（杂合体）表现为显性或共显性；F_2 群体按孟德尔比例分离。不可能出现超亲遗传。	F_1 和 F_2 均表现为连续性变异，群体频率分布为单峰曲线。有可能出现超亲遗传。

（2）相同点

①数量性状和质量性状都是生物体表现出来的生理特性和形态特征，都属性状范畴，都受基因控制。

②控制数量性状和质量性状的基因都位于染色体上。它们的传递方式都遵循孟德尔式遗传，即符合分离规律、自由组合规律和连锁互换规律。

(3) 二者之间的联系

①有些性状因区分的标准不同而不同，可以是质量性状又可以是数量性状。如小麦粒色，非此即彼即质量性状，若测其含红色素多少则为数量性状。

②有些性状因杂交亲本相差基因对数的不同而不同（相差越多则连续性越强）。

③有些基因既控制数量性状又控制质量性状。

例如白三叶草中，两种独立的显性基因相互作用引起叶片上斑点的形成，这是质上的差别，但这两种显性基因的不同剂量又影响叶片的数目，这是量上的差别。

④控制数量性状的基因和控制数量性状的基因可以连锁、互换、自由组合。

3. 数量性状的表现的特点

①两个纯合亲本的杂交后代其表现型一般为双亲的中间型。

②F_2的表现型平均值大体上与 F_1相近，但变异幅度远远超过 F_1。

③当双亲不是极端类型时，杂种后代可能分离出高于高值亲本或低于低值亲本的类型。杂种后代分离超越双亲范围的现象叫做超亲现象。

4.1.2　数量性状的遗传基础——多基因假说

1909 年，由尼尔逊-埃尔提出控制数量性状的多基因假说。学说内容如下：

①数量性状是由微效多基因（而且是独立基因）控制的，其遗传方式服从孟德尔遗传规律；基因数目越多，F_2变异幅度则越广。

②各基因的效应相等而且各对基因间通常不存在显隐性的作用，这些基因效应微小，所以又称为微效多基因。有效的基因越多，性状的表现度越大。

③各等位基因表现为不完全显性或无显性。

④各基因的作用是累加性的。

⑤微效多基因对环境条件表现敏感，可使表现型出现一定幅度的变异。

4.1.3　研究数量性状的主要参数

研究数量性状时，以群体和多世代为对象进行研究。性状差异无法分组归类，而需逐个测量。应用统计学的方法研究数量性状的遗传规律。

1. 平均数 (mean)

平均数表示一组数据的集中性，通常采用的是算数平均数。

$$x = \frac{\sum fx}{n} = \frac{x_1 + x_2 + x_3 + \dots + x_n}{n}$$

平均数只反映某一群体的平均表现，并不反映该群体的离散程度。

2. 方差

$$\text{方差}\ V = s^2 = \frac{\sum (x - x)^2}{n}$$

x-x 称离均差。

n 只限于平均数是由理论假定的时候，如果平均数是从实际观察数计算出来的，则分母就必须用 n-1。

F_2比 F_1的方差大，表明 F_2的离散程度变异程度大。这是因为：F_1个体基因型一样，其方差是环境造成的，称为环境方差；F_2基因型有分离，方差 = 遗传方差 + 环境方差。

方差开平方后为标准差，标准差可以反映群体内部的离散程度，衡量 x 的代表性。V 越小，则代表性越大，反之则代表性越小。

4.2 遗　传　力

4.2.1 遗传力的概念

1. 遗传力

遗传力指亲本传递其遗传特性的能力。

2. 遗传力类型

(1) 广义遗传率

广义遗传率是指遗传方差占总方差的百分比。广义遗传率可以用以下公式计算：

$$H^2b\% = \frac{V_G}{V_P}\times 100\% = \frac{(V_P - V_E)}{V_P}\times 100\%$$

备注：$H^2b\%$——广义遗传率；V_G——遗传方差；V_P——总方差；V_E——环境方差。

遗传方差可进一步分解为加性方差（A）、显性方差等成分。

(2) 狭义遗传率

狭义遗传率是指遗传方差中加性方差占总方差的百分比。狭义遗传率可以用以下公式计算：

$$H^2n\% = \frac{V_A}{V_P}\times 100\%$$

备注：$H^2n\%$——狭义遗传率；V_A——加性方差；V_P——总方差。

4.2.2 遗传率的意义及性质

①指导人工育种。遗传率高说明这一性状受遗传因素影响大，人工选择的效率较高；反之，人工选择效率低。

②遗传率是一个统计学概念，是对群体而言的。例如人的身高遗传率是 0.5，这并不表示某个人的身高 1/2 由遗传因素决定，1/2 由环境因素决定。而是指人类身高的总变异中 1/2 由遗传因素决定，1/2 由环境因素决定。

③遗传率是针对特定群体在特定环境下而言的，发生遗传变异或环境改变都会造成遗传率的改变。

4.2.3 性状的分类

根据遗传力大小不同，将性状分为以下三类：

①高遗传力性状：$h^2 \geq 0.4$。

②中遗传力性状：$0.2 < h^2 < 0.4$。

③低遗传力性状：$h^2 \leqslant 0.4$。

◎章末小结

数量性状指具有连续性变异的性状，相对性状之间存在着一系列的中间过渡类型，没有严格的区分界限，如身高、体重、牛的产奶量、鸡的产蛋量、小麦的株高、穗长、千粒重等。用多基因假说可以解释数量性状遗传，该学说包括以下内容：数量性状是由微效多基因控制，其遗传方式服从孟德尔遗传规律；基因数目越多，F_2变异幅度则越广；各基因的效应相等而且各对基因间通常不存在显隐性的作用，这些基因效应微小，所以又称为微效多基因。有效的基因越多，性状的表现度越大；各等位基因的表现为不完全显性或无显性；各基因的作用是累加性的；数量性状对环境条件表现敏感，可使表现型出现一定幅度的变异。

遗传力指亲本传递其遗传特性的能力，可以利用遗传力指导人工育种。遗传率是一个统计学概念，是对群体而言的，发生遗传变异或环境改变都会造成遗传率的变化。根据遗传力大小不同，可以将性状分为高遗传力性状、中遗传力性状和低遗传力性状。

◎知识链接

“加性、上位、显性效应”对数量性状遗传的改良作用

基因的加性效应（A）：是指基因位点内等位基因的累加效应，是上下代遗传可以固定的分量，又称为“育种值”。显性效应（D）：是指基因位点内等位基因之间的互作效应，是可以遗传但不能固定的遗传因素，是产生杂种优势的主要部分。上位性效应（I）：是指不同基因位点的非等位基因之间相互作用所产生的效应。

上述遗传效应在数量性状遗传改良中具有以下作用：由于加性效应部分可以在上下代得以传递，选择过程中可以累加，且具有较快的纯合速度，具有较高加性效应的数量性状在低世代选择时较易取得育种效果。显性相关则与杂种优势的表现有着密切关系，杂交一代中表现尤为强烈，在杂交稻等作物的组合选配中可以加以利用。但这种显性效应会随着世代的递增和基因的纯合而消失，且会影响选择育种中早代选择的效果，故对于显性效应为主的数量性状应以高代选择为主。上位性效应是由非等位基因间互作产生的，也是控制数量性状表现的重要遗传分量。其中加性×加性上位性效应部分也可在上下代遗传，并经选择而被固定；而加性×显性上位性效应和显性×显性上位性效应则与杂种优势的表现有关，在低世代时会在一定程度上影响数量性状的选择效果。

◎观察与思考

1. 论述数量性状的遗传基础。
2. 简述数量性状的基本特征。
3. 简述数量性状与质量性状的异同点。

第 5 章　遗传物质的变异

遗传物质的改变而导致的变异，包括基因突变和染色体畸变。染色体畸变指染色体的结构或数目发生了异常的变化。染色体畸变可能是自发的，也可通过化学物质或放射线处理而诱发。染色体结构变异包括缺失、重复、倒位、易位四类。一对同源染色体存在相同的结构改变为结构纯合体，若仅其中一条染色体结构发生改变叫结构杂合体。染色体数的改变分为两类，一类是整倍体，另一类是非整倍体；整倍体是增加或减少整套的染色体，非整倍体是增加或减少一条或几条染色体。

性状变异类型
- 1. 不遗传的变异：环境因素导致的环境变异（如小麦遮盖塑料薄膜高温杀雄），不遗传
- 2. 可遗传的变异
  - ①基因（遗传）重组（自由组合及连锁互换），遗传物质无变化
  - ②染色体的变化（染色体数目的变化和结构的变化）
  - ③基因的改变（基因突变）

图 5-1　性状变异类型

5.1　染色体结构变异理论

在自然条件下，异常的环境因素，如营养的不平衡、过高或过低的温度等，都可能导致染色体的断裂或损伤。如果人为地改变环境条件，用物理或化学因素处理生物体或生物体的特殊部位，染色体损伤的频率可能大大地提高。断裂以后的染色体片段将有以下几种命运：

①按原来的直线顺序重新接合起来，不改变染色体的结构，这种情况被称为重建愈合。

②不再愈合，无着丝粒的片段最终丢失。

③断裂末端自身愈合，又称为自身封闭。

④错误重接：一个染色体的断裂末端与同一染色体上另一个断裂末端愈合；或者断裂片段改变方向以后重新愈合；或者一个染色体上的断裂末端与另一个染色体上的断裂末端愈合。

第 3 种和第 4 种情形又称为非重建愈合。非重建愈合都可能改变基因的直线顺序，产生染色体的结构变异。由于染色体断裂的次数、位置、发生时期以及断裂末端愈合的类型不同，将会产生不同类型的染色体结构变异。结构变异的前提是染色体的断裂。断裂是结构变异的必要条件，但不是充要条件。也就是说，染色体发生断裂并不一定都发生结构变异。染色体断裂末端与染色体的自然末端不同。自然末端称为端粒，它是稳定的，不可能

与其他染色体末端愈合。而断裂末端是不稳定的，具有黏性。两个断裂末端碰在一起，就会重新连接起来。假如只有一个断裂末端存在，或者两个断裂末端不能相遇，它就会自身愈合。自身愈合的断裂末端，在后续的分裂过程中不能像自然末端那样正常复制和分离，而是形成双着丝粒染色体、染色体桥等异常情况。这就是染色体结构变异的断裂-愈合假说。

5.2　染色体结构变异类型

染色体结构变异指染色体片段的丢失、附加及位置改变等任何结构变化。

染色体结构变异主要有缺失、倒位、重复和易位。染色体结构变异使排列在染色体上的基因的数量和排列顺序发生改变，从而导致性状的变异，大多数染色体变异对生物体是不利的，有的甚至导致死亡。

染色体结构变异的原因
- 环境条件
  - 辐射
  - 化学物质
- 自身生理异常

5.2.1　缺失（deletion）

1. 概述

缺失（deletion）是指失去了部分染色体片段的现象。缺失有顶端缺失和中间缺失两种。

染色体顶端发生缺失时，由于丢失了端粒，故不稳定，常和其他染色体断裂片段愈合形成双着丝点染色体或易位，也可能自身首尾相连，形成环状染色体。双着丝点染色体在有丝分裂中都可形成断裂融合桥（breakage fusion bridge），由于分裂时桥的断裂点不稳定，可造成新的重复和缺失。中间缺失（interstitial deletion）指染色体中部缺失了一些片段。这种缺失较为稳定，故较常见。

发生缺失的变异个体简称为缺失体。一对同源染色体中，一条正常，一条发生了缺失的变异个体称为缺失杂合体。同源染色体中的两条都发生了相似变异的个体称为缺失纯合体。通常，缺失纯合体的生活力下降的比缺失杂合体更严重。

中间缺失杂合体典型的细胞学效应是在减数分裂联会配对时会形成一个缺失环。

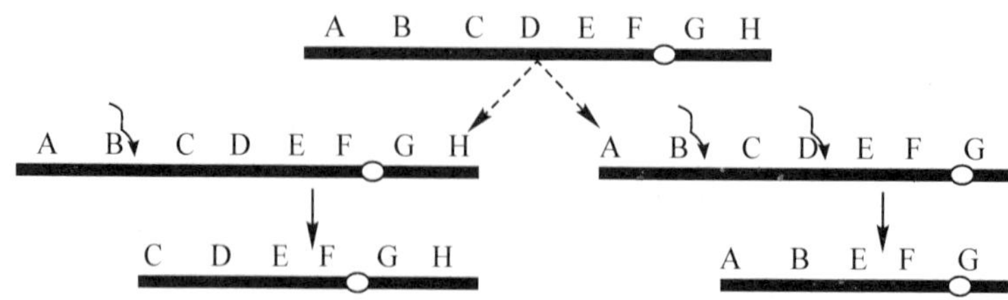

图 5-2　顶端缺失和中间缺失

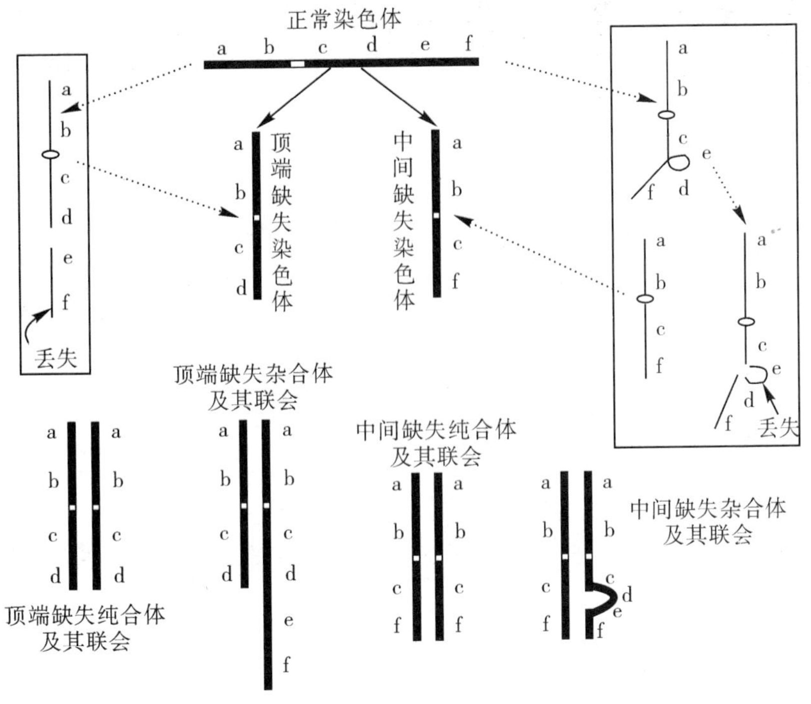

图 5-3　缺失的典型细胞学特征

2. 缺失的遗传学效应

(1) 缺失个体致死或出现异常（有害性）

缺失杂合体中，由于部分缺失引起的遗传效应随着缺失片段大小和细胞所处发育时期的不同而不同。在个体发育中，缺失发生得越早，影响越大；缺失的片段越大，对个体的影响也越严重，重则引起个体死亡，轻则影响个体的生活力。在人类遗传中，染色体缺失常会引起较严重的遗传性疾病。例如：人类的猫叫综合征，即第五号染色体的短臂缺失（46 XX（XY），5p-），患儿的哭声轻、音调高，似猫叫，眼距较宽，耳位低下，智力迟钝，生活力差等。患儿多数在出生早期就死亡了，不会留传后代。发病率约 1/5 万，女性多于男性。慢粒白血病（慢性骨髓性白血病），是人的第 22 号染色体的长臂缺失了一段引起的，核型是 46XX（XY），22q-。这条染色体叫费城染色体（ph），是在美国的费城发现的。

在高等生物中，缺失纯合体通常是很难生存下来的。在缺失杂合体中，若缺失区段较长时，或缺失区段虽不很长，但缺少了对个体发育有重要影响的基因时，通常也是致死的。只有缺失区段不太长，且又不含有重要基因的缺失杂合体才能生存，但其生活力也很差。

含缺失染色体的配子体一般都是没有生活力的，败育的，雄配子（体）尤其如此，雌配子的耐受性略强。含缺失染色体的雄配子即使不败育，在受精过程中也会因竞争不过正常雄配子而不能传递。因此，缺失染色体主要是通过雌配子传递给后代的。

(2) 降低非等位基因之间的重组值

由于同源染色体之间联会配对不紧密，因此导致重组值降低。

（3）促进物种进化

进化的趋势是基因组C值的增加，而缺失减小C值，因此它在进化中没有直接的作用。

（4）假显性（pesudo-dominance）现象

如果缺失的部分包括某些显性基因，那么同源染色体上与这一缺失相对位置上的隐性基因就得以表现，这一现象称为假显性。如果蝇的缺刻翅遗传。

（5）缺失杂合体（Dd）自交后代表现

表5-1　**缺失杂合体（Dd）自交后代表现**

雌雄配子	D（大多数死亡）	d
D（大多数存活）	DD（缺失纯合体）	Dd（杂失纯体）
d	Dd（缺失杂合体）	Dd（正常个体）

备注：设D—代表发生缺失的染色体；d—代表正常的另一条同源染色体。理论上自交后代类型分离比例等于1∶2∶1.

5.2.2　重复（duplication）

1. 概述

重复是指增加部分染色体片段的现象。染色体重复主要有顺接重复、反接重复和异位重复等类型。顺接重复是指重复片段与原有片段毗邻且方向相同，如ab. cdef→ab. cdcdef。反接重复指重复片段与原有片段毗邻但方向相反，如ab. cdef→ab. cdeedf。重复片段在染色体其他位置称为异位重复。

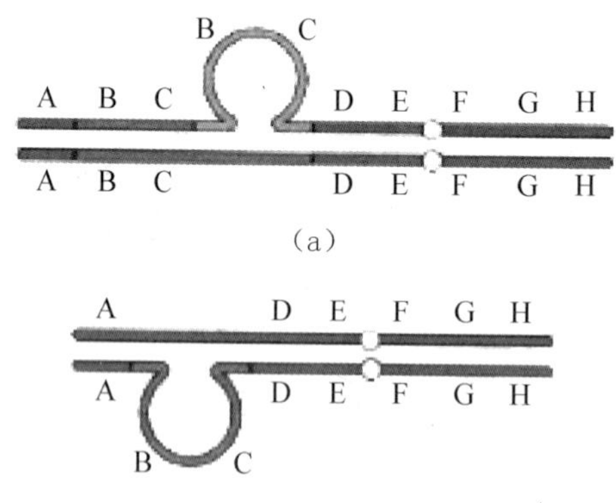

图5-4　重复环和缺失环

在重复杂合体中，当同源染色体联会时，发生重复的染色体的重复区段形成一个拱形结构，或者比正常染色体多出一段。重复引起的遗传效应比缺失的小。但是如果重复的部分太大，也会影响个体的生活力，甚至引起个体死亡。例如，果蝇的棒眼就是X染色体特定区段重复的结果。重复对生物体的不利影响一般小于缺失，因此在自然群体中较易保存。重复对生物的进化有重要作用。这是因为“多余的基因可能向多个方向突变，而不至于损害细胞和个体的正常机能。突变的最终结果，有可能使多余的基因成为一个能执行新功能的新基因，从而为生物适应新环境提供了机会。因此，在遗传学上往往把重复看做是新基因的一个重要来源。

2. 重复的遗传学效应

（1）位置效应

一个基因随着染色体畸变而改变它和邻近基因的位置关系，从而改变了表型的现象称位置效应。可能是随位置的改变也改变了和 5′端调控元件的关系和距离，从而影响基因的表达（重复片段在染色体上分布的位置不同，该片段上携带的基因表达后引起的效应也不同，将这种效应称为位置效应）。

（2）剂量效应

同一种基因对表型的作用随基因数目的增多而呈一定的累加增长。细胞内某基因出现的次数越多，表型效应越显著。

果蝇的棒眼遗传是重复造成表现型变异的最早和最突出的例子。这种表现型是由于果蝇复眼基因位于 X 染色体 16A 横纹区的重复所产生的。重复后使小眼数减少，形成棒眼。棒眼表现型的果蝇只有很少的小眼数，其眼睛缩成狭条。正常复眼约有小眼 779 个，重复杂合体 358 个，纯合体 68 个。

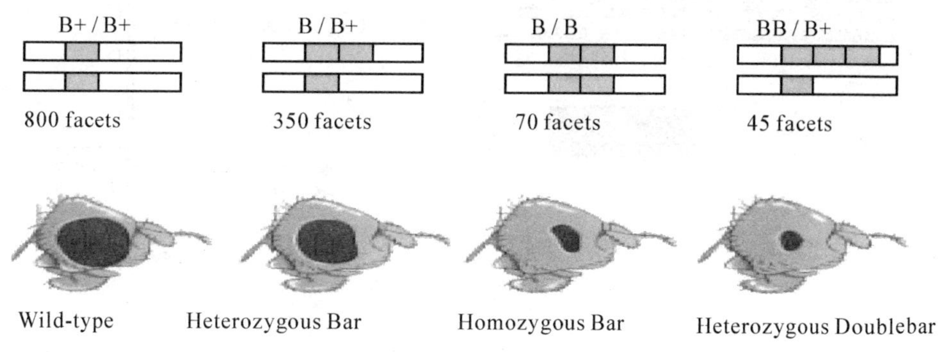

图 5-5　果蝇的棒眼遗传特点（重复位置效应和剂量效应）

（3）降低非等位基因之间的重组值

由于同源染色体之间联会配对不紧密，因此导致重组值降低。

（4）促进物种进化

重复增加基因组含量和新基因，是进化的一种重要途径。

5. 2. 3　倒位（inversion）

1. 概述

染色体片段作 180℃的颠倒后再重接在染色体上的现象称为倒位。倒位有臂内倒位和臂间倒位（pericentric inversion）两种。臂内倒位的倒位片段不含着丝粒。臂间倒位的倒位片段含着丝粒。减数分裂过程中，倒位区段适中时会产生倒位圈（inversion loop）。倒位区段较长时，倒位染色体反转过来与正常染色体联会配对。倒位区段较短时，倒位区段不配对。

2. 倒位的遗传学效应

（1）产生一部分败育配子

不论是臂内倒位杂合体，还是臂间倒位杂合体，只要发生了奇数次交换，会产生一半的败育配子和一半的可育配子，但由于发生交换的孢母细胞占少数，所以，产生的大多数配子育性正常。

（2）抑制倒位区内的重组，降低连锁基因之间的重组。

倒位的遗传效应首先是改变了倒位区段内外基因的连锁关系，还可使基因的正常表达因位置改变而有所变化。倒位杂合体联会时可形成特征性的倒位环，引起部分不育性，并降低连锁基因的重组率。倒位杂合体形成的配子大多是异常的，从而影响了个体的育性。

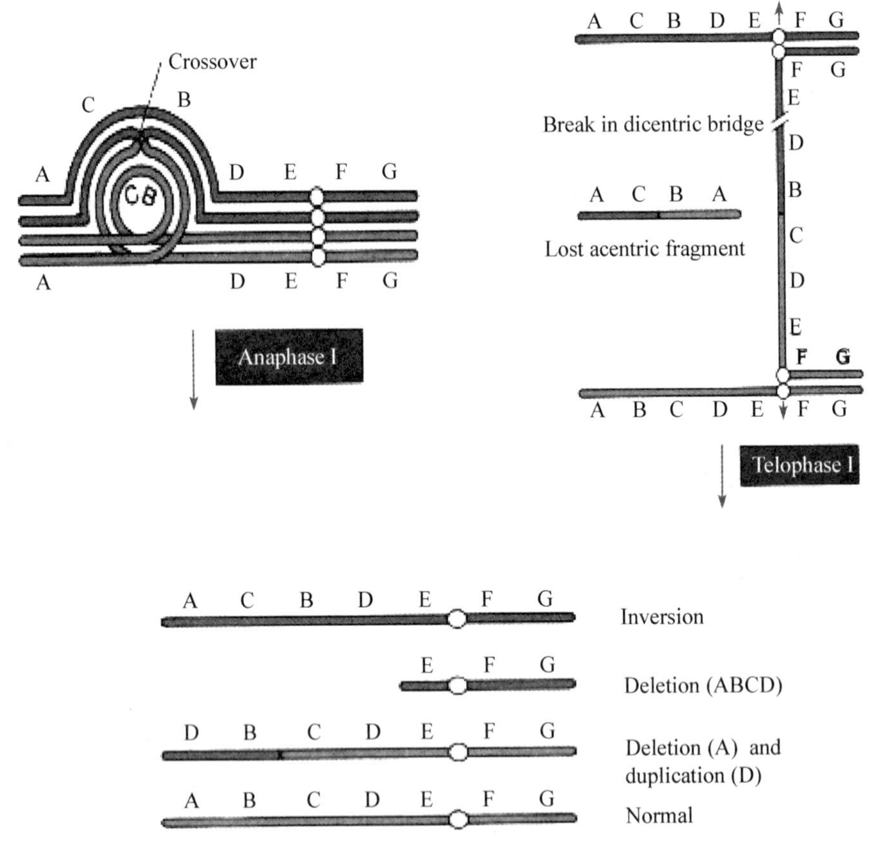

图 5-6　倒位杂合体减数分裂特点

（3）促进物种进化

倒位个体通常也不能和原种个体间进行有性生殖，但是这样形成的生殖隔离，为新物种的进化提供了有利条件。例如，普通果蝇的第 3 号染色体上有三个基因按猩红眼—桃色眼—三角翅脉的顺序排列（St-P-Dl）；同是这三个基因，在另一种果蝇中的顺序是 St—Dl—P，仅仅这一倒位的差异便构成了两个物种之间的差别。

5.2.4　易位

易位（translocation）是指两条非同源染色体之间发生部分片段的交换。

1. 易位的主要类型

（1）相互易位（平衡易位）

相互易位是指非同源染色体之间发生节段互换。可以是对称型的，也可以是非对称型。ab. cde 和 wx. yz→ab. cz 和 wx. yde。

（2）罗伯逊易位

两个端着丝粒染色体的着丝粒区断裂，长臂相互重接成中央着丝粒染色体，短臂形成小染色体，这条小的染色体最后丢失，将这种易位称为罗伯逊易位。

（3）移位

移位是指一条染色体片段移到同一条染色体或另一条染色体的不同区域。

2. 易位的细胞学特征

易位杂合体在减数分裂偶线期和粗线期，可出现典型的十字形构型，终变期或中期时则发展为环形、链形或∞字形的构型。易位的直接后果是使原有的连锁群改变。易位杂合体所产生的部分配子含有重复或缺失的染色体，从而导致部分不育或半不育。

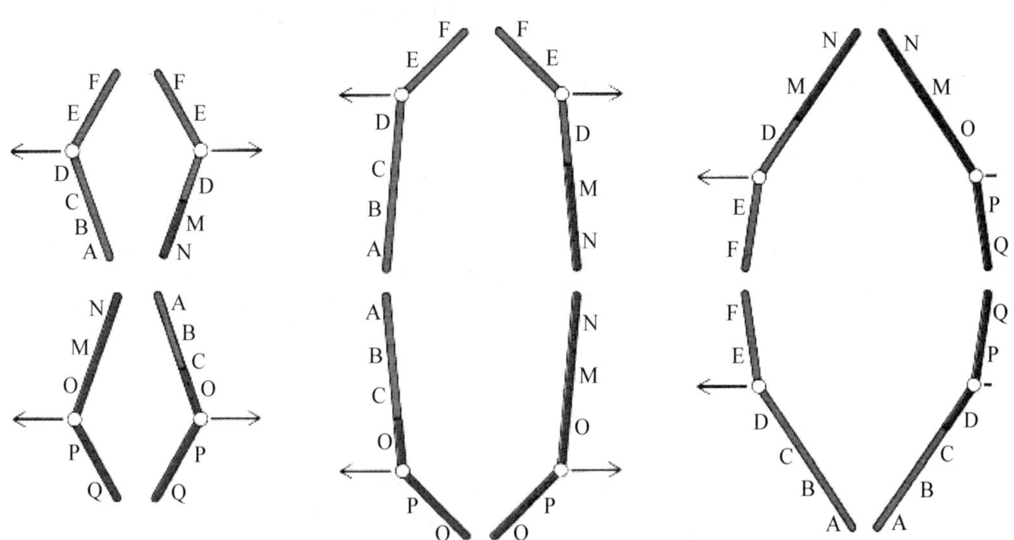

图 5-7　易位杂合体减数分裂过程中分离方式

3. 易位的遗传学效应

（1）易位改变基因之间的连锁关系

由于非同源染色体之间易位，原来的基因连锁群也会随着改变。

非同源染色体之间的自由组合受到抑制，原来不连锁的基因表现连锁遗传即出现假连锁现象。

易位降低连锁基因间的重组率，这与基因间的距离有关，也与同源染色体或其同源区段之间联会的紧密程度有关，联会比较松散的，靠近易位点的区段甚至不会联会，这样交换的机会就减少了，重组率会降低。

（2）易位导致染色体数目发生变异

易位导致染色体数变异由多到少，且位置是近端着丝粒染色体，在物种分化上占有重要地位。如人类的第 2 染色体的两条臂在黑猩猩、大猩猩、小猩猩中是分开成两条端着丝粒染色体的（黑猩猩中是第 12 和第 13 条，在大猩猩和小猩猩中是第 11 和 12 条），由于罗伯逊易位产生了人的第 2 染色体。

（3）半不育现象

相互易位的杂合体往往出现半不育现象。在形成配子同源染色体分开时，邻近式分离和交互式分离几率均等，各占 50%，而邻近式分离产生的配子均为缺失或重复配子，配子都是不育的，所以依次减数分离产生的配子有一半是不育的。

（4）花斑型位置效应

例如果蝇 X 染色体上的白眼基因，当它处于杂合状态（w^+/w）时应表现为红眼。但是如果在某些细胞中处在常染色质区的 w^+ 的一段染色体易位到第 4 染色体的异染色质区，第 4 染色体的一段异染色质区易位到 X 染色体上的常染色质区。该杂合体的复眼表现为红、白两种颜色的体细胞镶嵌的斑驳色眼，故又名斑驳型位置效应。

5.3　染色体数目变异

5.3.1　染色体组

二倍体生物配子细胞中所包含的形态、结构和功能都彼此不同的一组染色体称为该物种的染色体组。染色体组是多倍体物种染色体的组成成员，是一个完整而协调的体系，缺少其中的任何一个都会造成不育或性状的变异。一套染色体组内染色体上携带的所有基因称为该物种的基因组。染色体基数指一个物种染色体组中的染色体数目。通常用 2n 表示体细胞内染色体的数目，n 代表性细胞内染色体的数目，X 代表染色体基数，X 前面的数字表该物种的倍性。如玉米配子中有 10 条染色体，X = 10，n = X = 10。

以小麦属为例，小麦属染色体以“7”作为基数变化。普通小麦为异源六倍体，体细胞内有 42 条染色体，性细胞内有 21 条染色体，每一套染色体组包含 7 条不同的染色体。

一粒小麦、野生一粒小麦：2n = 14 = 2X　n = 7　X = 7（二倍体）

普通小麦、密穗小麦：　2n = 42 = 6X　n = 21　X = 7（六倍体）

5.3.2　整倍体变异

染色体数目变异有整倍体变异和非整倍体变异。整倍体变异是指以染色体组为单位而发生的整倍减少或整倍增加的变化。

单倍体 { 一倍体（单元单倍体）
　　　　 多单倍体（多元单倍体）

多倍体 { 同源多倍体：同源三倍体、同源四倍体等。
　　　　 异源多倍体：偶数倍与奇数倍的异源多倍体、同源异源多倍体。

1. 单倍体

单倍体是指具有本物种配子（n）染色体数目的个体。单倍体又有单元单倍体与多元单倍体之分。一倍体（单元单倍体）指从二倍体物种产生的单倍体，$n=x$，如 $2n=2x=20$，一倍体细胞中 $n=x=10$。由某一多倍体产生的单倍体称为多单倍体（多元单倍体），$n \neq x$，如普通小麦六倍体，$2n=6x=42$，$n=3x=21$。

自然界的绝大多数生物都是双倍体。动物界有自然存在的单倍体（haploid），如某些膜翅目昆虫（蜂、蚁）和某些同翅目昆虫（白蚁）的雄性。它们都是由未受精的卵（$n=x$）发育而成的（单性孤雌生殖）。在植物界，只有二倍体低等植物的配子体世代是能够自养生活的单倍体，如二倍体藻菌类的单核菌丝体，二倍体苔藓类的配子体等。在高等植物中也会偶然出现一些植株弱小的单倍体，几乎都是由不正常的生殖过程而产生的，如孤雌生殖和孤雄生殖，一般都不能繁殖后代。也可以通过花药培养等途径人工创造单倍体，但若不进行染色体数目加倍，这些单倍体也是很难保存的。

（1）单倍体的特点

①形态特征：细胞、组织、器官和植株均比正常个体小，显著小型化，多数生活力较差。

②育性特征：大多数单倍体育性下降。

（2）单倍体的应用

①研究基因的作用和性质。单倍体中一对等位基因之间无显隐性关系，所有基因均可发挥作用。因此，可以利用单倍体研究基因的作用和性质。

②可用来探讨染色体组间的同源性或部分同源性关系（根据减数分裂时染色体配对的情况）。

③利用单倍体加倍，快速培育出纯合体，缩短育种周期，是作物育种的新途径。

2. 同源多倍体

同源多倍体是指加倍的染色体组来源相同，由二倍体本身的染色体加倍而成。现已成功诱变出水稻、大麦、黑麦、桑、茶、葡萄、西瓜、板栗等多种四倍体植物。多倍体在动物中是比较少见的，因为大多数动物是雌雄异体，染色体稍微不平衡，容易引起不育，甚至使个体不能成活，所以多倍体个体通常只能依靠无性生殖来维持。

二倍体生物加倍（自然或人工）以及未减数的配子结合是形成同源多倍体的主要途径。

（1）同源多倍体的形态特征

①随着染色体的倍数的增加，核体积和细胞体积随之增大。

②叶片大小、花朵大小、茎粗和叶的厚度随染色体组数目的增加而递增，成熟期随之递延。

③同源多倍体的气孔大，但数量少。

但是，这些形态特征也不是随染色体倍数性的增加而无限增长的，有一个限度，这个限度因物种而异。

总之，随着基因剂量的增加，生化活动随之加强。

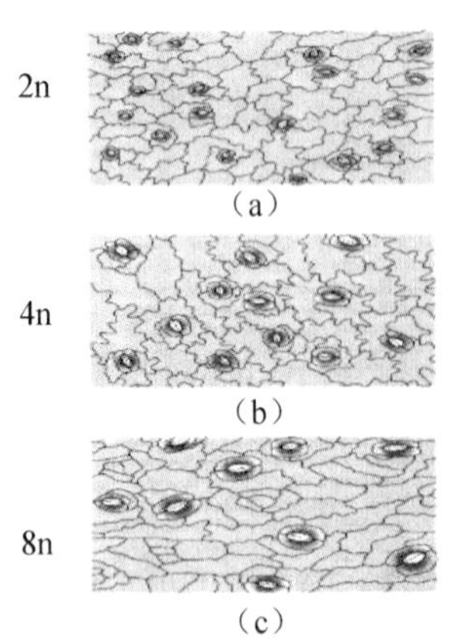

图 5-8　烟草二倍体、四倍体和八倍体叶片表皮细胞的比较及凤仙花多倍体育种

（2）同源多倍体的遗传学效应

①剂量效应：一般情况表现为形态的巨大性、生育期常、成熟晚、基因产物多，但也有一些例外。

②育性：偶数倍的同源多倍体育性较低，四倍体马铃薯、六倍体甘蔗也有能育的，四倍体的陀罗和番茄可正常繁殖。奇数倍的同源多倍体高度不育，三倍体西瓜、水仙花、黄花菜和甜菜都没有种子。

（3）减数分裂和基因分离特点

同源三倍体同源染色体配对的方式有 2 种：1 个三价体（Ⅲ）、1 个二价体（Ⅱ）和 1 个单价体（Ⅰ）。形成 2/1 或 1/1（单价体丢失）的分离结果。能产生具有 2n 和 n 条染色体的配子的概率非常低。这些极少可育配子相互受精的机会就更少，所以三倍体不结种子。三倍体产生的配子染色体数目多数在 2n 和 n 之间，都是不平衡配子。

二倍体西瓜 2n = 2X = 22 = 11 Ⅱ

↓幼苗期用秋水仙素处理

♀ 2n = 4X = 44 四倍体西瓜 × 二倍体西瓜 2n = 2X = 22 = 11 Ⅱ ♂

↓杂交

在四倍体母本植株上结出三倍体种子（3X = 33 = 11 Ⅲ）

↓播种三倍体种子

三倍体西瓜（高度不育）

图 5-9　同源三倍体西瓜的培育

同源四倍体同源染色体配对的方式有 4 种：1 个四价体（Ⅳ）、1 个三价体和个单价体（Ⅲ+Ⅰ）、多数是 2 个二价体（Ⅱ+Ⅱ）、1 个二价体和 2 个单价体（Ⅱ+Ⅰ+Ⅰ）。后期可产生 2/2 均衡分离，也可以产生 3/1、2/1、1/1 等不均衡的分离形式。占多数的 2/2 均衡分离可产生可育配子，因此与同源三倍体相比，同源四倍体的育性较高。

同源四倍体基因的分离比较复杂。就一对基因（A、a）来讲，二倍体群体中存在三种基因型 AA、Aa 和 aa，在同源四倍体群体中，基因型有 5 种：四显体（AAAA、四式）、三显体（AAAa，三式）、二显体（AAaa，双式）、单显体（Aaaa，单式）、零显体（aaaa，零式）。

3. 异源多倍体

多倍体的体细胞中染色体组来源于两个或两个以上的物种称为异源多倍体。异源多倍体有偶数倍的异源多倍体和奇数倍的异源多倍体。偶数倍的异源多倍体体细胞中的染色体组为偶数，每种染色体组均是成双的，如 2n=AABBDD。奇数倍的异源多倍体体细胞中的染色体组为奇数，如 2n=AABBD，育性较低。

在高等植物中，异源多倍体是普遍存在的。在中欧，约有 2/3 的植物属是由异源多倍体组成的，在被子植物中，异源多倍体种占 1/3，禾本科中约 70%的种是异源多倍体，而竹亚科（Bombazine）中 100%是多倍体。

（1）异源多倍体的来源

①两个不同种杂交→染色体加倍→异源多倍体。

例如：萝卜甘蓝是异源四倍体（双二倍体），2n=4x=36

P：　2n=2X=RR=18 萝卜 × 2n=2X=BB=18 甘蓝

↓

F_1　RB（9+9）

↓染色体加倍

RRBB（18+18）根似甘蓝叶似萝卜（萝卜甘蓝）

又如异源六倍体 AABBDD 与异源多四倍体 AABB 杂交，得到 2n=AABBD 的奇数倍异源五倍体。

②杂种减数分裂异常→异常的配子结合→异源多倍体。

③奇数倍的异源多倍体由偶数倍的异源多倍体的种间杂交获得。

（2）异源多倍体的遗传学效应

①具有双亲的特性，抗逆性强，适应性广，种子大而多等。

②偶数倍异源多倍体可育，奇数倍异源多倍体高度不育。

自然界能够自繁的异源多倍体种基本上都是偶倍数的。在偶倍数的异源多倍体内，每组同源染色体都只有两个成员，减数分裂时能像二倍体一样联会成二价体。所以，性状遗传规律与正常二倍体是完全相同的。

③等位基因分离正常，但基因之间相互作用复杂。

4. 多倍体的诱发

①物理方法：高温、低温、离心、超声波、嫁接、切断等方法。

②化学方法：用化学药剂处理产生多倍体。如秋水仙素、异生长素、萘骈乙烷等。

③组织培养：利用细胞全能性，以花药或胚囊等培养出单倍体植株，再加倍即可得同源多倍体纯合株系。

5.3.3　非整倍体变异

非整倍体变异是指染色体数目在 2n 的基础上，以染色体为单位增加或减少一条至几条的变异。

亚倍体：单体：2n−1；双单体：2n−1−1；缺体（零体）：2n−2

超倍体：三体：2n+1；双三体：2n+1+1；四体：2n+2

图 5-10　非整倍体变异类型

1. 单体（2n−1）

单体是指体细胞中某对同源染色体缺少了一条的个体。动物、植物、人类中都有发现。

单体是某些动物特有的种性，例如 XO、ZO 性染色体决定类型的动物，性染色体为 ZO 的鸭子为雌性♀，性染色体为 XO 型的蝗虫、蟑螂、蟋蟀是雄性♂，都是正常的表型。

对于植物而言，二倍体的单体都不能成活，多倍体产生的单体比较容易成活。因缺少单条染色体的影响要比缺少一套染色体的影响大，可见遗传物质平衡的重要性。多倍体中缺少一条染色体引起的不平衡可以由其他基本染色体组得到补偿，虽然表现不是很正常，但是能活下去并很好繁殖。例如异源六倍体小麦 2n＝6x＝42，理论上可以得到 21 种单体，事实上也得到了 21 种单体，称为小麦的单体系统。

单体产生 n 和 n−1 两种类型的配子，理论上为 1∶1，但 n 型配子占多数。

2. 缺体（2n−2）

缺体是指体细胞中缺少了同源染色体的个体。二倍体产生的缺体不能存活，仅存在于多倍体生物中。

目前，已得到了 21 种小麦缺体，表现生活力差、育性低、各具有特定的形态特征。缺体通常由单体自交产生。缺体产生 n 和 n−1 的配子且 n−1 配子生活力低。

3. 三体（2n+1）

体细胞中增加了某对同源染色体中的一条染色体的个体为三体。动物、植物、人类中都有发现。三体一般都能存活，但表现各种特殊的性状，不同于正常的性状。

三倍体自交、同源三倍体和二倍体杂交或减数分裂异常（染色单体不分离等）形成的配子结合会产生三体。理论上讲，三体产生 n 和 n+1 两种类型的配子，但 n+1 配子的活力要明显低于 n 配子。

4. 四体（2n+2）

四体是指体细胞中多了一对同源染色体的个体。三体自交的后代群体中会产生四体。三体产生的配子（n+1）结合可产生四体（2n+2）。四体可以产生 n+1 的配子。

5.3.4　一倍体与二倍体

体细胞内有两套染色体组的个体称为二倍体。雌雄配子融合后经过分裂分化、发育繁殖的个体称为双倍体（双体）。双倍体的体细胞内的染色体数目与合子细胞内的一致。大多数高等生物既是双倍体又是二倍体。完整个体的细胞内只有一套染色体组的个体称为一倍体。含有配子染色体数目的个体统称单倍体。

5.4　基因突变

摩尔根于 1910 年首先肯定基因突变的存在，他在大量的红眼果蝇中发现了一只白眼突变果蝇。大量研究表明在动、植物以及细菌、病毒中广泛存在基因突变的现象。染色体特定位点上的基因内部发生化学变化而引起的突变称为基因突变。又称“点突变”或 DNA 分子结构上的改变。广义的基因突变还包括染色体结构变异和染色体数目变异。

5.4.1　基因突变的类型

1. 根据突变体的表型特征划分

（1）形态突变（可见突变）

形态突变主要影响生物的形态结构，导致形态、大小、色泽等的改变。例如，普通绵羊的四肢较长，而突变体安康羊的四肢就很短。普通水稻的株高一般在 1.50m 以上，矮秆突变体的株高要矮许多。因为这一类突变可以用肉眼直接看到，又称为可见突变（visible mutations）。

（2）生化突变

生化突变主要影响生物的代谢过程，导致一个特定的生化功能的改变或丧失。如链孢霉的 Lys-等。最常见的是微生物的各种营养缺陷型。

（3）致死突变

致死突变主要导致生活力的改变（影响生活力），导致个体死亡。致死突变分二类：显性致死和隐性致死。

显性致死在杂合态即有致死效应。隐性致死在纯合态时才有致死效应，常见。如植物中的白花基因、镰形细胞贫血症等。

致死突变的致死作用可以发生在不同的发育阶段：配子期、胚胎期、幼龄期或成年期。女篓菜花粉致死、小鼠黄鼠基因是隐性致死，并且是合子致死。

（4）条件致死突变

突变在某些条件下是成活的，而在另一些条件下是致死的。例如：T_4噬菌体的温度敏感突变型，25℃时能在大肠杆菌宿主中正常生长，形成噬菌斑，但是在 42℃时是致死的。

2. 根据突变的显隐性不同划分

根据突变的显隐性不同将基因突变分为显性突变和隐性突变。

（1）隐性突变

显性基因突变为隐性基因的现象称为隐性突变。隐性突变性状表现得迟而纯合的快。

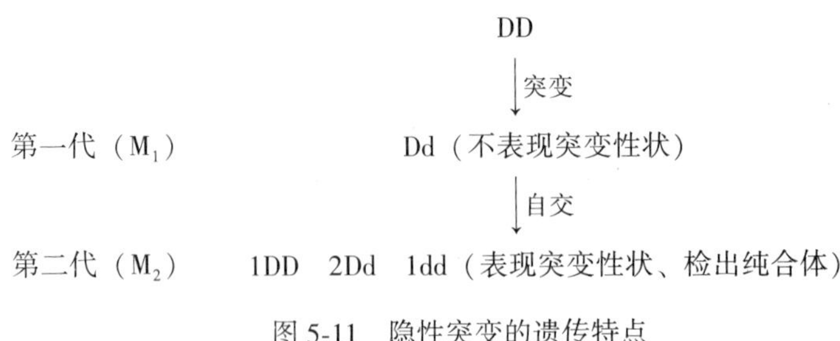

图 5-11 隐性突变的遗传特点

（2）显性突变

隐性基因突变为显性基因的现象称为显性突变。显性突变性状表现得早而纯合的慢。

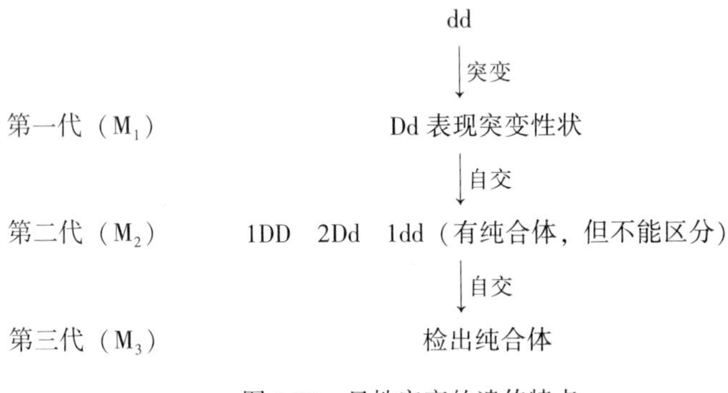

图 5-12 显性突变的遗传特点

3. 根据突变的细胞不同划分

根据突变的细胞不同将基因突变分为体细胞突变和性细胞突变。

突变可发生在生物个体发育的任何时期，可以发生在体细胞中，也可以发生在性细胞中。性细胞中的突变频率高于体细胞，这是因为减数分裂及配子发育过程中，性细胞对环境条件特别敏感的缘故。性细胞中发生的突变可以通过受精过程直接传递给下一代。而体细胞中的突变是不能直接传递给后代的。如某一动物的性细胞中某一基因发生突变，这个配子参与受精形成的合子就是带有突变基因的杂合体。若这个突变是显性突变，则合子发育成个体就表现为突变型。如果是隐性突变或下位性突变，其作用被显性基因或上位性基因所掩盖，当代不能表现出来，只有等到第二代突变基因处于纯合状态时才能表现出来。

若体细胞中发生基因突变，突变了的细胞往往竞争不过正常的细胞。体细胞中的隐性基因发生显性突变，当代就会表现出来，与原来的性状并存，形成镶嵌现象。镶嵌范围的大小取决于突变发生时期的早迟。突变发生越早，镶嵌范围越大，发生越迟，镶嵌范围越小。果树早期叶芽发生突变，由此长成的整个枝条均表现为突变性状。晚期花芽发生突变，突变性状只局限于一个花朵或一个果实，甚至只限于花朵或果实的一部分。有时在番茄果实上看到半边红半边黄的现象就是突变后的嵌合体。要保留体细胞突变，需将它们从母体上及时地分割下来进行无性繁殖，或者设法让它产生性细胞，再经过有性繁殖产生后代。许多植物，尤其是果树的“芽变”就是体细胞突变的结果。育种上每当发现性状优良的芽变，就要及时地采用扦插、压条、嫁接或组织培养的方法让它保留下来，并加以繁殖。著名的温州早桔就是从温州蜜桔的芽变而来的。芽变的遗传基础可能是基因突变，但也可能是染色体畸变，包括染色体数目变异和结构变异。

突变后的体细胞常竞争不过正常细胞。突变后的体细胞会受到抑制或最终消失，许多植物的“芽变”就是体细胞突变的结果。发现性状优良的芽变应及时扦插、压条、嫁接或组织培养并繁殖和保留，芽变在农业生产上有着重要意义，不少果树新品种就是由芽变选育成功的。

5.4.2　基因突变的一般特征

1. 突变的重演性和突变的可逆性

同一突变可以在同种生物的不同个体之间多次发生的现象称为突变的重演性。突变的可逆性是指已发生的突变性状可以再经基因突变而表现出野生型性状。任何离开野生型等位基因的变化称为正向突变，$a^+ \rightarrow a$ 。而 $a \rightarrow a^+$ 称为反向突变或称回复突变。

野生型基因突变成为突变型基因，而突变型基因也可以通过突变成为原来的野生型状态。但真正的回复突变是很少发生的。多数回复突变是指突变体所失去的野生型性状可以通过第二次突变而得到恢复，即原来的突变位点依然存在，但它的表型效应被第二位点的突变所抑制。所以回复突变率总是显著低于正向突变率。

2. 突变的多方向性和复等位基因

一个基因可以朝不同方向发生突变的现象称为突变的多方向性。即它可以突变为一个以上的等位基因即复等位基因。将这种位于同一基因位点上的各个等位基因称为复等位基因（allele）。例如人类 ABO 血型的遗传。决定人类 ABO 血型的复等位基因 I^A、I^B 和 i 分布于第 9 条染色体上。基因之间力量对比的关系为 $I^A = I^B > i$。

人类血型基因型及血型表现：

I^AI^A　I^Ai　　A 型；　　I^BI^B　I^Bi　　B 型

I^AI^B　　　AB 型；　　ii　　　　O 型

人类不同血型后代的表现：

$I^AI^A \times I^AI^A \rightarrow I^AI^A$　全 A 型

$I^AI^A \times I^Ai \rightarrow 1I^AI^A : 1I^Ai$ 全 A 型

$I^Ai \times I^Ai \rightarrow 1I^AI^A$　A 型 : $2I^Ai$　A 型 : 1ii　O 型

3. 突变的有害性和有利性

大多数突变对生物是有害的，一般表现为生育反常，严重的导致死亡，称致死突变。如植物中的白化突变。

有害突变也可以转换为有利突变。例如：果蝇的长翅变异为残翅时，在正常情况下，残翅影响飞翔和寻找食物等活动，表现为有害。但是在多风的岛上，长翅果蝇易被刮入海中，残翅反而有利。

例如：植株白化突变

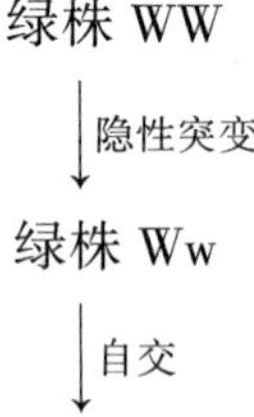

1WW：2Ww：1ww（3 绿苗：1 白化苗死亡）

4. 突变的平行性

突变的平行性是指亲缘关系相近的物种因遗传基础比较相似，往往会发生相似的基因突变。

G1（a+b+c+…）

G2（a+b+c+…）

G3（a+b+c+…）

G4（a+b+c+…）

………………

Gn（a+b+c+…）

（G1、G2、G3、Gn 表示物种，a、b、c 分别表示不同的变异）

例如，小麦有早熟、晚熟变异类型，属于禾本科的其他物种如大麦、黑麦、燕麦、高粱、玉米等也有类似的变异。如果一个物种有某种变异，可以预期在近缘的其他物种中也会出现类似的变异，这对于人工诱变有一定的参考意义。

5. 突变的稀有性

不同生物以及同一生物的不同基因的突变率是不同的。一般高等生物自发突变率为 $10^{-5} \sim 10^{-8}$，细菌为 $10^{-4} \sim 10^{-10}$。

6. 突变的随机性

突变可以发生在生物个体发育的任何时期、任何部位。即无论体细胞和性细胞都能发生突变。正在进行分裂的细胞发生突变的几率更大。

5.4.3　基因突变的意义

1. 基因突变与生物进化

基因突变产生的变异，是生物进化的源泉。

2. 基因突变与育种

（1）基因突变与植物育种

瑞典著名的遗传学家 Gustaffson 根据几十年对植物遗传学方面所做的研究总结出：在自发突变中，在 800～1000 次突变中有 1～2 次是对人类有利的突变。这种有利的突变通过选育可以成为一个优良品系，或者作为进一步杂交育种的材料。

（2）基因突变与微生物育种

诱变育种在工业微生物方面成就特别突出，其中最著名的是青霉素生产菌株的选育。青霉素最初的产量是很低的，生产成本也很高。1943 年，最初从自然界分离得到时产量是每毫升培养液含青霉素 20 个单位。用 X 射线诱变得到突变型产量增加至 500 个单位/1

毫升。后来又用紫外线诱变，产量增至 1000 个单位/1 毫升，但是它同时分泌一种黄色的色素，影响提纯，并且对人有副作用，于是继续用紫外线、氮芥等进行多次诱变，终于筛选到一株突变型，不产生黄色素且产量又高，3000 个单位/1 毫升。其他链霉素、土霉素等的情况也大致相同。

◎章末小结

遗传物质的变异即染色体畸变主要有染色体结构变异、染色体数目变异和基因突变。染色体畸变可能是自发的，也可通过化学物质或放射线处理而诱发。通常用断裂愈合学说（breakage-reunion hypothesis）解释染色体结构。该学说认为：断裂是自发产生或者由诱变剂诱发，一般在原来的位置按原来的方向通过修复而重聚，此现象就称为重建。若经重建改变原来的结构则称为非重建性愈合；若染色体断裂后的片段（不含着丝点）丢失，留下游离的断裂端，则称为不愈合。

主要的染色体结构变异有缺失、倒位、重复和易位。染色体结构变异使排列在染色体上的基因的数量和排列顺序发生改变，从而导致性状的变异，大多数染色体变异对生物体是不利的，有的甚至导致死亡。

二倍体生物的配子细胞中所包含的形态、结构和功能都彼此不同的一组染色体称为该物种的染色体组。染色体数目变异可以分为两类：一类是整倍体，另一类是非整倍体；整倍体是增加或减少整套的染色体，非整倍体是增加或减少一条或几条染色体。

染色体特定位点上的基因内部发生化学变化而引起的突变称为基因突变。又称“点突变”（point mutation）或 DNA 分子结构上的改变。广义的基因突变还包括染色体结构变异和染色体数目变异。基因突变表现出以下特征：重演性和可逆性；多方向性和复等位基因；有害性和有利性；平行性。

遗传物质的变异为育种提供了丰富的选择材料。

◎知识链接

“变异与育种”

生物界普遍存在着遗传和变异现象。遗传是相对的，它可以维持生物性状的相对稳定，使物种种族得以延续；而变异则是绝对的，它可以促使生物的进化发展，是产生生物新物种的内在因素。生物的变异可以表现在形态上、结构上，也可以体现在生理上。遗传学上通常把变异分为两类：一类是由遗传物质发生改变而引起的，称为可遗传的变异，即遗传变异；另一类是由环境条件的改变而引起的表现型上的差异，称为不遗传的变异。植物在生长发育的过程中，由于自然环境或人为干预，植物体的形态、结构和生理特性可能会发生一些甚至是细微的变异。正是由于植物在漫长的历史发展过程中，为了适应复杂多变的生存环境或人为条件的改变，不断地发生着形态、生理及性状上的变异，才形成了今天人们看到的丰富多彩的植物界。在植物育种过程中，只有遗传的变异才是育种的原材料。

◎观察与思考

1. 染色体畸变与生物进化有何关系？

2. 染色体结构变异与雌雄配子育性有何关系？

3. 某植株是显性AA纯合体，如用隐性纯合体的花粉给它授粉杂交，在500株F_1中，有2株表现型为aa，如何解释和证明这个杂交结果？

4. 某玉米植株是第9号染色体的缺失杂合体，同时也是Cc杂合体。糊粉层的有色基因C在缺失染色体上，与C等位的无色基因c在正常染色体上。玉米的缺失染色体一般是不能通过花粉遗传的。在一次以该缺失杂合体植株为父本与正常的cc纯合体为母本的杂交中，10%的杂交子粒是有色的。试解释发生这种现象的原因。

5. 玉米第6染色体的一个易位点（*T*）距离黄胚乳基因（*Y*）较近，*T*与*Y*之间的交换值为20%。以黄胚乳的易位纯合体与正常的白胚乳纯合体（yy）杂交，再以F_1与白胚乳测交，试解答以下问题：

（1）F_1和白胚乳纯系分别产生哪些有效配子？图解分析之。

（2）测交子代（F_t）的基因型和表型（黄粒或白粒、完全可育或半不育）的种类和比例如何？请图解说明。

6. 玉米中a、b两基因正常情况下是连锁的，但在一个品种中是独立遗传的，如何解释这种现象？

7. 某植株的一对同源染色体的顺序ABC＊DEFG和ABC＊DGFE（＊代表着丝粒）。试回答下列问题：

（1）这对同源染色体在减数分裂时怎样联会？

（2）若减数分裂时，EF之间发生一次非姐妹染色单体交换，图解说明二分体和四分体的染色体的组成，指出所产生的配子的育性。

（3）若减数分裂时，着丝粒与D之间和E与F之间各发生一次交换，两次交换所涉及的姐妹染色单体不同，试图解说明二分体和四分体的染色体结构，并指出所产生的配子的育性。

8. 臂内倒位和臂间倒位为何能起着“交换抑制因子”的作用？交换是否真的被抑制而没有发生？

9. 易位杂合体为何半不育？如何通过遗传学和细胞学的实验方法证明一大麦植株具有相互易位存在？试写出实验步骤。

10. 为什么果蝇唾腺染色体特别适宜于进行染色体结构变异研究？

11. 为什么多倍体植物中很普遍，在动物中却极少见？

12. 三倍体西瓜制种的原理和步骤是什么？它是否绝对无种子，为什么？

13. 获得单倍体的方法是什么？单倍体在遗传育种中有什么利用价值？

14. 如何鉴定某一植株是同源多倍体植株？

15. 某普通小麦品种中发现一无芒的突变植株，试按下列要求确定突变性状的遗传方式？

（1）控制该性状的基因数目和显隐性；

（2）假定该突变体性状由一对基因控制，如何用单体测验确定该基因所在的染色体序号？

16. 自然界导致生物染色体数目变异的原因有哪些？

17. 性细胞突变和体细胞突变有什么不同？

18. 为什么异位同效基因只能用单体、缺体等非整倍体进行基因定位，而不能用二点测验和三点测验确定连锁关系？

19. 自然界形成多倍体的途径是什么？

20. 同源多倍体在作物育种上有何应用价值？

第 6 章　性别决定及相关遗传

性别是从酵母到人类一切真核生物的共同特征，两性生物中的雌雄性别比 1∶1 是一个恒定值，在自然群体中这是同一物种内两种性别表型选异交配的结果。从另一个角度来分析，性别也是按孟德尔方式遗传的，1∶1 的性别比是一种测交的结果，这意味着某一性别（例如哺乳动物的雌性）是纯合体，而另一性别（例如雄性）是杂合体。哺乳动物性别的形成有两个阶段，即遗传学的性别决定阶段和生殖腺的性别分化阶段。染色体的组成首先决定早期未分化生殖腺的性分化。

6.1　性别决定

6.1.1　性染色体

1891 年德国细胞学家 Henking 在半翅目昆虫的精母细胞减数分裂中发现了一种特殊的染色体。它实际上是一团异染色质，在一半的精子中带有这种染色质，另一半没有。当时他对这一团染色质的性质不大理解，就起名为“X 染色体”和“Y 染色体”，而且并未将它和性别联系起来。直到 1902 年美国的 C. E. McClung 才第一次把 X 染色体和昆虫的性别决定联系起来。后来有许多细胞学家，特别是 E. B. Wilson 在许多昆虫中进行了广泛的研究，他终于在 1905 年证明，在半翅目和直翅目的许多昆虫中，雌性个体具有两套普通的染色体叫常染色体（autosome，A）和两条 X 染色体，而雄性个体也有两套常染色体，但只有一条 X 染色体。于是将这种与性别有关的一对形态大小不同的同源染色体称为性染色体，一般以 XY 或 ZW 表示。

现代遗传学将与生物性别决定相关的染色体称为性染色体。XX 个体中，随机失活的一条 X 染色体称为性染色质。

6.1.2　动物性别决定

1. 性染色体决定性别

（1）雄异配型（XY 型）

雄性：XY，雄异配型。

雌性：XX，雌同配型。

雄异配型（XY 型）是生物界中较为普遍的类型。人类、全部哺乳类、某些两栖类和某些鱼类，以及很多昆虫和雌雄异株的植物等的性别决定都是 XY 型。两条性染色体在形态上有明显的差别，一条为 X 染色体，一条为 Y 染色体。在黑腹果蝇中，X 染色体呈杆状，是端着丝粒染色体，Y 染色体是近端着丝粒染色体，呈 j 字形（钩状）。

人类的体细胞中有 46 条染色体（2n=46）。女性具有 44 条常染色体和 XX 性染色体，男性具有 44 条常染色体和 XY 性染色体，因此男性是异配性别（heterogametic-sex），产生比例相等的含 X 染色体的和含 Y 染色体的两种不同类型的精子，而女性是同配性别，只产生一种含 X 性染色体的卵子。男女的性别是由精细胞带有 Y 染色体还是不带有 Y 染色体决定的，因为 Y 染色体上有决定形成睾丸的基因，故 Y 染色体对于人类雄性的性别决定至关重要。

在果蝇中，正常情况下雌蝇有两条 X 染色体，雄蝇有一条 X 染色体和一条 Y 染色体。但缺乏 Y 染色体的果蝇（XO）仍为雄性，XO 型雄性在果蝇中常有发生，但这种雄蝇往往是不育的。可见，在果蝇中 Y 染色体的存在与否和性别决定的关系不如人类那样重要。

（2）雌异配型（ZW 型）

雄性：ZZ，雄同配型。

雌性：ZW，雌异配型。

鸟类、鳞翅目昆虫、某些两栖类及爬行类动物的性别决定属这一类型。雄性具有两条性染色体称为 Z 染色体，雌性带有一条 Z 染色体和一条 W 染色体。在家蚕中，雌蚕有 27 对常染色体和 ZW 性染色体，雄蚕具有 27 对常染色体和一对 ZZ 性染色体。此类性别决定正好与 XY 型相反，这里雌性是异配性别，雄性是同配性别。

（3）XO 型

直翅目昆虫（如蝗虫、蟋蟀和蟑螂等）属于这种类型。雌体的性染色体成对，为 XX，雄体只有一条单一的 X 染色体，为 XO。例如蝗虫雌体共有 24 条染色体，22 条常染色体和 XX，雄体则为 22+XO，只有 23 条染色体。

2. 遗传平衡与性别决定（性染色体与常染色体共同决定性别）

（1）性染色体与常染色体共同决定性别

雄性决定基因主要分布于 Y 性染色体上和常染色体上，雌性决定基因主要分布于 X 性染色体上。受精卵的性别发育方向取决于这两类基因系统的力量对比。

（2）果蝇实验

表 6-1　**果蝇染色体的比例及其对应的性别类型**

性别类型	X 染色体数	常染色体倍数 A	X∶A	性别类型	X 染色体数	常染色体倍数 A	X∶A
超雌	3	2	1. 50	中间性	3	4	0. 75
	4	3	1. 33		2	3	0. 67
雌性	4	4	1. 00	雄性	1	2	0. 50
	3	3	1. 00		2	4	0. 50
	2	2	1. 00	超雄	1	3	0. 33

3. 染色体组倍数决定性别

膜翅目昆虫中的蚂蚁、蜜蜂、黄蜂等生物的性别取决于染色体组倍数。例如雄蜂为单倍体，雌蜂为二倍体，失去生育能力的工蜂也为二倍体。雄蜂由未受精的卵子经过孤雌生殖发育而来。减数分裂产生雄配子时，雄蜂并不进行真正的减数分裂。

6.1.3 植物性别决定

1. 性染色体决定性别

植物有雌雄同花、雌雄异花同株、雌雄异株3类。高等植物多为雌雄同株类型，无明显的性染色体决定性别的机制存在。但在少数雌雄异株的植物中，也有与动物相类似的性别决定机制。

大部分雌雄异株植物都属于雄性异配性别，雌株为XX，雄株为XY。如石竹科的女娄菜（*Melandrium apricum*），其性别主要取决于Y染色体的存在与否。在无Y染色体时，不论X染色体与常染色体（A）的比例如何均发育为雌株，相反，只要有Y染色体存在，无论X和A比例如何，统统发育为雄株。Y染色体有极强的雄性决定作用，带有雄性基因。女娄菜属植物的另一个种（*Melandrium album*）雄株的Y染色体比X染色体稍大一些，两个性染色体在细胞学上差别不大。在减数分裂时，X染色体与Y染色体配对，但分离较早，在常染色体还没有分开的时候，两个性染色体就分向两极了，这表明X染色体与Y染色体的同源部分很少。

2. 两对基因共同决定性别

对于玉米而言，正常的玉米是雌雄同株，雌花序由显性基因Ba控制，雄花序由显性基因Ts控制。正常植株的基因型为BaBaTsTs。

当Ba突变为ba时，基因型为baba的个体不能长出雌花序而成为雄株。基因型为babaTsTs或babaTsts，能产生正常的花粉。

当Ts突变为ts时，基因型为tsts的个体不能长出雄花序而成为雌株，基因型为BaBatsts或Babatsts。当基因都为隐性时（babatsts），雄花序上长出雌穗，变成雌株。若用babatsts与babaTsts杂交，后代中产生雄株和雌株，比例为1∶1。用这些类型继续交配，就会经常产生雄株和雌株，群体就由雌雄同株变成雌雄异株。Ts基因位于性染色体上。

6.2 伴性遗传

6.2.1 伴性遗传的概念及特点

X与Y性染色体上的基因既有同源部分，也有非同源部分。同源部分的基因与常染色体上基因的遗传规律相似。因此，X与Y性染色体的同源部分称为拟常染色体区域。

非同源部分只存在于X性染色体上或只存在于Y性染色体上。将X与Y性染色体上非同源部分所携带的基因称为半合基因。由半合基因所决定的性状称为伴性性状。伴性性状的遗传称为伴性遗传。

6.2.2 伴性遗传

1. 果蝇眼色遗传

决定果蝇复眼眼色的基因分布于X性染色体上。

P：　　♀ 红眼 X^+X^+ × 白眼 X^wY ♂

↓杂交

F_1：　♀ 红眼 X^+X^w ：红眼 X^+Y ♂ （1∶1）

↓自交

雌雄配子	X^+	Y
X^+	X^+X^+	X^+Y
X^w	X^+X^w	X^wY

备注：红眼∶白眼=3∶1；红眼♂∶白眼♂=1∶1

2. 人类的色盲的伴性遗传

决定人类视觉的基因分布于 X 性染色体上。

P：　　♀ 正常女性 X^BX^B × 色盲男性 X^bY ♂

↓

F_1：　♀ 正常 X^BX^b ：　红眼 X^BY ♂ （1∶1）

↓

雌雄配子	X^B	Y
X^B	X^BX^B	X^BY
X^b	X^BX^b	X^bY

备注：女正常∶女携带者∶男正常∶男携带者=1∶1∶1∶1

3. Y 性染色体上的基因遗传

Y 染色体上的基因称为全雄性基因。全雄性基因的遗传属于全雄性遗传。

6.2.3　从性遗传与限性遗传

1. 从性遗传

由常染色体上的基因决定，但由于雌雄个体产生的激素不同，导致基因型相同的雌雄个体表现出来的性状却不同。

例如：

（1）人类秃顶遗传

雌性：HH—秃顶；Hh—正常；hh—正常

雄性：HH—秃顶；Hh—秃顶；hh—正常

（2）绵羊角的遗传

雌性：HH—有角；Hh—无角；hh—无角

雄性：HH—有角；Hh—有角；hh—无角

2. 限性遗传

由常染色体上的基因决定，但仅限于某一性别表现。在高等哺乳动物中，雄性个体的睾丸表现，雌性个体的产奶等。

◎章末小结

伴性遗传（sex-linkedinheritance）是指在遗传过程中子代的部分性状由性染色体上的基因控制，这种由性染色体上的基因所控制性状的遗传方式就称为伴性遗传，又称性连锁（遗传）或性环连。现代遗传学将与生物性别决定相关的染色体称为性染色体。XX个体中，随机失活的一条X染色体称为性染色质。

X与Y性染色体上的基因既有同源部分，也有非同源部分。同源部分的基因与常染色体上基因的遗传规律相似。因此，X与Y性染色体的同源部分称为拟常染色体区域。非同源部分只存在于X性染色体上或只存在于Y性染色体上。将X与Y性染色体上非同源部分所携带的基因称为半合基因。由半合基因所决定的性状称为伴性性状。伴性性状的遗传称为伴性遗传（和性别有关的遗传或由半合基因所决定的遗传）。

从性遗传由常染色体上的基因决定，但由于雌雄个体产生的激素不同，导致基因型相同的雌雄个体表现出来的性状却不同。限性遗传由常染色体上的基因决定，但仅限于某一性别表现，例如高等哺乳动物中，雄性个体的睾丸表现，雌性个体的产奶等。

◎知识链接

人类遗传病

人类体细胞中，常人有23对（46条）染色体，其中22对是常染色体，另一对是性染色体，女性为XX，男性为XY。每一对染色体上有许多基因，每个基因在染色体上所占的部位称位点。基因由脱氧核糖核酸（DNA）组成，当DNA的结构变异为致病的基因时，临床上即出现遗传性疾病。

遗传性疾病通常可分为染色体疾病、单基因遗传病和多基因遗传病。

一、染色体疾病

染色体疾病主要是染色体数目的异常，又分为常染色体异常和性染色体异常。前者如21-三体综合征，即比正常人多了第21条染色体；后者如先天性卵巢发育不全，即正常女性的染色体应该为XX，而这种病人是XO，缺少了一个X染色体。

二、单基因遗传病

单基因遗传病指同源染色体上的等位基因，其中的1个或2个发生异常，根据遗传方式又可分为三种：

（一）常染色体显性遗传

如果父母双方之一带有常染色体的病理性基因是显性的，那么只要有一个这样的病理性基因传给子女，子女就会出现和父母同一种的疾病。截至2013年已知这类疾病有1200多种，如多指畸形，先天性软骨发育不良、先天性成骨不全等。理论上讲，如果一个病人（杂合子，即一对基因中只有一个病理性基因）与正常人结婚，子女中有50%的可能患上同种疾病；如果夫妻双方均为病人（杂合子），则子女患病的可能性为75%；如果夫妻双方中有一个为纯合子病人，即一对基因都是病理性基因，那么他们的子女就 100%要患病的。

(二) 常染色体隐性遗传

当一对染色体中都有致病基因时才发病。如果夫妻双方都是病理性基因的携带者，那么子女有 25%的可能患病，50%为携带者，只有 25%为正常。截至 2013 年所知这类疾病有 900 多种，如白化病、半乳糖血症、先天性聋哑等。

(三) 伴性遗传

致病基因存在于性染色体上，多在 X 染色体上，故又称为 X-伴性遗传。根据致病基因在 X 染色体上的显隐性，又可分为 X-伴性显性遗传和 X-伴性隐性遗传两种。尤以后者多见，如血友病、色盲、肌营养不良等。伴 X-隐性遗传的女性杂合子并不发病，因为她有两条 X 染色体，虽然一条有致病隐性基因，但另一条则是带有显性的正常基因，因而她仅仅是个携带者而已；伴 X-显性遗传的女性会患病。但男性只有一条 X 染色体，因此一个致病隐性基因也可以发病，常常是舅舅和外甥患同一种疾病。

(四) 性连锁显性遗传

如无汗症、抗维生素 D 佝偻病、遗传性肾炎、脂肪瘤、脊髓空洞症等。

三、多基因遗传病

这类遗传性疾病是由几个致病基因共同作用的结果，其中每个致病基因仅有微小的作用，但由于致病基因的累积，就可形成明显的遗传效应。环境因素的诱发常是发病的先导，如唇裂、腭裂、精神分裂症等。

遗传病通常具有先天性、家族性、罕见性和终生性的特征。

◎观察与思考

1. 哺乳动物中，雌雄比例大致接近 1∶1，怎么解释这种现象？
2. 怎样区别某一性状是常染色体遗传，还是伴性遗传的？
3. 有一视觉正常的女子，她的父亲是色盲。这个女人与正常视觉的男人结婚，但这个男人的父亲也是色盲，问这对配偶所生的子女视觉如何？
4. 一个没有血友病的男人与表型正常的女人结婚后，有了一个患血友病和 Klinefelter 综合征的儿子。试分析他们两人的染色体组成和基因型。
5. 试分析下列问题：

(1) 双亲都是色盲，他们能生出一个色觉正常的儿子吗？

(2) 双亲都是色盲，他们能生出一个色觉正常的女儿吗？

(3) 双亲色觉正常，他们能生出一个色盲的儿子吗？

(4) 双亲色觉正常，他们能生出一个色盲的女儿吗？

第 7 章　近亲繁殖和杂种优势

许多动植物的繁殖方式是有性繁殖，由于产生雌雄配子的亲本来源和交配方式的不同，它们的后代会表现出遗传多态性。近亲交配对后代有害，远亲繁殖会产生杂种优势。目前，近亲交配和杂种优势成为近代育种工作的一项重要手段。

7.1　近亲繁殖及其遗传学效应

7.1.1　近亲繁殖概述

亲缘关系很近的两个个体间的交配方式称为近亲繁殖。根据亲缘关系的远近不同将近亲繁殖划分为表兄妹、半同胞、全同胞、回交、自交。自交是指基因型相同的个体之间发生的杂交。两个品种杂交后，子一代与其亲本之一再进行杂交，称为回交。用［（A×B）×A］×A……表示回交。用于多次回交的亲本称轮回亲本，只在第一次杂交时应用的亲本称非轮回亲本。有利性状的接受者称为受体亲本，目标性状的提供者称为供体亲本。

7.1.2　近亲繁殖的遗传学效应

1. 近交的遗传学效应

①近交后代的基因型发生分离，并使后代群体的遗传组成迅速趋于纯合，基因型的纯合导致性状稳定。

②近交导致后代衰退：杂合体通过近交能够导致等位基因纯合，使隐性性状得以表现。

③杂合体通过自交，可使遗传性状重组和稳定，使同一群体内出现多个组合的纯合基因型。

2. 自交的遗传学效应

表 7-1　　自交后代基因的分离比

世代	自交代数	基因型及比例	杂合体比例	纯合体比例
F_1	0	1Aa	1	0
F_2	1	1/4AA，2/4Aa，1/4aa	1/2	1/2
F_3	2	1/4AA，2/16AA，4/16Aa，2/16aa，1/4aa	1/4	3/4
F_4	3	6/16AA，4/64AA，8/64Aa，4/64aa，6/16aa	1/8	7/8
..	..	..	..	..
F_r	$r-1$		$(1/2)^{r-1}$	$1-(1/2)^{r-1}$
F_{r+1}	r		$(1/2)^r$	$1-(1/2)^r$

①导致自交后代基因的分离，使后代群体的遗传组成迅速趋于纯合化。

自交后代群体的纯合率用以下公式估算：

$$X=\left[\frac{2^r-1}{2^r}\right]^n$$

备注：n——独立遗传的杂合基因对数，r——自交次数。

②杂合体通过自交，导致等位基因纯合，使隐性基因得以表现，从而有助于淘汰有害的隐性个体，改良群体的遗传组成。

3. 回交的遗传学效应

（1）回交后代的核基因逐渐被轮回亲本所替换

表 7-2　**回交后代基因的分离比**

回交代数	基因型及比例	杂合体比例	纯合体比例
B_0	Aa	1	1-1
B_1	1/2Aa，1/2aa	1/2	1-1/2
B_2	1/4Aa，1/4aa，1/2aa	1/4	1-1/4
B_3	1/8Aa，1/8aa，3/4aa	1/8	1-1/8
..	..	..	..
B_r	..	$(1/2)^r$	$1-(1/2)^r$

在不加选择的情况下，回交的最后产物为轮回亲本；在选择的情况下可得到具有非轮回亲本的目标性状和轮回亲本综合性状的后代，即将供体亲本的目标性状转移到受体亲本中。

（2）回交后代基因型定向的纯合

在回交群体中，杂合基因型逐渐减少，纯合基因型相应增加，纯合基因型的频率是 $(1-1/2^r)^n$（n 为杂合基因对数，r 为回交的次数），其中纯合基因型类似轮回亲本的基因型。

$$X=\left[\frac{2^r-1}{2^r}\right]^n$$

备注：n——独立遗传的杂合基因对数，r——回交次数。

4. 回交与自交的区别

自交和回交都能导致后代基因型的纯合，自交后代中纯合基因型的类型多种多样（2^n），而回交后代中基因型严格受轮回亲本的制约。假设回交和自交均涉及 n 对基因，回交或自交 r 次以后，后代群体中纯合基因型的比例一样。但是，自交后代中有 2^n 种不同的基因型，而回交后代中基本上所有基因型都和轮回亲本的基因型相同，也就是说只有一种基因型。

7.2　纯系学说

7.2.1　纯系学说

基因型纯合的个体所组成的品系、品种、群体或系统称为纯系。纯系学说内容如下：

①在混杂群体中选择是有效的。由于混杂群体是由多个纯系组成的，纯系之间的显著差异是由基因型不同造成的，所以这种差异可以稳定遗传，因此，在混杂群体中选择是有效的。

②纯系间的显著差异是稳定遗传的。

③纯系内的选择是无效的。纯系内个体间表现出的差异主要由环境造成，这种由环境造成的差异不能稳定遗传，所以纯系内的选择是无效的。

7.2.2　纯系学说的相对性

纯系学说区分了遗传的变异和不遗传的变异，指出了选择遗传的变异的重要性。

由于基因突变等因素的影响，群体内的纯是相对的，不纯是绝对的。纯系学说为选择育种提供了理论依据。

7.3　杂种优势

7.3.1　杂种优势的表现

基因型不同的亲本杂交产生的杂交种，在生长势、生活力、繁殖力、抗逆性、产量和品质等方面比双亲优越的现象称为杂种优势。

1. 杂种优势的度量

为了便于研究和利用杂种优势，通常采用下列指数度量杂种优势的强弱。

（1）中亲优势（mid-parent heterosis）

中亲优势指杂交种（F_1）的产量或某一数量性状的平均值与双亲（P_1与 P_2）同一性状平均值差数的比率。

$$中亲优势率=\frac{(F_1-MP)}{MP}\times 100\%$$

备注：F_1——杂交种对某一数量性状的平均表现值；MP——双亲对某一数量性状的平均表现值；其中 MP＝（P_1+P_2）/2。

（2）超亲优势（over-parent hetemsis）

超亲优势指杂交种（F_1）的产量或某一数量性状的平均值与高值亲本（HP）同一性状平均值差数的比率。超亲优势又有正向超亲优势和负向超亲优势。

$$正向超亲优势率=\frac{(F_1-HP)}{HP}\times 100\%$$

有些性状在 F_1可能表现出超低值亲本（LP）的现象，如果这些性状也是杂种优势育种的目标时，可称为负向的超亲优势。

$$负向超亲优势率 = \frac{(F_1-LP)}{LP} \times 100\%$$

（3）超标优势（over-standard heterosis）

指杂交种（F_1）的产量或某一数量性状的平均值与当地推广品种（CK）同一性状的平均值差数的比率称为超标优势，也称为竞争优势。

$$超标优势率 = \frac{(F_1-CK)}{CK} \times 100\%$$

（4）杂种优势指数（index of heterosis）

杂种优势指数是杂交种某一数量性状的平均值与双亲同一性状的平均值的比值，用百分率表示。

$$杂种优势率 = \frac{F_1}{MP} \times 100\%$$

根据杂种优势的强弱不同，将杂种优势归纳为四类：F_1值大于 HP 值时，称为超亲优势；当 F_1值小于 HP 值而大于双亲平均值（MR）时，称为中亲优势或部分优势；当 F_1值小于 MP 值而大于 LP 值时，称为负向中亲优势或负向部分优势；当 F_1值小于 LP 值时，称为负向超亲优势或负向完全优势。

2. 杂种优势的表现特点

杂种优势是生物界的普遍现象，凡是能进行正常有性繁殖的动植物，都能见到这种现象。但杂种优势因受双亲基因互作和与环境条件作用的影响，它们的表现是复杂的，也是有条件的。概括起来有如下特点：

（1）复杂多样性

杂种优势不是某一两个性状单独的表现突出，而是许多性状综合表现突出。

杂种优势的表现因组合不同、性状不同、环境条件不同而呈现复杂多样性。从基因型看，自交系之间的杂种优势往往强于自由授粉品种间的杂种优势，不同自交系组合间的杂种优势也有很大差异。从性状看也是不一致的，在一些综合性状上往往表现出较强杂种优势，在一些单一性状上，杂种优势相对较低。杂种一代的品质性状表现更为复杂，不同性状和不同组合都有较大的差异。如玉米籽粒的淀粉含量和油分含量，绝大多数杂交组合都表现不同程度的杂种优势。玉米籽粒的蛋白质含量则相反，绝大多数杂交组合都表现不同程度的负向优势，甚至低于低值亲本。而玉米籽粒中赖氨酸含量的变幅更大，多数杂交组合呈中间性，接近中亲值，但同时出现少数超高值亲本和超低值亲本的杂交组合。

（2）杂种优势的强弱主要取决于双亲性状间的相对差异和互补程度

在一定范围内，双亲差异越大，往往杂种优势越强，反之就弱。

在杂交亲和的范围内，双亲的亲缘关系、生态类型、地理距离和性状上差异较大的，某些性状上能互补的，其杂种优势往往较强；反之，则较弱。例如，同一生态类型的高粱品种之间的杂交种和同一生态类型的玉米地方品种之间的杂交种，其杂种优势都不强。而不同生态型的品种间的杂交高粱以及大多数中国玉米品种（自交系）与美国玉米品种（自交系）之间的杂交种都表现较强的杂种优势。双亲性状之间的互补对杂种优势表现影响也很明显。例如穗长而籽粒行数较少的玉米自交系和穗粗而籽粒行数较多的玉米自交系

杂交的 F_1，常表现出大穗、多行和多籽粒的优势。

（3）亲本基因型的纯合程度不同，杂种优势的强弱也不同

双亲基因型纯合程度越高，杂种优势越强，反之则弱。

在双亲的亲缘关系和性状有一定差异的前提下，基因型的纯度愈高，则杂种优势愈强，因为纯度高的亲本，产生的配子都是同质的，杂交后的 F_1 是高度一致的杂合基因型，每一个体都能表现较强的杂种优势，而群体又是整齐一致的。如果双亲的纯度不高，基因型是杂合的，势必发生分离，产生多种基因型的配子，其 F_1 必然是多种杂合基因型的混合群体，杂种优势和植株整齐度都会降低。如玉米品种间杂交种的杂种优势明显低于自交系间杂交种。即使同一杂交组合，用纯度高的亲本配制的 F_1 其优势也明显高于用纯度低的亲本配制的 F_1。因此，异花授粉作物和常异花授粉作物利用杂种优势时，首先要选育自交系和纯合的品种，在亲本繁殖和制种时，必须采取严格的隔离保纯措施。

（4）F_2 衰退现象

杂种优势在 F_1 最明显，F_1 自交产生的 F_2 其优势显著下降，而且杂种优势越强的组合，优势下降的程度越大。

F_1 群体基因型的高度杂合性和表现型的整齐一致性是构成强杂种优势的基本条件。F_2 由于基因分离，会产生多种基因型的个体，其中，既有杂合基因型个体，也有纯合基因型个体，个体间的性状发生分离。

以一对等位基因为例，P_1（aa）× P_2（AA）→ F_1（Aa），F_1 全部个体的基因型都是 Aa，杂种优势强而且整齐一致。F_2 的基因型分离为三种：1/4AA：1/2Aa：1/4 aa，纯合基因型和杂合基因型各占一半，只有杂合基因型个体表现杂种优势，另一半纯合基因型个体的性状趋向双亲，不表现杂种优势。因此，F_2 群体的杂种优势和整齐度比 F_1 明显下降，生产上一般只利用 F_1 的杂种优势，F_2 不宜继续利用。如果 F_1 的基因型具有两对杂合位点 AaBb，则 F_2 具有 9 种基因型，其中有 4 种纯合基因型 AABB，aaBB，AAbb 和 aabb，各占 1/16，即共有 1/4 的双纯合体。其余的基因型均为杂合体，其中双杂合体占 1/4，单杂合体占 2/4。由此可见，F_1 基因型的杂合位点越多，则 F_2 群体中的纯合体越少，杂种优势的下降就较缓和。

F_2 以后世代杂种优势的变化，因作物授粉方式而有区别。异花授粉作物，F_2 群体内自由授粉，如果不经过选择和不发生遗传漂移，其基因和基因型频率不变，则 F_3 基本保持 F_2 的优势水平。但如果进行自交，或是自花授粉作物，则后代基因型中的纯合体将逐代增加，杂合体将逐代减少，杂种优势将随自交代数的增加而不断下降，直到分离出许多纯合体为止。

（5）杂种优势的大小与环境作用密切相关

杂种优势表现的强弱还受环境的影响。

3. 杂种优势的类型

对于一个杂种而言，它的所有性状并不一定会表现出优势，根据表现优势的性状不同，将杂种优势划分为以下几种类型：

（1）营养型

例如在营养生长方面表现出苗势旺、植株生长势强、枝叶繁茂、营养体增大等。

（2）生殖型

在生殖生长方面表现出结实器官增大，结实性增强，果实与籽粒产量提高。

(3) 适应型

在品质性状方面表现出某些有效成分含量提高、熟期一致、产品外观品质和整齐度提高；在生理功能方面表现出适应性增强、抗病虫性增强、对不良环境条件耐力增强、光合能力提高和有效光合期延长等。

杂种优势的上述各种表现，既有区别，又是互相联系的。当利用杂种优势时，可以偏重某一方面。例如，蔬菜作物，以利用营养体的产量优势为主，粮食作物则以利用籽粒产量优势为主，但同时也不能忽视它们在品质方面和生理功能方面的优势表现。

7.3.2　F_2杂种优势衰退

F_2代群体的性状表现低于亲本的现象称为F_2杂种优势衰退。亲本基因型纯合度愈高，F_1愈优势，F_2衰退愈疯狂。F_2及以后世代出现基因型与性状表现的分离，从群体水平上分析，出现了衰退。如果是自交，子代的杂种优势只有亲代的一半，即杂种优势一半一半地衰退。

7.3.3　杂种优势理论

1. 显性学说（Aa = AA > aa）

显性学说认为多数显性基因比隐性基因优良，F_1集中了双亲的全部显性基因，从而导致产生杂种优势，即杂种优势是对生长发育有利的显性基因互补的结果。应用显性学说解释杂种优势产生的原因时，杂种优势可以通过纯合体而得以固定。

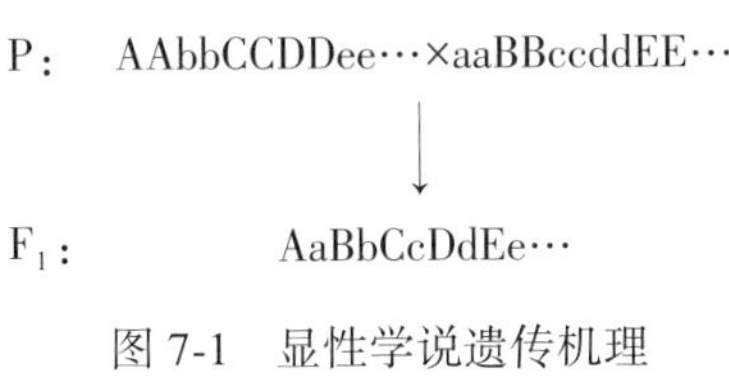

图 7-1　显性学说遗传机理

2. 超显性假说（Aa > AA 且 Aa > aa）

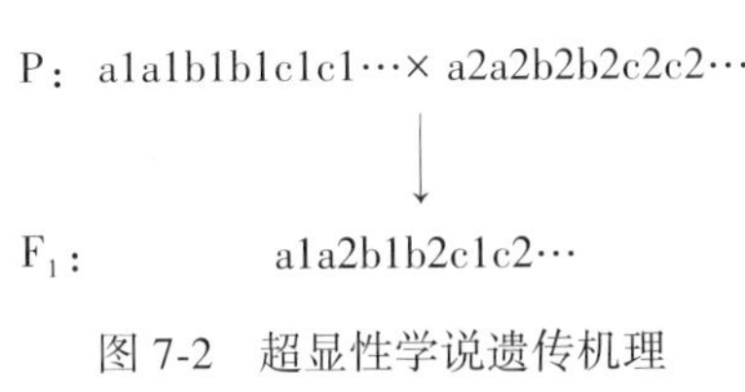

图 7-2　超显性学说遗传机理

超显性学说认为杂种优势来源于双亲基因型的异质结合所引起的等位基因间的互作，即等位基因的杂合以及其他基因间的相互作用是产生杂种优势的根本原因。因此，应用超显性学说解释杂种优势产生的原因时，在有性繁殖时，杂种优势很难得到固定，但通过无性繁殖可以固定。

显性假说和超显性假说都有大量的实验依据，都在一定程度上解释了杂种优势产生的原理。两种假说的共同点：都承认杂种优势的产生是来源于杂交种 F_1 等位基因和非等位基因间的互作；都认为互作效应的大小和方向是不相同的，从而表现出正向或负向的中亲优势或超亲优势。但两种学说认为基因互作的方式是不同的。显性假说认为杂合的等位基因间是显隐性关系，非等位基因间也是显性基因的互补或累加关系，就一对杂合等位基因讲，只能表现出完全显性和部分显性效应，而不能出现超亲优势，超亲优势只能由双亲显性基因的累加效应而产生。超显性假说则认为杂合性本身就是产生杂种优势的原因，一对杂合性的等位基因，不是显隐性关系，而是各自产生效应并互作，因此，可能产生超亲优势。其次，非等位基因间的互作属于上位性效应，因此，出现超亲优势的可能性就更大了。由此可见，两种假说是互相补充的，而不是对立的。

两种假说都忽视了细胞质基因和核质互作对杂种优势的作用。而叶绿体遗传、细胞质雄性不育性遗传以及某些性状表现的正反交差异等事例，都证实了细胞质和核质互作的效应，这显然是两种假说的不足之处。

◎章末小结

亲缘关系很近的两个个体间的交配方式称为近亲繁殖。近交会产生以下遗传效应：近交后代基因型发生分离，并使后代群体的遗传组成迅速趋于纯合，基因型的纯合导致性状稳定；近交导致后代衰退；杂合体通过自交，可使遗传性状重组和稳定，使同一群体内出现多个组合的纯合基因型。

基因型纯合的个体组成的群体或系统称为纯系。纯系学说包括以下内容：在混杂群体中选择是有效的；纯系间的显著差异是稳定遗传的；纯系内选择是无效的。

基因型不同的亲本杂交产生的杂交种，在生长势、生活力、繁殖力、抗逆性、产量和品质等方面比双亲优越的现象称为杂种优势。杂种优势主要有营养型、生殖型和适应型。杂种优势理论主要有显性学说和超显性学说。显性学说认为多数显性基因比隐性基因具有优势，F_1 集中了双亲的全部显性基因，从而导致杂种优势；即杂种优势是对生长发育有利的显性基因互补的结果。超显性学说认为杂种优势来源于双亲基因型的异质结合所引起的等位基因间的互作，即等位基因的杂合以及其他基因间的相互作用是产生杂种优势的根本原因。

◎知识链接

善于“独辟蹊径”的获奖者

一些大科学家不受束缚的思维往往令他们的研究峰回路转，柳暗花明。我国最高科学技术奖获得者袁隆平院士在确立研究三系杂交水稻前，国际上著名遗传学权威、美国著名的遗传学家辛洛特和邓恩曾在 20 世纪 30 年代撰写的《细胞遗传学》中明确指出了水稻等自花授粉作物没有杂交优势。它们的定论，成了横亘在研究者面前的“教条”，很多人因之望而止步。但袁隆平从稻田中发现了一株“与众不同”的“天然优质稻”，从中得到启迪：这株优质稻表明是杂交造成的遗传变异，显然与传统遗传学理论背道而驰。袁隆平以大无畏的精神闯进了“杂交水稻”这块禁区，开始了他破天荒的科研尝试，终于打开了水稻杂种优势利用的大门。1973 年，以他为首的科技攻关组完成了三系配套并培育成功杂交水稻，开创了人类利用水稻杂种优势的先河。

袁隆平说："科学无坦途，唯有勤学知识、肯洒汗水、捕捉灵感和把握机遇才可能有所建树"。

◎观察与思考

1. 简述自交、回交、近交的遗传学效应。

2. 杂种优势具有什么样的表现特点？

3. 简述显性学说和超显性学说的异同点。

4. 杂种优势可以固定吗？通过什么途径固定？

5. 假定玉米的基因型为 AABBCC 和 aabbcc 的两个自交系株高分别为 180cm和 120cm，这 3 对等位基因都是独立遗传的，均以加性效应方式决定株高。试问：

(1) 二者杂交的 F_1株高是多少？

(2) 在 F_2群体中有哪些基因型表现株高为 150cm？

(3) 使 F_1自交 5 代基因型为 AAbbcc 的个体占多少比例？

6. 回答下列问题：

(1) 近交如何影响群体基因频率和基因型频率？

(2) 什么是纯系学说？为什么说纯系是相对的？

(3) 杂种优势的表现有何规律？

第 8 章　群体遗传

群体遗传学最早起源于英国数学家哈迪和德国医学家温伯格于 1908 年提出的遗传平衡定律。以后，英国数学家费希尔、遗传学家霍尔丹（J. B. S, Haldane）和美国遗传学家赖特（S. Wright）等建立了群体遗传学的数学基础及相关计算方法，从而初步形成了群体遗传学理论体系，群体遗传学也逐步发展成为一门独立的学科。群体遗传学是研究生物群体的遗传结构和遗传结构变化规律的科学，它应用数学和统计学的原理和方法研究生物群体中基因频率和基因型频率的变化，以及影响这些变化的环境选择效应、遗传突变作用、迁移及遗传漂变等因素与遗传结构的关系，由此来探讨生物进化的机制并为育种工作提供理论基础。从某种意义上来说，生物进化就是群体遗传结构持续变化和演变的过程，因此群体遗传学理论在生物进化机制特别是种内进化机制的研究中有着重要作用。

8.1　遗传平衡定律

遗传学中的群体指某一特定时间和空间范围内，一个生物物种内各个个体间有相互交配关系的集合体。一个最大的孟德尔群体是一个物种。一个群体中全部个体所共有的全部基因称为基因库。在孟德尔群体中任何一个个体都具有与其他个体以相等的概率进行交配的机会，这样的交配为随机交配。能够进行随机交配的群体称为随机交配大群体。

8.1.1　群体的遗传结构

有机体繁殖过程并不能把各个体的基因型传递给子代，传递给子代的只是不同频率的基因。基因频率指该基因数与该座位基因总数的比例，用英文字母 p 和 q 分别代表一对等位基因的基因频率。基因型频率是指具有某种特定基因型的个体占群体全部个体的比例，用英文字母 D、H 和 R 分别代表三种基因型 AA、Aa 和 aa 的基因型频率。

在孟德尔群体内，基因频率与基因型频率存在以下关系（表 8-1）：

表 8-1　　基因频率与基因型频率的关系

雌配子＼雄配子	A（p_n）	a（q_n）
A（p_n）	$D_{n+1}=AA\%=p_n^2$	$1/2H_{n+1}=Aa\%=p_nq_n$
a（q_n）	$1/2H_{n+1}=Aa\%=p_nq_n$	$R_{n+1}=aa\%=q_n^2$
子代基因频率	$P_n=D_n+1/2H_n$	$q_n=R_n+1/2H_n$

①可以根据当代的基因型频率推测当代的基因频率。

②可以根据亲代的基因频率推测子代的基因型频率。

由于亲本传递给后代的是基因，因此可以根据亲代基因频率推测群体中雌雄个体产生的雌雄配子类型以及比例。

8.1.2 遗传平衡定律（哈迪-温伯格平衡）

1908年，英国学者Hardy和德国学者Weinberg分别独立发现随机交配大群体的遗传平衡定律。

1. 哈迪-温伯格平衡定律

①在一个大的随机交配群体内，若没有选择、突变、迁移和遗传漂变等的作用，其基因频率和基因型频率在世代间保持恒定，而且基因频率和基因型频率之间存在简单关系。

$q_0 = q_1 = q_2 = q_3 = q_4 = \cdots = q_n$

$p_0 = p_1 = p_2 = p_3 = p_4 = \cdots = p_n$

$p = D + 0.5H \qquad q = R + 0.5H$

②无论群体的起始遗传结构如何，经过一个世代的随机交配之后，群体的基因型频率和基因频率平衡在哈-迪公式中。只要随机交配系统得以保持，基因型频率保持平衡状态不会改变。

$H_0 \neq H_1 = H_2 = H_3 = \cdots = H_n$

$D_0 \neq D_1 = D_2 = D_3 = \cdots = D_n$

$R_0 \neq R_1 = R_2 = R_3 = \cdots = R_n$

哈迪-温伯格定律的成立应满足以下条件：必须是可以随机交配的无限大的群体、没有基因突变、没有选择、没有迁移等现象。满足上述条件，无论群体起始遗传结构如何，随机交配后代群体中，基因型频率平衡在 $(p+q)^2 = p^2$（AA）$+ 2pq$（Aa）$+q^2$（aa）之中。

2. 哈迪-温伯格定律的意义

哈迪-温伯格定律揭示基因频率和基因型频率之间的规律。

只要群体内个体间能进行随机交配，该群体将能保持平衡状态和相对稳定。即使由于突变、选择、迁移和杂交等因素改变了群体的基因频率和基因型频率，但只要这些因素不再继续产生作用而进行随机交配时，则这个群体仍将保持平衡。

在人工控制下通过选择、杂交或人工诱变等途径就可以打破这种平衡，促使生物个体发生变异，群体（如亚种、变种、品种）遗传特性将随之改变，这为动、植物育种工作中选育新类型提供有利的条件。改变群体基因频率和基因型频率，打破其遗传平衡是目前动、植物育种中的主要手段。

8.2 影响群体遗传平衡的因素

基因突变、选择、遗传漂变、非随机交配、杂交或人工诱变等途径就可以打破群体遗传平衡促使生物个体发生变异，这些变异为动、植物育种工作选育新类型提供了有利的条件。改变群体基因频率和基因型频率，打破其遗传平衡是目前动、植物育种中的主要手段。

8.2.1　基因突变

1. 基因突变对于改变群体遗传组成的作用

能提供自然选择的原始材料会影响群体等位基因频率。

如一对等位基因，当 $A_1 \to A_2$ 时，群体中 A_1 频率减少、A_2 频率则增加。长期 $A_1 \to A_2$，最后这一群体中 A_1 将完全被 A_2 代替。这就是由于突变而产生的突变压。

2. 基因频率的变化

（1）当一个群体内正反突变压相等即平衡状态时

设：$A_1 \to A_2$ 为正突变，速率为 u；$A_2 \to A_1$ 为反突变，速率为 v。

某一世代中 A_2 频率为 q，则 A_1 频率为 $p = 1 - q$。平衡时，

$$qv = pu = (1 - q)u$$

$$qv = u - uq$$

$$qv + uq = u$$

$$q(v + u) = u$$

$$\therefore\ q = u/(v + u)$$

同理可得：$p = v/(v + u)$。

（2）当基因频率未达到平衡时

群体中 A_1 频率的改变值（Δp）是基因 A_2 的突变频率（qv）减去基因 A_1 的突变频率（pu），即：$\Delta p = qv - pu$。

例如：$A_1 \to A_2$ 突变率为 1/100 万，突变频率 u=0.000001

$A_2 \to A_1$ 突变率为 0.5/100 万，v = 0.0000005

如一对等位基因的正反突变速率相等（即 v = u），则 q 和 p 的平衡值为 0.5。

备注：n-世代数；u-突变率；p_0-零世代某一基因频率；p_n-n 世代后某一基因频率；v-负突变率；u-正突变率。

8.2.2　选择

自然选择的本质是留优汰劣。适合度（保留值 *S*）是指不同变异体的生活力或生殖力。某基因型与其他基因型相比，能够存活并留下子裔的相对能力称为达尔文适合度（W）。用相对生育率来衡量，将具有最高生育效能的基因型的适应值定为 1，其他的与之相比，得 W。一个群体的全部个体平均适合度就是该群体的适合度。

在选择下降低的适合度称为选择系数或淘汰系数（S）。S=1-W。

W 与 S 的关系：

W=1 时	S=0	选择不起作用，所有个体均成活且繁殖后代。
W=0 时	S=1	完全选择，该基因型个体不能成活或不能生育后代。
$0<W<1$ 时	$0<S<1$	不完全选择。

1. 选择的作用

育种选择可把某些性状选留下来，使这些性状的基因型频率增加，基因频率朝某一方向改变。

(1) 显性基因的淘汰特点

淘汰显性性状可以迅速改变基因频率。只需自交一代，选留具有隐性性状的个体即可成功。

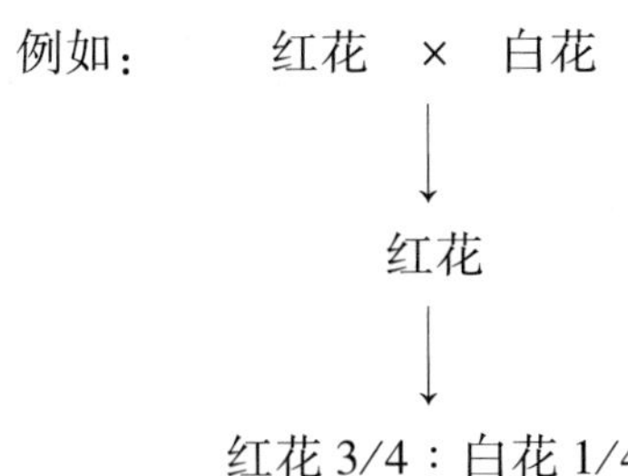

淘汰红花植株、选留白花，迅速消除群体中的红花。红花基因频率为 0，白花基因频率升至 1。

(2) 隐性基因的淘汰特点

由于隐性基因总是被杂合体所携带，所以通过淘汰隐性性状，隐性基因频率的改变较慢。

2. 选择的效果

①基因频率接近 0.5 时，选择最有效。

②当隐性基因很少时，对一个隐性基因的选择或淘汰的有效度就很低。此时隐性基因几乎完全存在于杂合体中而得到保护。

③选择影响群体质量性状的基因频率和数量性状遗传改良。

④适者生存，通过突变和自然选择综合作用而形成新生物类型。

如果新变异类型比原类型更适应环境条件，可以繁殖更多后代而代替原有类型成为新种。

如果新产生类型和原有类型都能生存下来，则不同类型就分布在各自最适宜地域成为地理亚种。

所以自然选择是生物进化的主导因素，而遗传和变异则是其作用的基础。例如：大量使用 DDT 毒杀苍蝇而逐渐出现一些抗 DDT 新类型就是自然选择的结果。

8.2.3　遗传漂变（Wright 效应）

群体达到和保持遗传平衡状态的重要条件之一是群体必须足够大，理论上说应该是无限大，以保证个体间随机交配和基因自由交流。但实际上任何一个具体的生物群体都不可能无限大。因此，实际中的群体只能看成是来自某随机交配群体的一个随机样本。每世代从基因库中抽样以形成下一代个体的配子时就会产生较大的误差，这种由于抽样误差而引起的群体基因频率的偶然性变化叫做遗传漂移（random genetic drift），也称为遗传漂变。

遗传漂移一般发生在小群体中。因为在一个大的群体里，个体间可进行随机交配，如果没有其他因素的干扰，群体能够保持哈迪-温伯格平衡。而在一个小群体里，个体不能进行真正意义上的随机交配，群体内基因不能达到完全自由分离和组合，即使无适应性变异等的发生，群体的基因频率也会发生改变。一般来说，群体越小，遗传漂移的作用越大。例如：人的 ABO 血型是属于非适应性的中性性状，它存在频率的大小不能用自然选择来解释，A 型人并不比其他血型的人有更大的生存性，但是人类的不同种族里基因 I^A、I^B、I 是有差异的，东北人 B 型多、四川人 O 型多、爱斯基摩人 A 型多、印第安人没有 AB 型。人类群体中血清蛋白、同工酶、DNA 片段的酶切位点以及其他各种生理性状的多态现象，似乎可以用小群体内的随机漂变来解释。

1. 遗传漂移对基因频率的影响

①减少遗传变异。这是因为遗传漂移的结果，在小群体内打破原有的遗传平衡，即改变原有各种基因型频率，使纯合个体增加，杂合体数目减少，因而各小群体内个体间的相似程度增加，而遗传变异程度减少，甚至最终产生遗传固定，即群体是单一的纯合基因型，等位基因之一的频率为 1，另一等位基因的频率为 0。

②由于纯合个体增加，杂合个体减少，群体繁殖逐代近交化，其结果是降低了杂种优势，降低了群体的适应性，群体逐代退化，对于异花授粉作物来说，降低了其在生产上的使用价值。

③遗传漂移使大群体分成许多小群体（世系），各个小群体之间的差异逐渐变大，但在每一小群体内，个体间差异变小。

④在生物进化过程中，遗传漂移的作用可能会将一些中性或不利的性状保留下来，而不会像大群体那样被自然选择淘汰。

2. 遗传漂移的应用

在作物的引种、选留种、分群建立品系或近交等时，都可能引起遗传漂移，这是造成基因型变化的主要原因。在作物群体改良中，为了防止遗传漂移而引起部分优良基因的丢失以及因遗传固定、纯合个体的增加而使群体杂种优势降低，不能片面地只增大选择强度，同时还应保证足够大的有效群体含量。在种质保存中，同样也必须种植足够大的群体，否则经多年种植保存之后，因遗传漂移的影响，所保存的种质已不能代表原有的群体。

8.2.4　迁移

群体间的个体移动或基因流动叫做迁移（migration）。迁移实质上就是两个群体的混杂。这种个体或基因流动既可能是单向的，也可能是双向的，如是后者，又可叫做个体交流或基因交流。由于群体间个体或基因流动，必然会引起群体基因频率的改变。设在一个大的群体内，每代都有一部分个体新迁入，且迁入个体的比率为 m ，那么群体内原有个体比率则为 1-m，总频率仍为 1。设原来群体 a 基因频率为 q_0，迁入个体 a 基因频率为 q_m，那么迁入后第一代 a 基因频率为：

$$q_1=mq_m+(1-m)q_0=m(q_m-q_0)+q_0$$

当 $q_m=q_0$时，$q_1=q_0$，表明基因频率不变；当 $q_m\neq q_0$时，$q_1\neq q_0$，前后两代频率的差异为：$\Delta q=q_1-q_0=m(q_m-q_0)$。

可见迁移对群体基因频率的影响大小由迁入个体的比率 m 以及频率差（q_m-q_0）所决定。了解迁移对改变群体基因频率的效应，在育种中也有一定的指导意义。在群体改良中，为了增大改良群体的遗传方差，或者向群体引入优良基因，通常采用与外来种质杂交的办法，在这种情况下就会产生因迁移而改变原有群体某些基因频率的效应。

8.2.5　非随机交配

主要的非随机交配有选型交配和近亲交配等。两者都能导致基因频率和基因型频率的变化。

1. 选型交配

选型交配指选择特定的基因型进行交配，包括选同交配和选异交配。

选型交配 {选同交配：在特定基因型之间的交配，比随机交配所预期的频率还高。
选异交配：在特定基因型之间的交配，比随机交配所预期的频率还低。

下面假设显性基因 A 是有利基因，而 a 基因为有害基因，A 与 a 是完全显隐性关系：

（1）选同交配

AA×AA 或 Aa

↓

AA、Aa

AA 为选择主体时，后代群体中 D 和 H 值逐渐增大，R 值逐渐减小，p 逐渐增大。

（2）选异交配

aa×AA 或 Aa

↓

AA、Aa、aa

aa 为选择主体时，后代群体中 R 值逐渐减小，q 逐渐减小。

2. 近亲交配

近亲交配导致群体中基因型杂合的个体逐渐减少，而基因型纯合的个体逐渐增多。

例如，　　Aa 自交

↓

	AA	Aa	aa
F_1	0. 25	0. 5	0. 25
F_2	0. 375	0. 25	0. 375
F_3	0. 437	0. 125	0. 437

…………………………

人类的婚配及野生动、植物的随意捕杀和利用等都会导致群体哈迪-温伯格平衡的失调。

◎章末小结

群体指某一特定时间和空间范围内的个体群。如果同一物种内的个体，彼此具有共同的基因库，个体之间能够进行自由的随机交配并交换基因，将这样的交配群体或繁育群体称为孟德尔群体。群体的遗传结构主要由基因频率和基因型频率组成，基因频率指该基因数与该座位基因总数的比例，具有某种特定基因型的个体占群体全部个体的比例称为基因型频率。

孟德尔群体的遗传符合哈迪-温伯格平衡定律。哈迪-温伯格平衡定律主要包括以下内容：在一个大的随机交配的群体内，若没有选择、突变，迁移和遗传漂变的作用，其基因频率和基因型频率在世代间保持恒定，而且基因频率和基因型频率之间存在简单关系。无论群体的起始成分如何，经过一个世代的随机交配之后，群体的基因型平衡在哈-迪公式中。

基因突变、选择、遗传漂变、迁移和非随机交配等因素都会打破群体的遗传平衡。

◎知识链接

“群体遗传学”发展简史

群体遗传学是研究群体的遗传结构及其变化规律的遗传学分支学科。应用数学和统计学方法研究群体中基因频率和基因型频率以及影响这些频率的选择效应和突变作用，研究迁移和遗传漂变等与遗传结构的关系，由此探讨进化的机制。

群体遗传学最早起源于英国数学家哈迪和德国医学家温伯格于 1908 年提出的遗传平衡定律。以后，英国数学家费希尔、遗传学家霍尔丹（J. B. S. Haldane）和美国遗传学家赖特（S. Wright）等建立了群体遗传学的数学基础及相关计算方法，从而初步形成了群体遗传学理论体系，群体遗传学也逐步发展成为一门独立的学科。群体遗传学是研究生物群体的遗传结构和遗传结构变化规律的科学，它应用数学和统计学的原理和方法研究生物群体中基因频率和基因型频率的变化，以及影响这些变化的环境选择效应、遗传突变作用、迁移及遗传漂变等因素与遗传结构的关系，由此来探讨生物进化的机制并为育种工作提供理论基础。从某种意义上来说，生物进化就是群体遗传结构持续变化和演变的过程，因此群体遗传学理论在生物进化机制特别是种内进化机制的研究中有着重要作用。

在 20 世纪 60 年代以前，群体遗传学主要还只涉及群体遗传结构短期的变化，这是由于人们的寿命与进化时间相比极为短暂，以至于没有办法探测经过长期进化后群体遗传的遗传变化或者基因的进化变异，只好简单地用短期变化的延续来推测长期进化的过程。而利用大分子序列特别是 DNA 序列变异来进行群体遗传学研究后，人们可以从数量上精确地推知群体的进化演变，并可检验以往关于长期进化或遗传系统稳定性推论的可靠程度。同时，对生物群体中同源大分子序列变异方式的研究也使人们开始重新审视达尔文的以“自然选择”为核心的生物进化学说。20 世纪 60 年代末、70 年代初，Kimura、King 和 Jukes 相继提出了中性突变的随机漂变学说：认为多数大分子的进化变异是选择性中性突变随机固定的结果。此后，分子进化的中性学说得到进一步完善，如 Ohno 关于复制在进化中的作用假说：认为进化的发生主要是重复基因获得了新的功能，自然选择只不过是保持基因原有功能的机制；最近 Britten 甚至推断几乎所有的人类基因都来自于古老的复制事件。尽管中性学说也存在理论和实验方法的缺陷，但是它为分子进化的非中性检测提供了必要的理论基础。“选择学说”和“中性进化学说”仍然是分子群体遗传学界讨论的焦点。

◎观察与思考

1. 简述遗传平衡定律的基本内容。

2. 打破群体遗传平衡的主要因素是什么?

3. 在一随机交配的小鼠群体中，已知所有显性表型 AA 与 Aa 总频率为 0.19，则基因频率和杂合基因型 Aa 的频率应为多少?

4. 举例说明基因型频率和基因频率的关系。

5. 一个基因型频率为 D=0.38，H=0.12，R=0.5 的群体达到的遗传平衡时，其基因型频率如何? 为什么?

6. 已知牛角的有无由一对染色体基因控制，无角（P）为隐性。试计算一个无角个体占 78%的平衡群体的基因频率。

第二编　马铃薯育种方法

马铃薯育种学是研究选育和繁育马铃薯优良品种的理论与方法的一门科学。主要讲授与马铃薯育种和良种繁育有关的基础知识、基本原理及育种途径。本模块涉及的内容主要包括：马铃薯育种目标、马铃薯种质资源、马铃薯引种、马铃薯群体改良、马铃薯杂交育种、马铃薯远缘育种、马铃薯诱变育种、马铃薯抗性育种、马铃薯加工型品种选育、马铃薯生物工程育种、马铃薯实生种子及良种繁育等。

课程的性质和目的：马铃薯育种技术是马铃薯生产与加工专业的专业核心课，是与马铃薯生产有直接关系的一门实用科学。课程的教学目的是使学生掌握选育和繁育优良马铃薯品种的理论与方法，为以后在农业生产中从事马铃薯良种选育和马铃薯良种繁育工作奠定必要的理论基础和实践技能。

第9章　马铃薯育种目标

马铃薯育种目标（breeding objective）是指在一定的自然、栽培和经济条件下，对计划选育的新品种提出应具备的优良特征特性，也就是对育成品种在生物学和经济学性状上的具体要求。

9.1　马铃薯育种目标及主要性状的遗传

制定育种目标是任何一项育种计划首先要解决的问题，它要指明计划育成的新品种在哪些性状上需要得到改良，以及要达到什么指标。制定育种目标是开展育种工作的重要步骤，是育种工作成败的关键。育种目标直接涉及原始材料的选择、育种方法的确定以及育种年限的长短，而且与新品种的适应区域和利用前景都有密切关系，因此，育种目标的正确与否直接关系到育种工作的成败。如高产育种要选择具有高产基因的原始材料，而抗病育种则要选择具有抗原的原始材料。改良性状的遗传基础不同，采用的育种方法也有很大差别，如改良的性状是单基因决定的质量性状，则可采用回交或诱变育种的方法；如果改良的性状是多基因控制的数量性状，则可采用杂交育种或轮回选择的育种方法。不同的育种方法需要的年限也不同。

生态环境的变化、社会经济的发展以及种植制度的改革等都会引起育种目标的变化，因此，育种目标是动态的。同时，育种目标在一定时期内又是相对稳定的，它体现出育种工作在一定时期的方向和任务。

9.1.1　我国马铃薯的栽培区划和育种目标

由于地区间纬度、海拔、地理和气候条件的差异，造成了光照、温度、水分、土壤类型的不同，以及与其相适应的马铃薯栽培制度、耕作类型和品种类型，因此，将我国的马铃薯栽培区划分为北方一季作区、中原二季作区、南方三季作区和西南一、二季混作区四个区域。根据各地的气候特点及马铃薯生产状况，提出相应的一些育种目标。

1. 北方一作区

北方一作区，也称北方夏作区。本区无霜期短，通常春播秋收。栽培品种以中熟及中晚熟品种为主。本地区冬季种薯储藏期长，一般达6个月。夏季结薯期雨水较多，常年发生晚疫病。此外，在马铃薯生育后期（7~8月），正值传病毒有翅桃蚜第二次飞迁期，马铃薯的病毒病害（纺锤块茎病、卷叶病、花叶病等）均较普遍。夏季气候凉爽，日照充足，昼夜温差大，适于马铃薯生长发育，栽培面积占全国马铃薯栽培面积的50%左右，是我国主要的马铃薯种薯基地。

主要育种目标：高产、抗病、优质、耐储。

2. 中原二作区

中原二作区无霜期较长，一般为180~280天。春作于2月中至3月上旬播种，5月下旬至6月下旬收获。秋作于8月中至9月上旬播种，11月上旬至12月上旬收获。由于春作和秋作生育期仅有80~90天，适于栽培早熟或中晚熟、结薯期早、块茎休眠期短的品种。在山区和秋季雨量充沛的地区，秋作常发生晚疫病，在长江流域，青枯病对马铃薯的生产危害很大。

主要育种目标：早熟、块茎休眠期短、抗病。

3. 南方三作区

南方三作区多采用两稻一薯（即早稻、晚稻、冬种马铃薯）的栽培方式。于11月上、中旬冬播，翌年2月下旬收获。或1月冬播，3月底收获。本区日照较短，适于种植对光照不敏感的品种。病毒病、晚疫病和青枯病及霜冻不同程度危害马铃薯生产。

主要育种目标：抗病毒病、耐霜冻、短日照和适于加工利用。

4. 西南一、二混作区

西南一、二混作区在海拔1200m以下的地区采用春、秋二季作，海拔1200~3000m为春作，每年种植一季，以中、晚熟抗晚疫病品种为主。本区气候地理条件适于马铃薯的生产，单产很高。生育期雨量充沛，特别是无霜期长，可利用中、晚熟品种，采取春、秋二季作，获得二季高产。晚疫病、青枯病、癌肿病是本区突出的病害。

主要育种目标：丰产和抗晚疫病。

9.1.2 马铃薯主要性状的遗传

1. 马铃薯成熟期的遗传

利用不同成熟期的品种与早熟品种维拉（vera）和沙司吉亚（Saskia）杂交，分析杂种出现早熟类型的百分数表明：成熟期受多基因控制，早熟×早熟的组合后代产生61%早熟类型，而早熟×晚熟的组合只产生18%早熟类型。

2. 马铃薯块茎产量的遗传

马铃薯的块茎产量是受多基因控制的数量性状。马铃薯不同品种杂交后代产量水平差异很大，通常杂交亲本的产量与其杂种后代的产量呈正相关。高产量亲本后代出现高产杂种的数量比低产亲本出现高产杂种的数量多。

马铃薯块茎的产量，主要取决于块茎的数量和块茎的重量（大小）。块茎数量和大小这两个性状都是可以遗传的。

3. 马铃薯淀粉含量与蛋白质含量的遗传

马铃薯淀粉含量为比较复杂的数量性状或多基因遗传性状，也易受外界环境条件的影响。在不同的马铃薯品种间杂交组合后代中，淀粉含量的变异范围为8%~30%，而不同品种自交后代的淀粉含量的变异范围为10%~17%和12%~22%。亲本的淀粉含量与杂种后代的淀粉含量之间有极显著的正相关。马铃薯蛋白质含量，与淀粉含量一样，也是受多对基因控制的。

4. 马铃薯抗病性的遗传

（1）抗晚疫病的遗传

马铃薯晚疫病作为马铃薯生产中的头号敌人，是所有引起粮食作物产量损失的病害中最严重的一种真菌性病害。马铃薯晚疫病的防治已经成为当前世界马铃薯生产和育种中优先考虑的目标之一。

马铃薯晚疫病的危害症状：叶尖和叶缘呈暗绿色病斑，在潮湿的条件下，病斑迅速扩大，当病斑扩大到主脉和叶柄时，叶片萎蔫下垂，大部分叶片枯死脱落。传染途径：种薯带病播种，在生长期温度、湿度适合时，形成发病中心株。病斑上的孢子通过气流传播到周围植株，形成发病中心，并迅速侵染蔓延，使全田植株感病而枯死。

马铃薯对晚疫病的抗性有过敏型抗性（垂直抗性）和田间抗性（水平抗性）两种。过敏型抗性是当马铃薯植株细胞受一定的生理小种侵染后产生的坏死反应。只有一些野生种具有这种抗性，目前在马铃薯中已鉴定了 13 个控制马铃薯晚疫病菌生理小种专化性抗性的主效基因。田间抗性或水平抗性是多基因遗传的抗性，表现为对所有的生理小种均起作用，但对植物体只起着部分保护作用，如潜育期长，抑制病原发育，感病程度轻等。所有的马铃薯种，均有不同程度的田间抗性。

（2）抗病毒病的遗传

马铃薯感染病毒后，能扩展到除茎尖外的整个植株，由于马铃薯为无性繁殖作物，病毒可通过块茎世代传递。使马铃薯植株矮化，叶片呈现花叶、皱缩、卷叶等，叶绿素受到破坏，光合生产率降低，块茎变小或畸形，产量大幅度下降。

已知侵染马铃薯的病毒约有 18 种和 1 种类病毒，其中有 9 种是马铃薯病毒，即马铃薯 X 病毒（PVX）、马铃薯 Y 病毒（PVY）、马铃薯 S 病毒（PVS）、马铃薯 M 病毒（PVM）、马铃薯奥古巴病毒（PAMV）、马铃薯 A 病毒（PVA）、马铃薯卷叶病毒（PLRV）、马铃薯蓬顶病毒（PMTV）马铃薯黄矮病毒（PYDV）。其余 9 种病毒来自于烟草、苜蓿和番茄等作物。马铃薯对病毒的抗性是较复杂的，既有寄主（马铃薯）与病原的关系，又有寄主、病原与传毒介体（蚜虫等）以及环境条件之间的关系。

马铃薯 Y 病毒的株系有三种（Yo、Yc 和 YN）。马铃薯栽培品种间对重花叶（Y）病毒的抗性有很大的差异，并且主要为对该病毒具有田间抗性（水平抗性），而很少具有过敏型抗性（垂直抗性）。部分异源四倍体野生种和二倍体野生种对 Y 病毒的不同类型抗性（免疫或过敏抗性）是复等位基因作用。马铃薯对卷叶病毒的抗性是受多对基因的累加效应控制的。

9.2 实现育种目标的可能途径

育种目标涉及的性状很多，一般来说，凡是通过遗传改良可以得到改进的经济性状都可以列为育种的目标性状。马铃薯育种目标包括高产、优质、生育期、抗病性、抗虫性、耐储藏性，以及对多种不良环境条件，如干旱、渍水、高温、低温、盐碱等的抗耐性、适应性等。对于这些目标，特别是实现这些目标的具体性状，在不同地区、不同马铃薯以及经济和生产发展的不同时期，要求的侧重点和具体内容是不一样的，因此，实现这些目标的途径也是不一样的。

9.2.1 高产

在保证一定品质的前提下，高产是马铃薯育种的基本目标。高产是指单位面积产量高。马铃薯的优良品种首先应该具备相对较高的产量潜力（yield potentia1），这是马铃薯育种的首要目标。当然，这里讲的高产是相对的，是在保证一定品质的前提下获得较高的产量，从而获得较高的经济效益。

1. 产量的形成

马铃薯产量的形成是一个很复杂的问题，受多种因素支配。它是品种的各种遗传特征特性与环境条件共同作用的结果。通过高产育种仅仅是获得了提高马铃薯品种的生产潜力，它的实现还有赖于品种和自然、栽培条件的良好配合。

（1）生物产量与经济产量

马铃薯产量包括生物产量（biomass）和经济产量（economic yield）。生物产量中有机物质占90%~95%，矿物质占5%~10%。由此可见，有机物质的生产和积累是形成产量的主要物质基础。经济产量只是生物产量的一部分。生物产量转化为经济产量的效率称为经济系数（coefficient of economics）或收获指数（harvest index，HI），即经济产量与生物产量的比值。收获指数（HI）高，说明有机物质利用率高。要获得较高的经济产量，不仅要求马铃薯品种的生物产量高，而且要求收获指数也高。

（2）高产品种的重要特性

高产品种的特性：生育前期早生快发，建立较大的营养体，为生物产量打好基础；生育中期，营养器官与产品器官健壮而协调生长，以积累大量的有机物质并形成具有足够数量的储藏光合产物的器官；生育后期，功能叶片多，叶面积指数高，叶片不早衰，保证有充足的有机物质向产品器官运输。也就是说，高产品种不仅要同化产物多，运输能力强，而且要有相应的储藏产品的器官。这就是“源、流、库”学说或称“源、流、库协调”学说。在高产育种和高产栽培中，源、流、库三方面都要符合高产要求，即源要大，库要足，流（运转）要畅，三者相协调。

（3）构成马铃薯产量的因素

单位面积株数、每株块茎数和块茎重是构成马铃薯经济产量的主要因素。各产量因素的乘积就是马铃薯的理论经济产量。

马铃薯的理论经济产量=单位面积株数×每株块茎数×块茎重

提高任何一个产量构成因素，其他的产量因素保持不变，都可以提高作物的产量。

2. 高产育种策略

（1）理想株型育种

理想株型育种是根据人们的经济要求，把植株的形态特征和生理特性的优良性状都集中在一个植株上，使其获得最高的光能利用率，并能将光合产物最大限度地输送到块茎中去，通过提高收获指数而提高经济产量。

（2）高光效育种

高光效育种是指通过提高马铃薯本身光合能力和降低呼吸消耗的生理指标而提高马铃薯产量的育种方法。马铃薯经济产量的高低与光合作用产物的生产、消耗、分配和积累有关。从生理学上分析，马铃薯的产量可分解为：

经济产量=生物产量×收获指数=净光合产物×收获指数=（光合能力×光合面积×光合时间-光呼吸消耗）×收获指数

由此可见，高产品种应该具有较高的光合能力，较低的呼吸消耗，光合机能保持时间长，叶面积指数大，收获指数高等特点。

9.2.2　稳产

马铃薯品种的稳产性（stability）是指优良品种在推广的不同地区和不同年份间产量变化幅度较小，在环境多变的条件下能够保持均衡的增产作用。

影响马铃薯品种稳产性的因素很多，但就其主要因素来讲，可分为气候的、土壤的和生物的三大因素。如干旱、高温的气候因素，盐碱含量高的土壤因素以及病虫害等生物因素。虽然这些不利的环境因素可以采取多种措施加以控制，但最经济有效的途径还是利用马铃薯品种的遗传特性与不利的环境条件相抗衡，即选育抗不良环境的优良品种。因此，稳产性涉及的主要性状是马铃薯品种的各种抗耐性和适应性，它决定着品种推广的面积和使用寿命。

1. 抗病虫性

任何一个马铃薯品种都会受到病虫害的威胁。由于农业生产的现代化，推广改良品种代替农家品种已使生产上应用的品种走向单一化。近年来，由于在许多马铃薯上都育出了一些突破性品种，致使生产上大面积单一种植。如此单一的寄主，无疑会引起流行病害的发生，所以在马铃薯育种中，抗病育种越来越显示出它的重要地位。

在抗虫育种方面过去研究得很少。马铃薯的抗虫性是由非选择性、抗生作用、耐性或补偿性决定的。所谓非选择性是害虫不愿意寄生的特性；抗生作用是不适于害虫发育和繁殖的特性；耐性和补偿性是指即使受到虫害侵袭，但由于恢复和旺盛生长可降低危害程度的特性。抗虫育种往往是以非选择性和抗生作用为目标，其中由抗生作用产生的作用在育种上最有希望。

2. 抗旱耐瘠

我国有相当大面积的耕地分布在丘陵山区，土层薄、肥力低，产量低而不稳。无灌溉条件的耕地占全国耕地面积的半数以上，其中有些地区常年缺雨干旱，即使在雨量较多的地区，季节性干旱也时有发生，造成马铃薯严重减产。因此，品种具有抗旱耐瘠性对增强马铃薯的稳产性是十分必要的。同时，这对扩大高产马铃薯的种植面积，提高马铃薯总产量也具有重要意义。

3. 适应性

适应性是指马铃薯品种对生态环境的适应范围及程度。通常，适应性广的品种，稳产性较好。适应性是在育种的后期通过多点鉴定进行评价的。适应性强的品种不仅种植地区广泛、推广面积大，而且更重要的是可在不同年份和地区间保持产量稳定。因此，适应性是稳产性的重要指标之一。

9.2.3　优质

优质育种已成为主要的育种目标之一。马铃薯产品的品质依据马铃薯产品用途而异，一般可分为营养品质、加工品质、卫生品质和商品品质等。

营养品质主要是指淀粉、脂肪和蛋白质的含量。卫生品质包括块茎的农药残留、重金属含量、有害微生物等。商业品质包括外观和色泽等。这些品质性状虽然在不同的用途中要求不完全一样，但都是应该在相应的育种目标中加以确定。

9.2.4 生育期适宜

生育期是一项重要的育种目标，它决定着品种的种植地区。生育期与产量呈明显的正相关，生育期长产量高，生育期短产量低。但选育的品种必须根据当地无霜期的长短决定生育期，原则上应既能充分利用当地的自然生长条件，又能正常成熟。

9.2.5 适应机械化需要

目前我国国民经济正处在高速发展时期，要提高农业生产率，使农民增收，农业机械化势在必行。我国东北、西北的一些省区，地广人稀，进行机械化种植，要求品种必须适应机械化作业的需要。从我国广大农村来看，随着产业结构的调整，经营规模的不断扩大，种田专业大户将不断出现，种地实现机械化也是势在必行。适应机械化种植管理的品种应该是生长整齐、成熟期一致，马铃薯块茎和块根集中等。

9.3 制订马铃薯育种目标的原则

马铃薯的育种目标是针对一定的生态地区和经济条件以及种植制度而制订的，因此它是一项包括多方面内容的复杂工作。不同的马铃薯品种，不同的地区在制订的育种目标上有很大差异。对育种学家来说，要有效地制订出切实可行的育种目标，不仅要熟悉育种过程，懂得改良性状的遗传特点，而且还必须了解农业生产以及市场需求等。在实际工作中，首先要做好调查分析，要调查当地的自然条件、种植制度、生产水平、栽培技术以及品种的变迁历史等。制定育种目标马铃薯时，应遵循以下基本原则。

9.3.1 立足当前，展望未来，富有预见性

从马铃薯的育种程序来看，育成一个新的品种少则 3~5 年，多则 10 年以上的时间。育种周期长的特点，决定了育种目标制订必须要有预见性。为此，在制订育种目标时要了解马铃薯品种的演变历史，同时对社会和市场的发展变化也要做调查，这样才可以掌握马铃薯的发展趋势，才有可能制订出正确的育种目标，做到育种工作有的放矢。

9.3.2 突出重点，分清主次，抓住主要矛盾

生产和市场上对品种的要求往往是多方面的。但是在制订育种目标时，对诸多需要改良的性状不能面面俱到，要求十全十美，而是要在综合性状都符合一定要求的基础上，分清主次，突出地改良一两个限制产量和品质的主要性状，这就是抓主要矛盾的出发点。

9.3.3 明确具体性状，指标落实

抓住主要矛盾，确定主攻方向的同时，在育种目标中不能只一般化地提出高产、稳产、优质、多抗等作为重点改良的目标，还必须对这些有关的性状进行具体分析，确定改良的具体性状和要达到的具体指标。

9.3.4　必须面向特定的生态地区和栽培条件

我国地域广大，跨越几十个纬度，气候、土壤差异很大。一个省的气候、土壤、海拔也有很大差异。如辽宁省东部丹东地区多雨，西部朝阳地区干旱，北部铁岭地区无霜期较短等。每个特定基因型的品种对环境条件的良好适应范围总是有限的。当然不同的马铃薯品种表现不同。因此，在制订育种目标时要针对具体的生态地区确定相应的目标，要做到这一点，又必须对特定的生态地区的生态条件详细了解，才能制订正确的育种目标。

此外，就同一个地区而言，还有多种不同的种植形式。例如，间种、套种、复种等，每一种种植方式都需要具有在特征特性上与之相适应的品种。这些都要求在制订育种目标时必须具有针对性，才能提高育种成功的几率。

◎章末小结

马铃薯育种目标指在一定的自然、栽培和经济条件下，对计划选育的新品种提出应具备的优良特征特性，也就是对育成品种在生物学和经济学性状上的具体要求。

根据马铃薯的生物学特性和我国自然条件，我国马铃薯的栽培区可划分为北方一季作区、中原二季作区、南方三季作区和西南一、二季混作区四个区域。根据各地的气候特点及马铃薯生产状况，提出相应的一些育种目标。

制订育种目标时，应遵循以下几项基本原则：立足当前，展望未来，富有预见性；突出重点，分清主次，抓住主要矛盾；明确具体性状，指标落实；必须面向特定的生态地区和栽培条件。

◎知识链接

测序马铃薯基因组　保障粮食安全高产

中国科学家主导的国际研究团队于2011年7月成功完成马铃薯基因组测序工作，《自然》杂志当月发表了马铃薯全基因组序列图和相关论文。

作为世界上第三大粮食作物，马铃薯对全球粮食安全的作用日显重要。通过全基因组设计育种，马铃薯育种学家们能加速培育高产、高营养和抗病虫害的新品种。中方团队主导的这项研究，也奠定了中国在这一研究领域的国际领先地位。

◎观察与思考

1. 现代农业对马铃薯品种有哪些基本要求？
2. 制订育种目标时应该遵循什么原则？
3. 依据你所熟悉的某一地区，拟订一个马铃薯育种目标，并阐述理由。
4. 实现马铃薯高产育种目标有哪些途径？

第 10 章　马铃薯种质资源

育种的原始材料或品种资源、种质资源（germplasm resources）、遗传资源（genetic resources）及基因资源（gene resources）等是一类内涵基本相同的遗传育种学名词术语，是指具有特定种质或基因、可供育种及相关研究利用的各种生物类型。在遗传学上，种质资源被称为遗传资源，由于基因是遗传物质，同时遗传育种研究利用的主要是生物体中的部分或个别基因，因此将种质资源又称为基因资源。20 世纪 60 年代，我国学者将用以培育新品种的原始材料或基础材料称为品种资源。现代育种利用的主要是现有育种材料内部的遗传物质或种质，所以国际上大多采用种质资源这一术语。随着遗传育种研究的不断发展，种质资源所包含的内容越来越广，凡能用于马铃薯育种的材料都可归入种质资源的范畴，包括地方品种、改良品种、新选育的品种、引进品种、突变体、野生种、近缘植物、人工创造的各种生物类型、无性繁殖器官、单个细胞、单个染色体、单个基因，甚至 DNA 片段等。

马铃薯种质资源非常丰富，野生种质资源的利用潜力很大。目前已发现的普通马铃薯共有 235 个亲缘种，其中 7 个栽培种，228 个野生种。为此，世界各国马铃薯育种专家都努力组织征集和利用各类种质资源。

10.1　马铃薯种质资源的类别及特点

马铃薯种质资源的类型、来源很多，为了便于研究与利用，通常从不同的角度对马铃薯种质资源进行分类。马铃薯种质资源可根据其来源、生态类型、亲缘关系、育种实用价值进行分类。从遗传育种的角度分析，根据育种实用价值与亲缘关系进行分类较为合理。根据育种实用价值不同，马铃薯种质资源有普通栽培种（*S. tuberosum*）、安第斯栽培种（*S. andigena*）和富利亚薯（*S. Phureja*）。根据亲缘关系不同，将马铃薯种质资源分为三级基因库，即初级基因库（gene pool 1）、次级基因库（gene pool 2）和三级基因库（gene pool 3）。

10.1.1　根据育种实用价值进行分类

1. 马铃薯栽培种

世界各地的马铃薯栽培种，除南美原产地外，主要是由南美引入欧洲的安第斯栽培种经选择的后代。主要的马铃薯栽培种有普通栽培种、安第斯栽培种和富利亚薯。

（1）普通栽培种

现有的马铃薯种植品种基本上为普通栽培种（2n = 4X = 48），染色体数目为 48，是同源四倍体。马铃薯普通栽培种雌雄配子（单倍体）的染色体数目为 24，由于雌雄配子细胞中有两套染色体组，因而普通栽培种的单倍体为双单倍体。

（2）安第斯栽培种

安第斯栽培种为四倍体（2n＝4X＝48）、属于短日照类型。安第斯栽培种具有广泛的地理分布区域，在阿根廷、玻利维亚、秘鲁、厄瓜多尔、哥伦比亚的安第斯山区都有栽培。安第斯栽培种具有广泛的遗传变异和丰富的"基因库"以及许多优良的经济性状和特性。如抗晚疫病、黑胫病、青枯病和环腐病；对一些病毒病害的抗性；抗线虫；薯块具有高淀粉含量和高蛋白质含量。

虽然安第斯栽培种极易与普通栽培种杂交成功，但其杂种 F_1 的性状和特性却不太理想，如长匍匐茎、晚熟、结薯不集中和薯块不整齐，每单株结有许多小的块茎等。因此，为获得具有优良经济性状的杂种，必须利用普通栽培种进行多次回交。这极大地妨碍了安第斯栽培种在马铃薯育种工作中的直接利用。

（3）富利亚薯

富利亚薯为二倍体栽培种（2n＝2X＝24）。块茎休眠期短，抗青枯病。可作为我国二作区抗青枯病、短块茎休眠期的优良原始材料。利用一些富利亚薯的无性系作为授粉者，诱发马铃薯四倍体的普通栽培种孤雌生殖产生双单倍体，从双单倍体与富利亚薯的杂种品系，选育出一些高产的四倍体杂种是改良马铃薯的新方法。

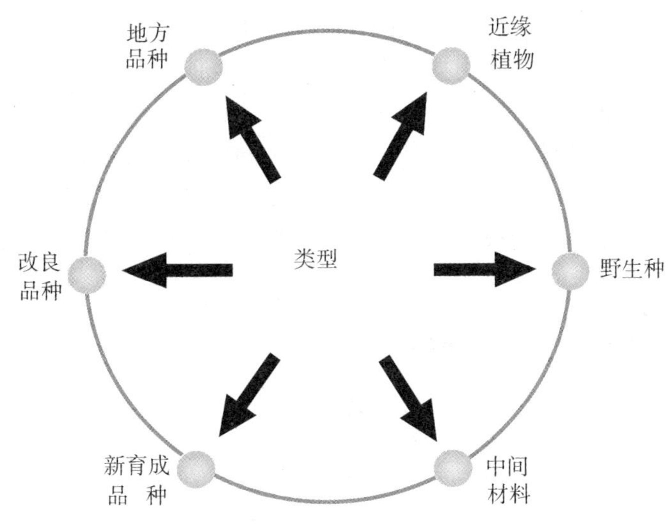

图 10-1　马铃薯种质资源类型

2. 马铃薯野生种

马铃薯野生种和原始栽培种具有许多在普通栽培种中难以发现的优良基因，如抗病（青枯病和病毒病）、耐旱、高干物质、低还原糖含量和耐低温储藏等相关基因。主要的马铃薯野生种有落果薯（*S. demissum*）、匍枝薯（*S. stoloniferum*）、无茎薯（*S. acaule*）、卡考斯薯（*S. Chacoense*）和芽叶薯等。

落果薯是六倍体种（2n＝6X＝72）。原产于墨西哥。抗晚疫病、卷叶病、抗重花叶病（Y）和轻花叶病（A）。

匍枝薯是四倍体种（2n=4X=48），抗晚疫病、抗重花叶病（Y）和轻花叶病（A），但感卷叶病。

无茎薯是四倍体种（2n=4X=48），抗普通花叶病（X）和卷叶病。

卡考斯薯是二倍体（2n=2X=24），抗卷叶病。

10.1.2　根据亲缘关系分类

根据亲缘关系不同，即按彼此间的可交配性与转移基因的难易程度将种质资源分为三级基因库，即初级基因库（gene pool 1）、次级基因库（gene pool 2）和三级基因库（gene pool 3）。

初级基因库内的各资源材料间能相互杂交，正常结实，无生殖隔离，杂种可育，染色体配对良好，基因转移容易。次级基因库间的基因转移是可能的，但存在一定的生殖隔离，杂交不实或杂种不育，必须借助特殊的育种手段才能实现基因转移。三级基因库是亲缘关系更远的类型，彼此间杂交不实，杂种不育现象更明显，基因转移困难。

10.2　马铃薯种质资源在育种上的重要性

种质是亲代传给子代的遗传物质，是控制生物本身遗传和变异的内在因子。种质资源是经过长期自然演化和人工创造而形成的一种重要的自然资源，它在漫长的生物进化过程中不断得以充实与发展，积累了由自然选择和人工选择所引起的各种各样、形形色色、极其丰富的遗传变异，蕴藏着控制各种性状的基因，形成了各种优良的遗传性状及生物类型。长期的育种实践已让种质资源在马铃薯育种中的物质基础作用与决定性状的作用表现得非常明显。马铃薯生产上，每一次飞跃都离不开品种的作用，而突破性品种的培育成功往往与一新的种质资源的发现有关。归纳起来，种质资源在马铃薯育种中的作用主要表现在以下几方面：

10.2.1　种质资源是现代育种的物质基础

马铃薯品种是在漫长的生物进化与人类文明过程中形成的。在这个过程中，野生马铃薯先被驯化成多样化的原始马铃薯，经种植选育变为各色各样的地方品种，再通过不断对自然变异、人工变异的自然选择与人工选择而育成符合人类需求的各类新品种。正是由于已有种质资源具有满足不同育种目标所需要的多样化基因，才使得人类的不同育种目标得以实现。

在马铃薯育种中，提供育种目标性状基因源的马铃薯类型、品种和野生种仅是种质资源的一小部分。从实质上看，马铃薯育种工作就是根据人类的意图对多种多样的种质资源进行各种形式的加工改造，而且育种工作越向高级阶段发展，种质资源的重要性就越加突出。现代育种工作之所以取得显著的成就，除了育种途径的发展和采用新技术外，关键还在于广泛地搜集和深入研究、利用优良的种质资源。育种工作者拥有种质资源的数量与质量，以及对其研究的深度和广度是决定育种成效的主要条件，也是衡量其育种水平的重要标志。育种实践证明，在现有遗传资源中，任何品种和类型都不可能具备与社会发展完全相适应的优良基因，但可以通过选育，将分别具有某些或个别育种目标所需要的特殊基因有效地加以综合，育成新品种。例如，抗病育种可以从种质资源中筛选对某种病害的抗性基因；矮化育种可以从种质资源中选取优异的矮秆基因，将二者结合育成抗病、矮秆新品种。对熟期、品质、适应性、产量潜力等性状的改良也都依赖于种质资源的目标基因，只要将这些目标基因加以聚合，就可能实现育种目标。

10.2.2　稀有特异种质对育种成效具有决定性作用

马铃薯育种成效的大小，在很大程度上取决于所掌握的种质资源数量和对其性状表现及遗传规律的研究深度。从世界范围内近代作物育种的显著成就来看，突破性品种的育成及育种上大的突破性成就几乎无一不决定于关键性优异种质资源的发现与利用。

未来马铃薯育种上的重大突破仍将取决于关键性优异种质资源的发现与利用，一个国家与单位所拥有种质资源的数量和质量，以及对所拥有种质资源的研究程度，将决定其育种工作的成败及其在遗传育种领域的地位。显然，将来谁在拥有和利用种质资源方面占有优势，谁就可能在农业生产及其发展上占有优势。

10.2.3　新的育种目标能否实现决定于所拥有的种质资源

马铃薯育种目标不是一成不变的，人类文明进程的加快和社会上物质生活水平的不断提高对马铃薯育种不断提出新的目标。新的育种目标能否实现决定于育种者所拥有的种质资源。如人类特殊需求的新马铃薯、适于农业可持续发展的马铃薯新品种等育种目标能否实现就决定于育种者所拥有的种质资源。

10.2.4　种质资源是生物学理论研究的重要基础材料

种质资源不但是选育新马铃薯、新品种的基础，也是生物学研究必不可少的重要材料。不同的种质资源，具有不同的生理和遗传特性，以及不同的生态特点，对其进行深入研究，有助于阐明马铃薯的起源、演变、分类、形态、生态、生理和遗传等方面的问题，并为育种工作提供理论依据，从而克服盲目性，增强预见性，提高育种成效。

10.3　马铃薯种质资源的研究与利用

马铃薯种质资源的研究内容包括收集、保存、鉴定、创新和利用。马铃薯种质资源的研究工作可以用下面 20 字方针总结：“广泛收集、妥善保存、深入研究、积极创新、充分利用”。

10.3.1　种质资源的收集与保存

1. 发掘、收集、保存种质资源的紧迫性

为了很好地保存和利用自然界马铃薯的多样性，丰富和充实马铃薯育种工作和生物学研究的物质基础，马铃薯种质资源工作的首要环节和迫切任务是广泛发掘和收集种质资源并很好地予以保存。其理由如下：

(1) 实现新的育种目标必须有更丰富的种质资源

马铃薯育种目标是随着农业生产的不断发展和人民生活水平的不断提高而不断改变

的。社会的进步对良种提出了越来越高的要求，要完成这些日新月异的育种任务，使育种工作有所突破，迫切需要更多、更好的种质资源。

(2) 为满足人类需求，必须不断发展新马铃薯品种

发展新马铃薯是满足人口增长和生产发展需要的重要途径。

(3) 不少宝贵种质资源急待发掘保护

种质资源的流失又称之为遗传流失 (genetic erosion)，其发生是必然的。自地球上出现生命至今，约有90%以上、甚至99%以上的物种已不复存在。这主要是物竞天择和生态环境的改变所造成的。人类活动加快了种质资源的流失，其结果是造成了许多种质的迅速消失，大量的生物物种濒临灭绝的边缘。目前，物种消失的速度比物种自然灭绝的速度快许多倍。这些种质资源一旦从地球上消灭，就难以用任何现代技术重新创造出来，必须采取紧急有效的措施来发掘、收集和保存现有的种质资源。

(4) 避免新品种遗传基础的贫乏，克服遗传脆弱性 (genetic vulnerability)

遗传多样性的大幅度减少和品种单一化程度的提高必然增加了对病虫害抵抗能力的遗传脆弱性。即一旦发生新的病害或寄生物出现新的生理小种，马铃薯即失去抵抗力。遗传多样性的大幅度减少必然增加遗传脆弱性，并最终导致病虫害严重发生进而危及国民生计。

克服品种遗传脆弱性的关键是在育种过程中更多地利用种质资源，拓宽新品种的遗传基础。随着少数优良品种的大面积推广，使许多具有独特抗逆性和其他特点的地方农家品种逐渐被淘汰，导致不少改良品种的遗传基础单一化。种质资源单一性所带来的品种遗传基础狭窄、遗传脆弱性大是一个不容忽视的严重问题，这个只有通过拓宽育成品种的遗传基础来化解。

2. 收集种质资源的方法

收集种质资源的方法主要有直接考察收集、征集和交换等。

(1) 直接考察收集

直接考察收集是指到野外实地考察收集，多用于收集野生近缘种、原始栽培类型与地方品种。直接考察收集是获取种质资源最基本的途径，常用的方法为有计划地组织国内外的考察收集。除到马铃薯起源中心和各种马铃薯野生近缘种众多的地区去考察采集外，还可到本国不同生态地区考察收集。

为了尽可能全面地搜集到客观存在的遗传多样性类型，在考察路线的选择上要注意以下事项：马铃薯本身表现不同的地方，如熟期早晚、抗病虫害程度等；地理生态环境不同的地方，如地形、地势和气候、土壤类型等；农业技术条件不同的地方，如灌溉、施肥、耕作、栽培与收获等方面的习惯不同；社会条件，如务农和游牧等不同。为了能充分代表收集地的遗传变异性，收集的资源样本要求有一定的群体。采集样本时，必须详细记录品种或类型名称，产地的自然、耕作、栽培条件，样本的来源（如荒野、农田、农村庭院、乡镇集市等)，主要形态特征、生物学特性和经济性状、群众反映及采集的地点、时间等。

(2) 征集

征集是指通过通讯方式向外地或外国有偿或无偿索求所需要的种质资源；征集是获取种质资源花费最少、见效最快的途径。

（3）交换

交换是指育种工作者彼此互通各自所需的种质资源。

由于国情不同，各国收集种质资源的途径和着重点也有异。资源丰富的国家多注重本国种质资源收集，资源贫乏的国家多注重外国种质资源征集、交换。

3. 收集材料的整理

收集到的种质资源，应及时整理。首先应将样本对照现场记录，进行初步整理、归类，将同种异名者合并，以减少重复；将同名异种者予以订正，给以科学的登记和编号。此外，还要进行简单的分类、确定每份材料所属的植物分类学地位和生态类型，以便对收集材料的亲缘关系、适应性和基本的生育特性有个概括的认识和了解，为保存和做进一步研究提供依据。

4. 种质资源的保存

为了维持样本的一定数量与保持样本的生活力及原有的遗传特性，妥善保存种质资源显得非常重要。从狭义上讲，种质资源的保存主要采用自然（原生境保存）和种质库相结合的保存办法。原生境保存是指在原来的生态环境中，就地进行繁殖保存种质资源，如建立自然保护区或天然公园等途径保护野生及近缘物种。非原生境保存是指种质保存于该植物原生态生长地以外的地方，如建设低温种质库的种子保存、田间种植保存以及试管苗种质库的组织培养物保存等。

（1）田间种植保存

为了保持马铃薯种质资源的种子或无性繁殖器官的生活力，并不断补充其数量，种质资源材料必须每隔一定时间播种一次，即称种植保存。种植保存一般可分为就地种植保存和迁地种植保存。前者是通过保持马铃薯原来所处的自然生态系统来保存种质；后者是把马铃薯迁出其自然生长地，保存在植物园、种植园中。在我国，作为育种用的资源材料主要由负责种质资源工作的单位或育种单位进行种植保存。

来自自然条件悬殊地区的种质资源，都在同一地区种植保存，不一定能适应。因此，在种植保存时，应尽可能与原产地相似，以减少由于生态条件的改变而引起的变异和自然选择的影响。在种植过程中应尽可能避免或减少天然杂交和人为混杂的机会，以保持原品种或类型的遗传特点和群体结构。

我国马铃薯种质资源过去一直采用“春播、秋收、冬窖藏”的方法保存。但是，田间保存不仅需要大量的人力、物力和财力，而且不可避免地受到各种灾害（干旱、洪涝、虫害等）和人为因素的影响，从而造成资源混杂或遗失。

（2）储藏保存

对于数目众多的种质资源，如果年年都要种植保存，不仅在土地、人力、物力上有很大负担；而且常由于人为差错、天然杂交、生态条件的改变和世代交替等原因，易引起遗传变异或导致某些材料原有基因的丢失。因而，各国对种质资源的储藏保存极为重视。储藏保存主要通过控制储藏时的温度和湿度，来保持种质资源种子的生活力。

建立现代化种质库，可以有效地保存众多的种质资源。新建的种质资源库大多采用先进的技术与装备，创造适合种质资源长期储藏的环境条件，并尽可能提高运行管理的自动化程度。通常，国际上将种资源库分为以下 3 级：短期库、中期库和长期库。

表 10-1 马铃薯种资源库的类型

要求 资源库	温度	相对湿度
短期库	20℃	45%
中期库	4℃	45%
长期库	-10℃	30%

近年来发展了培养物的超低温（-196℃）长期保存法。在超低温下，细胞处于代谢休眠状态，从而可防止或延缓细胞的老化，由于不需要多次继代培养，细胞分裂和 DNA 的合成基本停止，因而保证资源材料的遗传稳定性。对于那些寿命短的物种、组织培养体细胞无性系、遗传工程的基因无性系、抗病毒的植物材料以及濒临灭绝的野生植物，超低温保存是很好的保存方法。

（3）微型薯保存

马铃薯微型薯的成功诱导为马铃薯种质资源的保持开辟了一条新途径。与马铃薯试管苗相比，微型薯一般条件下可保持 2 年，低温条件下可保持 4~5 年。

（4）离体保存

植物体的每个细胞，在遗传上都是全能的，含有个体发育所必需的全部遗传信息。离体保存是在适宜条件下，用离体的愈伤组织、悬浮细胞、幼芽生长点、花粉、花药、体细胞、原生质体、幼胚、组织块等保存种质资源的方法。用这种方法保存种质资源，可以大大缩小种质资源保存的空间，节省土地和劳力，另外，用这种方法保存的种质，繁殖速度快，还可避免病虫的危害等。

离体保存可分为一般保存和缓慢生长法保存。一般保存马铃薯试管苗利用 MS 固体培养基，光照为 2000Lx（16h），每 3~6 个月继代培养一次。缓慢生长法保存是通过调节培养环境条件，在 MS 培养基中添加适量什露醇、矮壮素等，抑制保存材料的生长和减少营养消耗来延长继代培养时间。低温及甘露醇相结合也能增加试管苗的保存时间。

（5）基因文库保存

自然界每年都有大量珍贵的动植物死亡灭绝，遗传资源日趋枯竭。建立和发展基因文库技术（gene library technology），对抢救和安全保存种质资源有重要意义。基因文库是来自生物的不同 DNA 序列的总集。这些 DNA 序列被克隆进了载体以便于纯化、储存与分析。建立关于马铃薯物种的基因文库，不仅可以长期保存该物种的遗传资源，而且还可以通过反复的培养繁殖筛选，获得各种优良目的基因。

种质资源的保存还应包括保存种质资源的各种资料，每一份种质资源材料应有一份档案。档案中记录有编号、名称、来源、研究鉴定年度和结果。档案按材料的永久编号顺序排列存放，并随时将有关该材料的试验结果及文献资料登记在档案中，档案资料储存入计算机，建立数据库。

10.3.2 种质资源的研究与利用

收集到的种质资源必须经过认真深入的研究，才能充分加以利用。种质资源的研究内容包括特征特性的鉴定、性状的筛选、遗传性状的评价和基础理论的研究。种质资源的收集、保存和研究，最终的目的是为了利用。

能否成功地将鉴定出来的具有优异性状的种质材料用于育种在很大程度上取决于对材料本身目标性状遗传特点的认识。因此，现代育种工作要求种质资源的研究不能局限于形态特征、特性的观察鉴定，而要深入研究其主要目标性状的遗传特点，这样才能有的放矢地选用种质资源。资源利用的另一方面是用已有种质资源通过杂交、诱变及其他手段创造新的种质资源。

国际上常将储备的具有形形色色基因资源的各种材料称为基因库或基因银行，其意是从中可获得用于育种及相关研究所需要的基因。随着遗传育种研究的不断深入，基因库的建拓工作已成为种质资源研究的重要工作之一。保存种质资源的种子库、繁殖圃可称为种质库、基因储存库或基因库。育种者的主要工作就是如何从具有大量基因的基因库中，选择所需的基因或基因型并使之结合，育成新的品种。但是种质库中所保存的种质资源，往往是处于一种遗传平衡状态。处于遗传平衡状态的同质结合的种质群体，其遗传基础相对较窄。为了丰富种质群体的遗传基础，必须不断拓展基因库。建拓基因库的方式很多，常用的有利用雄性不育系、聚合杂交、不去雄的综合杂交以及理化诱变等。

10.4　电子计算机在种质资源管理中的应用

10.4.1　国内外植物种质资源数据库概况

种质资源信息的激增和计算机技术的迅速发展，促使许多国家、地区和国际农业研究机构开始研究利用电子计算机建立自己的品种资源管理系统。20世纪70年代以来，一些科学技术发达的国家，如美国、日本、法国、德国等相继实现了品种资源档案的计算机管理。不少国家还形成了全国范围或地区性网络。在世界上为数众多的作物品种资源数据库计算机管理系统中，比较著名的有：芬兰、瑞典、挪威、冰岛和丹麦共同建立的北欧五国作物种质资源数据库；前民主德国建立的欧洲大麦数据库（RBDB）；前联邦德国农业科学院植物和遗传研究所的作物品种资源数据库；前捷克斯洛伐克的作物种质信息系统；前苏联的农作物种质资源数据库；日本农林水产省的作物种质资源信息系统（EXIS）；美国农业部的作物种质资源信息网络系统（GRIN）；中国国家作物种质资源数据库系统以及菲律宾国际水稻所的国际水稻种质资源数据库等。

10.4.2　种质资源数据库的目标与功能

不同国家、不同作物的品种资源数据库或信息系统尽管在规模、组成等方面不同，但品种资源信息管理的目标基本相似。一般均能满足育种学家和有关研究人员对下述几种主要信息的需求，即植物引进、登记和最初的繁殖，品种性状的描述和评价，世代、系谱的维护与保存，生活力的测定、生活力复壮和种质分配等。如美国的GRIN在资源管理上有三个重要功能，首先，它是全美所有类型植物遗传资源的信息中心；第二，它提供了包括作物特性描述和评价信息在内的美国作物种质资源标准化信息方法；第三，它提供了每个资源收集站进行信息管理和交换的方法并使各站能及时掌握国家种质资源信息系统的最新信息。该网络系统与26个资源收集站相连，美国、加拿大和墨西哥的科学家都允许使用这个系统来检索自己需要的资源。又如，我国国家种质资源数据库三个子系统的功能分别为：种质库管理子系统，其主要功用是国家种质库管理人员及科研人员及时掌握种子入库的基本情况，如品种名称、统一编号、原产地、来源地、保存单位、库编号、种子收获年代、发芽率、种子重量、入库时间等，可随时为用户查找任何种质所在的库位、活力情况；制成各种作物年度入库储况中英文报表，任何作物不同繁种地入库种子质量的报告等。种质特性评价数据库子系统，其主要功能有三个，首先是为育种和生物工程研究人员查询定向培育的有用基因，其次是该系统可按育种目标从数据库中查找具有综合优良性状的亲本，供育种工作者参考选择和利用，再者，该系统可以追踪品种的系谱，查找选育品种的特征，各个世代的亲本及选配率，分析系谱结构，绘制系谱图等。国内外种质交换数据库子系统，其主要目的是为引种单位或种质库管理人员提供国内外作物种质交换动态。

目前世界各国建立的种质信息系统，按其主要特征可分为三大类。一是文件系统，其数据以文件方式存储，每份文件设计有一组描述字段，文件可采用不同的组织和记录格式，借助一些描述信息可把文件连接起来操作，以实现对所存储信息的处理。如北欧的豌豆基因库信息系统。二是数据库系统，数据库系统具有文件系统的若干特征，但存储的数据可独立于数据管理的程序，以供不同目的的管理程序共同享用，如日本的EXIS，我国的NGRDBS等属于数据库管理系统。三是网络系统，过去，世界上提供和交换信息的方式主要是打印报表或借助于磁性介质（包括磁盘、磁带等），随着网络技术的快速发展，提供和交换种质信息的方式转为网络系统，通过网络系统可获取所需要的种质信息，如美国的GRIN的信息网络的系统，用户与该系统的通信，采用远程通信连接，植物育种学家以及有合理需要的任何研究组织，只要有计算机终端，即可使用GRIN。

10.4.3 种质资源数据库的建立

建立种质资源数据库的目的在于迅速而准确地为育种、遗传研究者提供有关优质、丰产、抗病、抗逆以及其他特异需求的种质资源信息，为新品种选育与遗传研究服务。因此，设计建立品种资源数据库时应紧紧围绕这一总体目标。一般要求做到：适用于不同种类的作物，具有广泛的通用性；对品种的描述规范化并具有完整性、准确性、稳定性和先进性；具有定量或定性分析的功能，程序功能项目化，使用方便。

建立种质资源数据库系统的一般步骤如下：

1. 数据收集

数据收集是建立数据库的基础。采集数据时应首先决定收集哪些对象和哪些属性的数据，提出数据采集的范围、内容和格式，以保证数据的客观性与可用性；其次是建立数据采集网，确定数据采集员，落实数据采集任务，并按统一规定采集数据，以保证数据采集的及时性和科学性；再者明确数据表达规则，尽可能采用简单的符号、缩写或编码来描述对象的各种属性，符号、名词术语应统一并具有唯一性，度量单位要用法定计量单位，以保证数据的科学性和可交换性。

2. 数据分类和规范化处理

采集得到的数据必须经过整理分类和规范化处理才能输入计算机。如我国的品种资源数据库把鉴定的项目或性状分为五类，输入计算机便形成5种类型的字段。A类字段表示种质库编号、全国统一编号、保存单位、保存单位编号、品种所属科名、属或亚属名、种名、品种名、来源地、原产地等。B 类字段按顺序表示物候期、生物学特性、植物学形态（根、茎、叶、花、果实）等。C 类字段表示品质性状鉴定和评价资料，如马铃薯的色、香、味及蛋白质、脂肪含量等。D 类字段表示品种的抗逆性及抗病虫性状。E 类字段是品种的细胞学特性，所含基因以及其他生理生化特性的鉴定资料等。

3. 数据库管理系统设计

首先是确定机型和支持软件，确定库的结构；进而编制一整套管理软件，这些软件包括数据库生成、数据连接变换、数据统计分析等各种应用软件，实现建立数据库的总体目标及全部功能。

◎章末小结

马铃薯在植物分类上属于茄科、茄属。它的种类很多，分类比较复杂。染色体基数 X =12。由于它可以用无性繁殖的方法繁育后代，所以自然界有一系列的多倍体存在，如二倍体（2X=24）、三倍体（3X=36）、四倍体（4X=48）、五倍体（5X=60）、六倍体（6X =72），生产上的主栽马铃薯是四倍体。

按育种实用价值不同，将马铃薯种质资源分为栽培种和野生种。马铃薯栽培种主要有普通栽培种、安第斯栽培种和富利亚薯；马铃薯野生种主要有落果薯、匍枝薯、无茎薯和卡考斯薯。

马铃薯种质资源的研究内容包括收集、保存、鉴定、创新和利用。为了很好地保存和利用自然界生物的多样性，丰富和充实育种工作和生物学研究的物质基础，种质资源工作的首要环节和迫切任务是发掘和收集种质资源并很好地予以保存。种质资源的研究内容包括特征特性的鉴定与评价及细胞学鉴定等。经过对种质资源的鉴定研究，最终目的是对其加以利用。

◎知识链接

中国已建起较完善的作物种质资源保存体系

中国目前已经建立起由国家库、地方库以及一些专类种质资源库构成的，比较完善的作物种质资源保存体系。国家库长期保存的种质资源达 34 万份，数量居世界第一。

对植物遗传资源进行有效保存是一个涉及国家安全的重大举措。2003 年，国务院批准建立起“生物物种资源部际联席会议制度”。2005 年初，国家环保总局牵头组织八部门专家编制了《全国生物物种资源保护与利用规划（2006—2030）》，并起草了《生物遗传资源管理条例》。经过多年努力，中国目前已建立起由国家库、地方库以及专类种质资源库构成的，较为完善的作物种质资源保存体系。

目前中国已建成国家种质保存长期库和长期异地复份保存库各 1 座。其中国家长期库保存了 34 万份种质资源，长期保存的种质资源数量居世界第一。国内地方品种资源占 60%，珍贵、稀有和野生近缘植物约占 10%。“中国作物种质资源信息系统”已收录了 180 多种作物及其野生近缘植物的 38 万份种质信息，是世界上最大的植物遗传资源信息系统之一。

在地方库建设方面，除中国农科院在全国各地农科院建立了15座地方中期库外，广东、河北、新疆、内蒙古、江西、湖北等省也建立了不同规模的地方库。

另外，专类种质资源库建设也初具规模。2002年建成的“森林植物种质资源库”，收集保存中国3000种乔灌木竹藤花草的30万~40万份种质资源；“国家药用植物种质资源库”首期建设已全面展开，设计库容种质资源10万份；湖北宜昌建立了“三峡濒危植物物种资源库”，包括植物活体库、植物种子库、植物基因库；南京林业大学与泗洪县合作建成目前亚洲规模最大、品系最多的“美洲黑杨种质资源库”，保存了黑杨种质资源450份、102个家系；云南省建成世界上最齐全的“重楼种质资源库”，收集保存了世界上已经报道的24种野生重楼中的23种，还发现和命名了3个新种；湖北省建成了世界上最大的沙梨种质资源库。

◎观察与思考

1. 论述马铃薯种质资源的概念和重要性。
2. 马铃薯种质资源有哪几种主要类型？
3. 马铃薯种质资源的搜集和保存有哪几种方法？

第 11 章　马铃薯引种

我国马铃薯的育种工作起始于 20 世纪 40 年代中期，至今已培育出了 100 多个品种，在这些育成品种中，绝大多数具有国外马铃薯的血缘，国外马铃薯种质资源的引进对我国马铃薯生产和马铃薯育种的发展具有非常重要的意义。

表 11-1　　我国马铃薯品种的血缘

血缘来源	代　表	亲　本	所占育成品种比例（%）
美　国	卡他丁	多子白	42
德　国	白头翁	米　拉	25
波　兰	疫不加	疫畏他	18
其他国家	早普利	金苹果	10
中　国	牛　头	紫山药	10

表 11-2　　十大国家级马铃薯品种及其亲本来源

品种名称	亲本名称	亲本来源
克新 1 号	♀ 374-128；♂ 疫不加	美　国；波　兰
克新 2 号	♀ 米　拉；♂ 疫不加	德　国；波　兰
克新 3 号	♀ 米　拉；♂ 卡他丁	德　国；美　国
克新 4 号	♀ 白头翁；♂ 卡他丁	德　国；美　国
东农 303	♀ 白头翁；♂ 卡他丁	德　国；美　国
坝薯 9 号	♀ 多子白；♂ 疫不加	美　国；波　兰
虎　头	♀ 紫山药；♂ 小叶子	中　国；美　国
跃　进	♀ 疫不加；♂ 小叶子	波　兰；美　国
高原 4 号	♀ 多子白；♂ 米　拉	美　国；德　国
晋薯 2 号	♀ 爱波罗；♂ 工　业	德　国；德　国

11.1　马铃薯引种的概念及意义

自 20 世纪 30 年代以来，我国从国外引进一千多份马铃薯普通栽培品种（系）、野生种和原始栽培种，这些种质资源中许多已被直接或间接用于生产或育种。其中，通过多年多点鉴定直接用于生产的品种30多个，从引进的杂交实生种子经系统选育推广的品种10多个，直接用于马铃薯有性杂交的国外资源占亲本总数的90%以上，诸多国外品种已成为我国高产、优质和多抗育种的骨干亲本。因此，加强国外马铃薯资源的引进、评价和利用，对于丰富我国马铃薯种质资源遗传基础意义重大，也是应对生物资源国际竞争日益激烈的战略决策。

11.1.1　引种驯化的概念

广义的引种（crop introduction）泛指从外地或外国引进新植物、新品种、新品系以及供研究用的各种遗传资源材料。从生产的角度来讲，引种系指从外地引进新品种，通过适应性试验，直接在本地推广种植。引种材料可以是繁殖器官、营养器官或染色体片段。引种虽然并不直接创造新品种，却是解决生产上迫切需要新品种的一条迅速有效的途径。

所谓驯化，则是人类对马铃薯适应新的地理环境能力的利用和改造。从外地引入新品种后，虽然已经用于生产栽培，但不能达到开花、结实阶段，或者根本就不能留种，或经济产量低，这只能算是“引种栽培”，不是引种驯化。引种和驯化是一个整体的两个方面，既互相联系又有区别。引种是驯化的前提，没有引种，便无所谓驯化；驯化是引种的客观需要，没有驯化，引种便不能彻底完成使命。植物引种驯化是人类的一项技术经济活动，有着明确的经济目的。

11.1.2　引种驯化的类型

1. 简单引种

由于马铃薯本身的适应性广，以致不改变遗传性也能适应新的环境条件，或者是原分布区域与引入地的自然条件差异较小，或引入地的生态条件更适合马铃薯的生长，马铃薯生长正常甚至更好称为简单引种。

引入国外品种，经筛选鉴定后直接在生产上应用，这也是一种非常重要的利用方式。如20世纪30~40年代前中央农业试验所从美国引入的七百万（Chippe-wa）、红纹白（Red warba）、西北果（Sebago）、火玛（Houma）等品种，很快在生产上得到推广利用，红纹白目前在黑龙江省山区地带仍有种植。50年代黑龙江省克山试验站从东德、波兰引入推广了8个品种，其中米拉（Mira）、疫不加（Epoka）、阿奎拉（Aguila）和白头翁（Anemone）等品种在生产上发挥了较大作用，米拉品种至今仍是云、贵、川及鄂西山区的主栽品种。70年代末中国农科院蔬菜所从CIP引进的“中心24”品种，在内蒙古、甘肃等省区推广种植面积曾达67000 hm^2 之多。80年代至90年代，山东省推广的鲁引1号、天津蔬菜所引入的津引8号（二者均为荷兰品种Favorita），在东北、华北地区栽培面积非常大，已成为早熟二季作地区的主栽品种之一。直接引种利用促进了我国马铃薯生产的发展。

2. 驯化引种

驯化引种是指由于马铃薯本身适应性很窄，或引入地的生态条件与原产地的差异太大，马铃薯生长不正常直至死亡，但是经过精细的栽培管理，或结合杂交、诱变、选择等措施，逐步改变马铃薯遗传性以适应新的环境，使引进的马铃薯正常生长。

11.1.3　引种的意义

引种具有重要意义。首先，引种驯化是栽培植物起源与演化的基础；其次，引种驯化是丰富并改变品种结构，提高马铃薯质量的快速而有效的途径；同时，引种驯化可为各种育种途径提供丰富多彩的种质资源。

11.2　引种的基本原理

11.2.1　引种的基本原理

为了减少引种的盲目性和增强可预见性，地理上远距离引种，包括不同地区和国家之间引种，应重视原产地区与引进地区之间的生态环境，特别是气候因素。

1. 引种驯化的遗传学原理

引种驯化的遗传学原理可以用下面公式表示：$P=G+E$。

P-引种效果；G-植物适应性的遗传基础；E-原产地与引种地生态环境的差异。

引种驯化的遗传学原理就在于马铃薯对环境条件的适应性的大小及其遗传强弱。如果引种马铃薯的适应性较宽，环境条件的变化在植物适应性反应规范之内，就是“简单引种”。反之，就是“驯化引种”。

2. 引种的气候相似性原理

气候相似论（theory of climatic analogy）是引种工作中被广泛接受的基本理论之一。该理论内容如下：原产地区与引进地区之间，影响马铃薯生产的主要因素应尽可能相似，以保证品种互相引种成功。例如，美国加利福尼亚的马铃薯品种引种到希腊比较成功，美国中西部的一些马铃薯品种引种到南斯拉夫的一些地区适应性良好。就我国从外国引种而言，美国的马铃薯品种和意大利的马铃薯品种在长江流域或黄河流域比较适合，引种容易成功。当然，像这样的估计只能是大致的分析，有些马铃薯品种并不完全受这些因素约束。而且该理论过于强调温度条件和马铃薯对环境条件反应不变的一面，而忽视了光、温、气等其他气候条件和马铃薯对环境条件可变的一面。

3. 引种的生态条件和生态型相似性原理

（1）引种的生态条件

马铃薯优良品种的形态特征和生物学特性都是自然选择和人工选择的产物，因而它们都适应于一定的自然环境和栽培条件，这些与马铃薯品种形成及生长发育有密切关系的环境条件则称为生态条件。任何马铃薯品种的正常生长，都需要有与它们相应的生态条件，因此，掌握所引品种必需的生态条件对引种非常重要，是引种获得成功与否的重要依据。一般来说，生态条件相似的地区间相互引种容易成功。生态条件可以分为若干类生态因子，如气候生态因子、土壤生态因子等，其中气候生态因子是首要的。因此，研究由温度、日照、雨量等组成的气候生态因子对生物体的影响是至关重要的。

（2）生态型相似性原理

生态型是指在同一物种变种范围内，在生物学特性、形态特征等方面均与当地的主要生态条件相适应，遗传结构也基本相似的马铃薯类型。不同生态型之间相互引种有一定的困难，相同生态型之间相互引种则较易成功。

11.2.2　影响马铃薯引种成功的因素

马铃薯是一种适应性很广泛的作物，引种较易成功。但是，每个品种都是在一定环境条件下培育出来的，只有在与培育环境条件一致或接近时，引种才能成功。因此，引种时务必要详细了解马铃薯种茎产地纬度、海拔、气候条件等情况。

1. 温度

各种马铃薯品种对温度的要求不同，同一品种在各个生育期要求的最适温度也不同。一般来说，温度升高能促进生长发育，提早成熟；温度降低，会延长生育期。但马铃薯的生长和发育是两个不同的概念，生长和发育所需的温度条件是不同的。温度因纬度、海拔、地形和地理位置等条件而不同。

温度对马铃薯生长影响极大，特别是在结薯期，若土温超过25℃，块茎就会停止生长。因此引种时必须注意品种生育期长短，从北方向南方引种，要引进早熟、中早熟品种；而由南方向北方引种，早熟或晚熟品种均可。

2. 光照

马铃薯喜光，对光敏感。把它从长日照地区引种到短日照地区，它往往不开花，但对地下块茎的生长影响不是太大；而短日照品种引种到长日照地区后，有时则不结薯。

3. 纬度

在纬度相同或相近地区间的引种，由于地区间日照长度和气温条件相近，相互引种一般在生育期和经济性状上不会发生多大变化，所以引种易获成功。纬度不同的地区间引种时，由于处于不同纬度的地区间在日照、气温和雨量上差异很大，因此要引种的品种，在这三个生态因子上得不到满足，引种就难成功。纬度不同的地区间引种，要了解所引品种对温度和光照的要求。通常，由高海拔向低海拔、高纬度向低纬度引种，容易成功。其原因是高海拔、高纬度马铃薯种茎病毒感染轻，退化轻，引到低海拔、低纬度种植，一般都表现较好，成功率高。

4. 海拔

由于海拔每升高100m，日平均气温要降低0.6℃，因此，原高海拔地区的品种引至低海拔地区，植株比原产地高大，繁茂性增强；相反，植株比原产地矮小，生育期延长。同一纬度不同海拔高度地区引种要注意温度生态因子。

5. 栽培水平、耕作制度、土壤情况

引入品种的栽培水平、耕作制度、土壤情况等条件与引入地区相似时，引种容易成功。只考虑品种不考虑栽培、耕作等条件往往会使引种失败，如将高水肥品种引种于贫瘠的土壤栽培，则会导致引种失败。

6. 引进无病毒种茎

病毒是引起马铃薯品种退化的主要原因之一，它破坏了植株内在的正常功能，即使其他生长条件都得到了满足，植株仍然不能很好生长，免不了严重减产。而脱毒马铃薯种植株根系发达、吸收能力强，茎粗叶茂，一般增产30%以上。要引购早代脱毒种薯，早代种薯脱毒后种植时间短，重新感染病毒机会少，种植后发病率非常低，与晚代脱毒种薯相比生长健壮，增产幅度大。以生产商品薯、加工薯为种植目的，一般选用二级或三级脱毒薯。引种或购种时，要选择正式种子经营单位和科研部门。

11.2.3 引种的基本步骤

为确保引种成功，引种时必须遵循引种的基本原则，明确引种目标和任务，并按一定的步骤进行。

1. 引种计划的制订和引种材料收集

引种的第一步是收集品种材料，引入各种材料时，首先应从生育期上估计哪些品种类型能适应本地自然条件和生产要求，然后确定从哪些地区引种和引入哪些品种。引入品种材料尽量多一些。

2. 引种材料的检疫

引种往往是传播病、虫、杂草的一个主要途径。为避免引入新的病、虫、杂草，凡引进的马铃薯材料，都要严格检疫。对检疫对象及时用药处理，清除杂草杂物。引入后要在检疫圃隔离种植，一旦发现新的病、虫、杂草要彻底清除，以防蔓延。

3. 引种材料的试验鉴定和评价

为确定某一引进品种能否直接用于生产，必须通过引种试验鉴定。只有对引入品种进行试验鉴定，了解该品种的生长发育特性，对它们的实用价值做出正确的判断后，再决定推广，不可盲目利用，以免造成损失。

（1）观察试验

将引入的少量种子按品种种成单行或双行（小区），以当地推广的优良品种为对照进行比较，初步观察它们对本地生态条件的适应性、丰产性和抗逆性等，选择表现好、符合要求的材料留种，供进一步比较试验用。

（2）品种比较试验和区域试验

对于在观察试验中获得初步肯定的品种，进行品种比较试验和区域试验，了解它们在不同自然条件、耕作条件下的反应，以确定最优品种及其推广范围，同时加速种子繁殖。

（3）栽培试验

对已确定的引入品种要进行栽培试验，以摸清品种特性，制订适宜的栽培措施，发挥引进品种的生产潜力，以达到高产、优质的目的。

11.2.4 马铃薯驯化的原理和方法

马铃薯驯化是伴随农业社会的诞生而兴起的，至今已有一万年以上的历史。我国从20世纪30年代开始，由各地的植物园率先开展外来马铃薯的引种驯化工作。驯化是由原来的“从野生状态变为家养或栽培的过程”变为“人类积极地对外来物种进行选栽和育种，以获取较高遗传增益的优良繁殖材料的过程”。现代遗传学在引种驯化工作中受到了特别重视，而生物的遗传变异特性和其对环境变化的适应性构成了植物引种驯化的理论基础。

1. 风土驯化学说及驯化方法

俄罗斯园艺、育种学家米丘林根据他近60年的果树引种和品种选育经验，提出了著名的“风土驯化学说”。它的基本原理是：生物体与其赖以生存的环境之间存在着对立统一的关系，生物体的遗传可塑性使得它可以经过驯化而适应新的环境。其核心是改造植物的遗传保守特性，使其适应新的环境。具体做法是，选用植物遗传不稳定、最易动摇的幼龄实生苗作为风土驯化材料，采用逐步迁移（每次沿纬度迁移300km）的办法，使其在新的环境影响下，逐步改变原有的本性，最终适应预定的新环境，达到驯化的效果。这一方法的依据有二：一是植物在个体发育的幼龄阶段，变异性较大；二是实生苗对新环境有较大的适应能力，但也有一定的限度。

2. 其他植物引种驯化理论和驯化方法

其他植物引种驯化理论和驯化方法包括陈俊愉（1966）的“直播育苗、循序渐进、顺应自然、改造本性”的方法；俞德浚（1978）的“农艺生态学分类法”；梁泰然（1979）的“生态因子季节节律同步论”；李国庆（1982）的“因素论”；张春静（1985）的“顺应与改造相结合”；周多俊（1985）的“生态综合分析法”；董保华（1987）的“地理生态生物学特性综合分析法”；贺善安（1987）的“生境因子分析法”和谢孝福（1987）的“协调统一原则”。这些观点的共同之处是：首先，它们都以达尔文的自然选择学说为基础，充分注意植物的遗传变异特性。其次，它们都强调植物与环境协调的重要性，指出只有当二者协调一致时，引种驯化才能成功，否则就会失败。此外，它们都认识到植物可改造的潜能，强调栽培技术在驯化培育中的重要作用。

11.3 选择育种

选择育种（selection breeding）简称选种，是解决生产上需要新优品种的途径之一。马铃薯在种植过程中，会产生很多性状变异，人为地对这些自然变异或人工授粉变异进行选择和繁殖，从而培育出新品系的过程称为选择育种。这是马铃薯常规育种中的重要手段之一。从遗传角度看，植物的变异存在不可遗传的变异和可遗传的变异。不可遗传的变异通常只发生于某处或某代，主要是由环境变化引起的。例如，缺肥的环境可导致植株瘦小、强烈的阳光可导致株型紧凑等。可遗传的变异是遗传物质变异的结果，是选择育种的基础。

选择育种利用的是现有品种在繁殖过程中的自然变异作为选择工作的原始材料。杂交育种等是用现有品种先人工创造出变异，然后进行选择鉴定等一系列工作。

11.3.1 性状选择

达尔文创立的生物进化学说是人工选育新品种的理论基础。它的中心内容是变异、遗传和选择。变异是选择的基础，遗传是选择的保证，没有遗传，选择就失去了意义，选择是育种的基本手段。因此，变异、遗传和选择是生物进化的三个重要因素。

选择就是选优去劣。选择的实质就是造成有差别的生殖率，从而定向地改变群体的遗传组成。选择是创造新品种和改良现有品种的重要手段。任何育种方法，都要通过诱发变异、选择优株和试验鉴定等步骤，因此，选择是育种过程中不可缺少的重要环节。选择的基本方法有混合选择和单株选择。

1. 单株选择法

（1）单株选择的概念及类型

从原始材料中选择单株，根据个体性状表现选择符合育种目标要求的优良变异单株，再将每个单株的种子（或块茎等）种成 1 行（株行），并在此基础上，选择优良株行分别收获、分别保存，用每个株行的种子（或块茎等）种成 1 个小区（株系）。将当选单株分别收获、脱粒、保存和编号，下季分别种成株行，通过观察比较，淘汰不良株行，选择优良株行，再经一系列试验，选出优于对照的品系。若只进行一次单株选择，以后就以各株系为取舍单位，称为一次单株选择。

（2）单株选择的特点

单株选择的优点是可以鉴定所选优株的基因型，提高选择效率，多次单株优选可以定向积累变异。但单株选择费时费工，选出优系难以迅速应用于生产。另外会导致遗传基础贫乏。

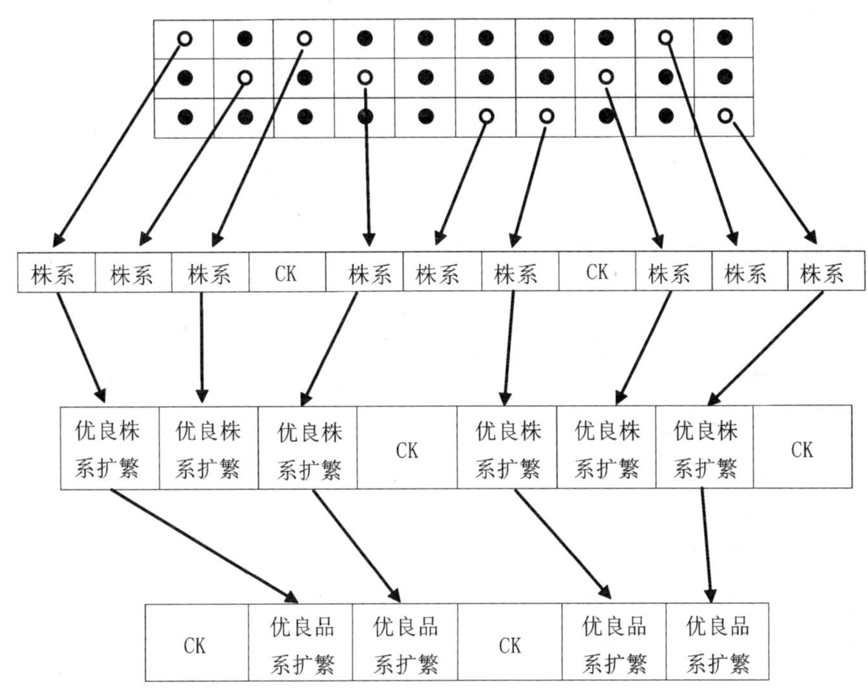

图 11-1　一次单株选择法选择程序图

2. 混合选择法

（1）混合选择法的概念及类型

从一个原始混杂群体中选取符合育种目标的优良单株，混合保留播种材料，次年播种于同一块圃地，与标准品种及原始群体小区相邻种植，进行比较鉴定的选择法为混合选择法。

混合选择法有一次混合选择法和多次混合选择法。对原始群体的混合选择只进行一次，当选择有效时就繁殖推广的，称为一次混合选择法。对原始群体进行多次混合选择后再繁殖推广的，称为多次混合选择法。

（2）混合选择法的特点

混合选择法的优点是简便易行，省时省力，便于及早推广，不会造成生活力的衰退。

但混合选择法不能鉴别每一个体的基因型优劣，降低了选择效果。

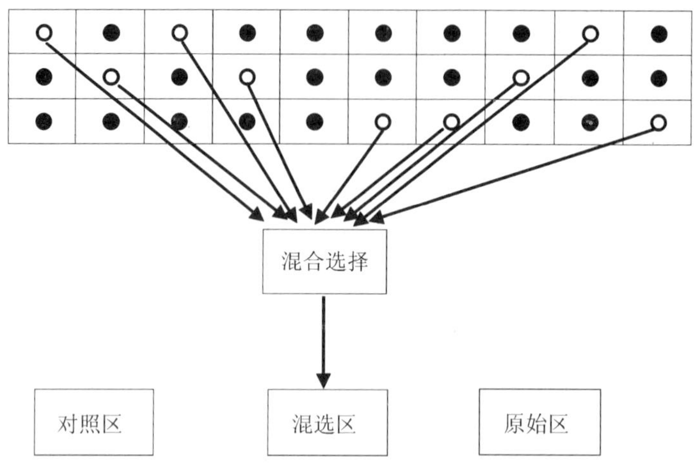

图 11-2　一次混合选择法选择程序图

11.3.2　性状鉴定的作用和方法

在马铃薯育种工作中，从选用原始材料、选配杂交亲本、选择单株，直到育成新品种，都离不开鉴定。鉴定是进行有效选择的依据，是保证和提高育种质量的基础。应用正确的鉴定方法，对育种材料作出客观的科学评价，才能准确地鉴别优劣，作出取舍，从而提高育种效果和加速育种进程。鉴定的方法越快速简便和精确可靠，选择的效果就越高。可以从不同的角度将鉴定方法进行划分。

1. 直接鉴定和间接鉴定

直接鉴定就是对被鉴定的性状直接进行鉴定。如鉴定马铃薯抗病性时，可以根据马铃薯在病害发生条件下所受的损害程度进行鉴定。但对一些生理生化特性往往不易进行直接鉴定或鉴定方法较麻烦，可根据与目标性状有高度相关的性状表现来鉴定该目标性状，即间接鉴定。如马铃薯的抗旱性鉴定可通过切叶的持水力测定来评价其抗旱性。又如鉴定品种的抗寒性，不仅可根据直接受害的表现来鉴定，还可测定叶片细胞质的含糖量，或根据株型、叶色、蜡质层的有无和厚薄等进行间接鉴定等。

直接鉴定的结果固然最可靠，但有些性状的直接鉴定费工费时，则需要采用间接鉴定。间接鉴定的性状必须与目标性状存在高度相关，而且其测定方法必须简便、准确、可靠才有实用价值。

2. 田间鉴定和实验室鉴定

田间鉴定就是将试验材料种于大田，进行各种性状的直接鉴定。如利用自然田间条件对马铃薯的抗虫性进行鉴定。但品质性状及一些生理生化指标的鉴定则需要在实验室内进行。如利用改良聚丙烯酰胺凝胶电泳法测定马铃薯块茎储藏蛋白的含量、DNA 指纹鉴定马铃薯杂交种纯度、电导率法鉴定马铃薯品种的耐热性等都需要在实验室进行。田间鉴定和实验室鉴定各有优缺点，有些性状需要田间鉴定与实验室鉴定结合进行。

3. 自然鉴定和诱发鉴定

生物胁迫和非生物胁迫如在试验田里经常反复出现，则可就地直接鉴定试验材料的抗性；否则，就必须人工创造诱发条件，如人工造成干旱、水涝、冷冻、病虫害等条件，进行抗旱性、抗淹性、抗寒性、抗病性、抗虫性等诱发鉴定。在诱发鉴定时，要注意创造合适的诱发条件。若条件过严，则所有材料都严重受害；若条件过宽，所有材料受害程度偏低。在这两种情况下，抗耐性鉴定结果都出现偏差。所以，诱发条件的危害程度要适度。

4. 当地鉴定和异地鉴定

一般来说，试验材料在当地条件下进行鉴定，但有时还得借助于异地条件。如病虫害在当地年份间或田块间有较大差异，而且在当地又不易或不便人工诱发，则可以将试验材料送到病虫害经常发生的地区进行异地鉴定。

11.3.3 选择育种的特点

选择育种的特点是：优中选优，简便有效；连续选优，品种得到不断改进提高。

(1) 利用自然变异材料，省去人工创造变异环节。

(2) 优良个体多是同质结合体，不需几代的分离和选株。

(3) 个别性状上有提高，其他性状都保持原品种优点。

11.3.4 选择育种的基本原理

1. 品种自然变异现象

在良好遗传基础上如出现某些优良的变异，再进行选育，就会培育出符合生产发展要求的新良种。自然变异在育种上的直接利用就是选择育种。

2. 品种自然变异的原因

品种自然变异的原因有以下几个方面：自然异交引起基因重组：作物品种在引种及繁殖推广中，不可避免地发生异交。自然变异：包括环境条件的改变，引起突变的发生；植株和种子内部生理生化变化引起的自发突变；块根和块茎作物的芽变等；新育成品种群体中的变异。

11.3.5 选择育种的方法和程序

1. 纯系育种程序

(1) 选择优良变异的个体：

选择符合育种目标的优良个体，经室内复选，淘汰不良的个体，分别保存，记录其特点，并且编号。

(2) 株行比较试验：

将上季当选的各单株种植成株行（系），每隔一定行数，设一对照。选择优良的株系，作为品系，参加下季的品比试验。

(3) 品系比较试验：

当选品系种成小区，设置重复和对照。根据田间和室内鉴定结果，选出比对照优越的品系 1-2 个，供下季参加区试。

(4) 区域试验和生产试验：

测定新品系的适应地区范围及稳定性，同时进行生产试验，鉴定大面积生产条件下的表现。

（5）品种审定推广：

表现优良的品种，可报审，批准后定名推广。

2. 混合选择育种程序

混合选择育是指从自然变异中用混合选择的方法培育出新品种。

（1）单向混合选择育种：

从原始群体中选择个体，混合收获、混合保存、混合种植，与原始品种比较，最终选出优者繁殖推广。

（2）集团混合选择：

选择不同类型群体，按类型混合收获保存，组成集团，与原始品种比较，优者繁殖推广。

（3）改良混合选择：

从原始品种中，选择个体，分别鉴定，选优系混合与原品种比较，优者繁殖推广。

◎章末小结

我国马铃薯的育种工作起始于20世纪40年代中期，至今已培育出了100多个品种，在这些育成品种中，绝大多数具有国外马铃薯的血缘，国外马铃薯种质资源的引进对我国马铃薯生产和马铃薯育种的发展具有非常重要的意义。广义的引种（crop introduction）泛指从外地或外国引进新植物、新品种、新品系以及供研究用的各种遗传资源材料。从生产的角度来讲，引种系指从外地引进新品种，通过适应性试验，直接在本地推广种植。引种材料可以是繁殖器官、营养器官或染色体片段。引种虽然并不直接创造新品种，却是解决生产上迫切需要新品种的一条迅速有效的途径。所谓驯化，则是人类对马铃薯适应新的地理环境能力的利用和改造。

为了减少盲目性增强预见性，引种时，应考虑以下基本原理：引种驯化的遗传学原理、引种的气候相似性原理、引种的生态条件和生态型相似性原理。为确保引种成功，引种时必须根据引种的基本原则，明确引种目标和任务，并按以下步骤进行：引种计划的制订和引种材料收集；引种材料的检疫；引种材料的试验鉴定和评价。

马铃薯在种植过程中，会产生很多性状变异，人为地对这些自然变异或人工授粉变异进行选择和繁殖，从而培育出新品系的过程，称为选择育种。选择育种利用的是现有品种在繁殖过程中的自然变异作为选择工作的原始材料。

◎知识链接

“土豆”是什么时候引种到我国的?

野生马铃薯原产于南美洲安第斯山一带，被当地印第安人培育。16世纪时西班牙殖民者将其带到欧洲，1586年英国人在加勒比海击败西班牙人，从南美搜集烟草等植物种子，把马铃薯带到英国，英国的气候适合马铃薯的生长，比其他谷物产量高且易于管理，1650年马铃薯已经成为爱尔兰的主要粮食作物，并在欧洲开始普及，17世纪时，马铃薯已经成为欧洲的重要粮食作物。1719 年由爱尔兰移民带回美国，开始在美国种植。

1840 年欧洲爆发马铃薯枯萎病，完全依赖马铃薯的爱尔兰经济受影响最大，面临大饥荒，几乎有一百万人饿死，几百万移民逃往美洲。

17 世纪时，马铃薯已经传播到中国，由于马铃薯非常适合在原来粮食产量极低，只能生长莜麦的高寒地区生长，很快在内蒙古、河北、山西、陕西北部普及，马铃薯和玉米、番薯等从美洲传入的高产作物成为贫苦阶层的主要食品，对维持中国人口的迅速增加起到了重要作用。

为什么有时种植的马铃薯只长秧子不结薯?

马铃薯只长秧子不结薯原因：在二季作区春薯播种太晚，出苗后日照时间长，气温高。因为在长日照下形成块茎的最适宜温度为 16~18℃，块茎生长最适合的温度是白天 20~21℃、晚间 14℃。气温达到 24℃ 时即不能结薯。马铃薯在高温长日照下有利于茎叶的生长，地下不结薯，地上部生长很繁茂。利用晚熟种在二季作区种植，会出现只长秧子不结薯，因为晚熟种匍匐茎的生长和块茎的形成一般都比早熟种晚。在二季作区种植，气温和土壤温度升高后没有结薯条件，有的品种会因高温而长出地面，这样就不结薯。在短日照地区育成的品种，引入长日照地区种植也会只长秧子不结薯，或结薯很晚产量很低。例如我国四川省农业科学院作物研究所育成的川芋 56 号，引入北京种植，秋季播种后植株健旺，块茎产量很高，在春季播种后则秧子高大，不结薯块或结薯很小、产量很低。该品种不适应春季长日照而适应秋季短日照。有的品种在长日照低温下能结薯，在长日照高温（29℃）下不结薯。有的品种对日照长短反应不敏感，但对高温反应比较明显，尤其植株生长过程在夜间高温 23℃ 时不结薯，在 12℃ 下能够结薯。

◎观察与思考

1. 马铃薯引种的原理是什么?
2. 影响马铃薯引种成功的因素有哪些?
3. 马铃薯引种有什么规律?
4. 依据马铃薯对温度和光照的要求不同，怎样引种?
5. 简述马铃薯引种的基本工作环节。
6. 选择和鉴定的主要方法是什么?

第 12 章　马铃薯群体改良

20 世纪 60 年代，美国玉米遗传育种学家针对玉米生产对新品种提出的新要求以及玉米育种存在的瓶颈因素，提出并发展完善了一种新的育种体系即作物群体改良。作物群体改良通过鉴定选择和人工控制下的自由交配等一系列育种手段，改变群体的基因频率和基因型频率，提高优良基因的重组率，从而提高群体有利基因和基因型的频率。群体改良不仅可以改良群体自身的性状，而且能改变群体间的配合力和杂种优势，并能将不同种质的有利基因集中于一些个体内，提高有利基因频率和基因型频率；同时，还可以改良外来种质的适应性，使之适应当地的环境条件，成为新的种质资源。

随着马铃薯育种工作的发展和育种水平的提高，利用群体改良提高马铃薯的综合性状越来越受到国内外马铃薯育种工作者的重视。

12.1　群体改良的内涵及意义

12.1.1　群体改良的内涵及作用

1. *群体改良的内涵*

群体改良是通过轮回选择来实现的。轮回选择是以广泛的种质资源作为基础材料，通过对上一代入选的优良个体间进行混合授粉或互交，根据育种目标，在后代群体中选择优良单株，重复混合授粉或互交，进行周期性的轮回选择，实现基因和性状的重组，从而形成一个新群体的方法。马铃薯育种的效率取决于育种资源和育种方法，群体改良能创造新的种质资源和选育供生产直接使用的优良综合种。因此，群体改良对提高马铃薯育种水平具有重要的意义。

群体改良是利用现有的马铃薯品种群体中出现的自然变异，从中选择出符合生产需要的基因型，并进行后续试验，无需人工创造变异。另外，马铃薯品种群体中的自然变异，特别是本地区推广的优良品种中的有利自然变异，从中进行选育，往往就能很快地育成符合生产发展所需要的新良种。当然，在品种群体中出现了个别的特殊优异的变异，如其综合性状不够理想或其他性状欠佳，也可作为育种的中间材料加以利用。前者可以说是自然变异在育种上的直接利用，后者可以说是其间接利用。但选择育种也有其不足的一面，它是从自然变异中选择优良个体，因此只能从现有群体中分离出好的基因型，改良现有品种，而不能有目的地创新，产生新的基因型。

2. *轮回选择的作用*

①提高群体中控制数量性状的有利基因频率。

②打破不利基因之间的连锁，增加有利基因重组的机会。

③群体不断改良并保持较高的遗传变异水平，增强适应性。

④把短期、中期、长期的育种目标结合起来。

12.1.2　群体改良的特点

群体改良既有优点也有其局限性。

优点：简单易行；育种年限短；能保持原品种对当地生态条件适应性。

缺点：不能有目的地创造变异；有利变异少，选择率不高；应用连续个体选择时，容易导致遗传基础贫乏，对复杂的条件适应能力差；改进提高的潜力有限。

12.2　群体改良的原理

遗传学上的群体指的是该群体内个体间随机交配形成的遗传平衡群体。根据群体遗传学理论，一个大的随机交配群体，其基因频率和基因型频率的变化遵从 Hardy-Weinberg 定律。

12.2.1　Hardy-Weinberg 定律（基因平衡定律）

假如一个随机交配群体为二倍体，基因 A 和 a 的频率分别为 p 和 q，则基因型 AA、Aa 和 aa 的频率分别为 p^2、$2pq$、q^2，只要这三种基因型个体间进行完全随机交配，子代的基因、基因型频率保持与亲代完全一致。即在一个完全随机交配的群体内，如果没有其他因素（如选择、突变、遗传漂移和非随机交配等）干扰时，则基因频率和基因型频率保持恒定，各世代不变。此即“群体遗传平衡定律”，但实际上由于群体的数量有限，环境的变化或者人类对群体施加的选择，以及突变或遗传漂移等因素的作用，常常会不断打破群体的这种平衡。因此，自然界中群体的基本进化过程就是由于外界环境的影响，不断打破群体原来的基因频率和基因型频率。群体改良和马铃薯育种的实质就是要不断打破群体基因和基因型的平衡，不断地提高被改良群体内人类所需基因和基因型的频率。

12.2.2　选择和重组是群体进化的主要动力

从育种的角度来看，选择和基因重组是群体基因频率和基因型频率改变的主要因素和动力。马铃薯的许多经济性状如产量等都是数量遗传的性状，它们都具有复杂的遗传基础，由大量彼此相互联系、相互制约，作用性质和方向彼此相同或相异的多个基因共同作用的结果。性状遗传基础的复杂性就意味着性状重组的丰富潜在性和巨大的可选择性。将不同种质具有的潜在有利基因充分聚合和集中，并加以不断地提高，这就是马铃薯育种学家所追求的目标。

群体改良的原理是利用群体进化的法则，通过异源种质的合成，自由交配、鉴定选择等一系列育种手段和方法，促使基因重组，不断打破优良基因与不良基因的连锁，从而提高群体优良基因的频率。群体优良基因频率的提高，必然导致后代中出现优良基因重组体的可能性增大，即优良基因型的频率必然增大。因而，通过马铃薯群体改良，可以提高育种效率和育种水平。

12.3 基础群体的建立

群体改良的实质是提高群体优良基因频率和基因型频率，在特定的群体中，可以通过选择和基因重组来提高优良基因的频率和基因型频，但这必须依赖于基础群体的选择与合成。

12.3.1 基础群体的选择

育种实践表明，在特定的群体改良方法下，群体改良的有效性主要取决于群体遗传变异的大小及加性遗传效应的高低。因此，为了使群体改良的效果更明显，在选择基础群体时，除应注意目标性状遗传变异的大小，还应考虑其平均数值的高低，加性遗传方差的大小及杂种优势等问题。根据以上要求，可以选择以下材料作为群体改良的基础群体。

1. 开放授粉品种（open-pollination variety）

开放授粉品种包括地方品种和外来品种。地方品种对当地生态环境具有最大适应性，所以在一定地区的育种工作中是十分重要的和必不可少的育种资源材料，当然也是群体改良中重要的基础材料。但由于受多种因素影响，地方品种可能存在着诸如品质下降、丰产性较差等问题。

外来品种指的是来自国内外其他地区的一类品种群体，这些品种代表着适应特殊区域不同纬度、不同海拔高度的一系列广泛类型的品种。来自国外的品种群体，特别是来自不同纬度地区的品种，一般不适应本地的生态条件，将其称为非适应型。这类品种群体的特点是来源广泛，遗传变异丰富，常常具有地方品种不具有的一些优良特性。因此，它们在丰富马铃薯种质的遗传基础，增加遗传异质性，输入优良特异基因等方面，均具有十分重要的意义。

综上所述，地方品种和外来品种均具有各自的优良特性，但又各有其缺陷。所以，直接利用它们作为群体改良的基础材料，显然存在不足之处，特别是在育种水平已经大大提高的今天，这种不足更为突出。

2. 复合品种（composite variety）

将多个具有不同特点的优良品系采用复合杂交的方法有计划地组配成杂交组合获得的杂交种即为复合品种，简称为复合种。复合种遗传基础较为丰富，群体的综合性状也较为优良，经过几次自由授粉后，可作为遗传改良的基础群体。该类群体适宜作为中期育种工作的基础或中间群体。

3. 综合品种（synthesis variety）

综合品种又称为综合种。育种学家根据一定的育种目标，选用优良的品系，根据一定的遗传交配方案有计划地人工合成的群体。所以，综合种具有丰富的遗传变异，群体内包含有育种目标所希望的优良基因，综合性状优良，平均数高，是进行遗传改良的理想群体。

12.3.2 基础群体的合成

育种实践证明，单一品种中很难同时存在人们所需要的众多有利基因，这些有利基因分别存在于不同的种质资源中，所以单纯利用某一自然授粉品种或其他品种群体作为遗传改良的基础群体，显然难以满足育种实际的迫切需要。因此，有计划地把某些外来血缘或野生血缘渗进种质库，必然大大地增加可利用的遗传变异，如果再继之以适度的选择，就可能逐步改良外来种质对特殊环境的适应性，并有希望产生育种学家认为合乎需要的优良基因重组体。综上所述，在马铃薯群体改良中，人工合成新的基础群体是十分必要的。而在人工合成新种质群体时，应特别注意以下几个方面的问题：

1. 基本材料的选择

选择基本材料时应注意以下事项：

①在群体改良中，育种者是利用自然界存在有利基因并使之重组，而不是直接创造有利基因。因此，用于合成新种质群体的基础材料自身性状必须优良，且还应具有较大的遗传变异，这样才有利于新种质群体中优良基因的积累。

②用于合成新种质群体的基础材料应当广泛一些，即类型和性状的多样性要大，以利于在新的种质群体中形成丰富的遗传变异。

③用于合成新种质群体的基础材料要求亲缘关系远一些，以进一步增加新种质群体的遗传异质性。

2. 合成种质群体的方式

合成新种质群体时，常用“一父多母”或“一母多父”授粉法，也可将入选的基本材料各取等量种子混合均匀后，在隔离区播种，进行自由授粉合成。但最好用轮交法，即首先组配组合，经比较试验后，再选优进行综合，以利于集中最优良的基因或基因型。另外，用本地品种和外来品种人工合成新的种质群体也较为适宜，因为用这种组合方式合成的种质群体，能把地方品种的适应性和外来品种的特异性有机地结合起来。因而，这样的种质群体更符合育种目标的要求。

3. 充分重组，提高最优良基因重组体出现的频率

由于任何外来的有利基因或基因复合体在另一环境中容易被本地品种的主效基因所掩盖，因此，对人工合成的新种质群体，只能采用缓慢选择，尽量提供基因重组的机会。这种缓慢的选择过程，促进基因间的多次重组，有利于打破有利基因与不利基因的连锁，导致新的基因型的出现。

12.4　群体改良的方法和程序

根据马铃薯遗传和无性繁殖的特点，提出了群体改良的方法和程序。

12.4.1　轮回选择的方法

1. 混合选择法（mixed bulk selection）

混合选择是一种古老的选种方法，其特点是时间短，费用低，简单易行。许多优良的地方品种就是通过混合选择方法选育而成。混合选择的实质是根据改良目标，进行表型选择，即选择优良的表现型，淘汰不良的表现型。由于该方法未控制授粉，不进行后裔鉴定，只根据表型选择，因此，混合选择不易排除环境的影响和不能有效淘汰不良基因型，容易误选，致使改良效率不高和改良效果不佳。

2. 轮回选择（recurrent selection）

轮回选择首先是从基础群体中选择优株进行自交测交，以取得相当数量（一般不少于100）的S_1系和测交组合。经过测交组合鉴定后，选出优良组合的相应优系再组合成综合种，这一整个过程称为一个轮回（周期），以后还可照此进行若干轮回。随着育种实践和数量遗传学理论的发展，现在轮回选择的概念更加广泛，方法也在创新和提高。

此外，在每一轮后代鉴定中，都可以鉴定出最好的基因型，这种最好的基因型，除供进行重组外，同时还可以把它们放到育种圃内进行连续自交和测交，以便选出最优良的自交系作配制杂交组合之用。下面着重介绍几种主要的轮回选择方法。

（1）半同胞轮回选择（half-sib recurrent selection，SRS 或 HS）

半同胞轮回选择是一种最为常用的群体改良方法。具体做法如下：

第一年：根据预定的遗传改良目标，在被改良的基础群体中，选择100株以上的优株自交，同时每个自交株又分别与测验种进行测交，测验种可为遗传基础比较复杂的品种、双交种、综合品种、复合品种，也可为遗传基础比较简单的单交种和自交系或纯合品系。测验种的选择，取决于育种方案及基因作用类型。

第二年：进行测交种比较试验，经产量及其他性状鉴定后，选出10%左右表现最优良的测交组合。

第三年：将入选最优测交组合的相对应自交株的种子（室内保存）各取等量混合均匀后，播种于隔离区中，任其自由授粉和基因重组，形成第一轮回的改良群体。以后各个轮回改良按同样方式进行。

（2）全同胞轮回选择（full-sib recurrent selection，FRS 或 FS）

全同胞轮回选择是一种同时对群体的双亲进行改良的轮回选择方法。具体做法：

第一年：根据一定的改良目标，在被改良群体中，选择200株以上的优良植株，并将这些优良植株进行成对杂交（即$S_0 \times S_0$），这样就可获得100个以上的成对杂交组合。

第二年：利用半分法进行成对杂交组合的比较试验，试验中用原始群体作对照。经产量及其他性状鉴定后，从中选出约10%的最优成对杂交组合。

第三年：将入选优良成对杂交组合预留种子取等量均匀混合后于隔离区播种，任其自由授粉、重组，形成第一轮回的改良群体。按同样方式，可进行以后各个轮回的选择。由于全同胞轮回选择在配制成对杂交时，已将优株的基因重组一次，所以在一个轮次的改良中，优良基因进行了两次重组。

上述方法均在同一群体内进行，一次只能改良一个群体，因此，将这些选择方法又称为群体内改良。

12.4.2　群体间遗传改良方法

群体间轮回选择是能同时进行两个群体遗传改良的轮回选择方法。相互轮回选择的主要目的是，通过两基础群体的改良，使它们的优点能够相互补充，从而提高两个群体间的杂种优势。相互轮回选择中主要采用半同胞相互轮回选择。

半同胞相互轮回选择法的具体做法如下：

第一年：在两个异源种质群体（A、B）中，根据改良目标分别选优株自交（一般选100株以上）。同时，两个群体又互为测验种进行测交，即A群体的自交株与B群体的几个随机取样的植株（一般为 5 株）进行测交，得 $B \times A_1$，用同样的方法得 $B \times A_2$，$B \times A_3$，…，$B \times A_n$以及 $A \times B_1$，$A \times B_2$，$A \times B_3$，…，$A \times B_n$。自交株单株脱粒，同一测交组合的 5 株等量取样混合脱粒。

第二年：分别进行 A 群体和 B 群体的测交组合比较试验，试验中用 A、B 两个起始群体作对照。然后根据测交种的表现，在 A 群体和 B 群体中均选留 10%左右的优良测交组合。

第三年：将入选优良测交组合对应的自交株的种子各取等量，分 A、B 两个群体各自混合均匀后，分别播于两个隔离区中，任其自由授粉，随机交配，形成第一轮回的改良群体 AC_1和 BC_1，如此循环，进行以后各轮的选择。

由于这种方法除可以同时利用基因的加性与非加性遗传效应的作用，换言之，它可以同时对群体一般配合力进行改良外，还可以改良群体与自交系。

12.4.3　复合选择方案

上述群体改良方法都是按正规模式来讲的。事实上，目前不少育种者在进行群体改良时，采用开放式的群体改良方案。一方面主张一旦发现群体有不足之处，如经改良后的群体遗传变异显著减少，或产量性状的改进较大但某些农艺性状表现较差，就适当渗入异源种质或所需基因，以进一步增加群体的遗传变异性，使新群体具有更多的优良基因，从而有利于在进一步改良时获得更大的选择响应；另一方面，在群体改良的方法上，育种者完全可以根据群体改良的原理，针对被改良的具体对象和性状的遗传特点，对上述正规的轮回选择模式加以改进和补充，从而提高选择改良的效率。

12.4.4　群体改良中实验圃地的建设

1. 原始材料圃

圃地：能代表本地气候条件、生态环境。

材料：当地品种（来自生产大田或种子田）、外地引入的新类型和新品种。

对照：当地生产上的主栽品种（CK）。

设置年限：1~2 年。

2. 选种圃

材料：从原始材料圃中选出的优良单株或优良集团后代。

设置年限：决定于供选群体的性状稳定与否。

3. 品比预备试验圃

材料：从选种圃中选出的优系或群体优系。

设置年限：1 年。

4. 品种比较试验

材料：预备试验圃中表现良好的优系及混合优系后代。

设置年限：2~3 年。

5. 品种区域化鉴定和品种审定推广

(1) 区域试验

试验点：5 个以上。

区试时间：2~3 年。

(2) 生产试验

试验面积：不小于 667m^2、不设重复。

对照：当地生产上主栽品种。

时间：2~3 年。

◎章末小结

群体改良是通过轮回选择方法实现的，轮回选择是以广泛的种质资源作为基础材料，通过对上一代入选的优良个体间进行混合授粉或互交，根据育种目标，在后代群体中选择优良单株，重复混合授粉或互交，进行周期性的轮回选择，从而达到改良群体的目的。

马铃薯群体改良的重要意义就在于将不同种质的优点结合起来，合成或创造出新的种质群体，扩大群体的遗传多样性，丰富基因库，为马铃薯育种提供更为优良的种质资源。同时，群体改良还可以不断提高基础群体的优良基因频率，有助于打破不利基因与有利基因的连锁，从而提高优良基因型的频率。

◎知识链接

"纯系学说"理论的发展

丹麦遗传学家 W. L. 约翰森根据菜豆的粒重选种试验结果在 1903 年提出了一种遗传学说。认为由纯合的个体自花受精所产生的子代群体是一个纯系。在纯系内，个体间的表型虽因环境影响而有所差异，但其基因型则相同，因而选择是无效的；而在由若干个纯系组成的混杂群体内进行选择时，选择却是有效的。

1900 年，约翰森将 8kg（近 16000 粒）天然混杂的同一菜豆品种的种子，按单粒称重，平均 495mg。1901 年选出轻重显著不同的 100 粒种子分别播种，成熟后分株收获，测定每株种子的单粒重，从中挑选由 19 个单株后代构成的 19 个纯系，它们的平均粒重有着明显的差异，轻者 351mg，重者 642mg。1902—1907 年，连续 6 代在每个纯系内选重的和轻的种子分别播种，发现每代由重种子长出的植株所结种子的平均粒重，都与由轻种子长出的植株所结种子的平均粒重相似；而且各个纯系虽经 6 代的选择，其平均粒重仍分别和各系开始选择时大致相同。这说明在纯系内选择是无效的。但经过 6 代的选择后，各个纯系之间的平均粒重仍保持开始选择时的明显差异，这说明各纯系间平均粒重的差异是稳定遗传的，也说明了在混杂的群体内进行选择的有效性。

约翰森在纯系学说中正确区分了生物体的可遗传变异（纯系间的粒重差异）与不遗传变异（纯系内的粒重差异），并提出"纯系内选择在基因型上不产生新的改变"的论点，为自花授粉植物的纯系育种建立了理论基础。育种中应用的植物自交系和动物近亲繁殖系也是根据这个学说发展起来的。

然而在植物界，即使是严格的自花授粉植物，纯系的保持也只是相对的。因为在任何一个纯系内，都存在着由于基因突变而导致某种性状发生变异的可能性，而变异的出现就使纯系内的选择成为有效。约翰森本人似乎也意识到这一点，因为他曾提到"不应含有纯系将是绝对稳定的这样的意思"。在他生前发表的最后著作中，还指出"在纯系的某一后代中当基因型发生改变时，纯系可能分裂为几种基因型”。

◎观察与思考

1. 简述群体改良的概念和作用。
2. 简述群体改良的原理。
3. 简述群体改良的基本过程和主要环节。

第 13 章　马铃薯杂交育种

欧洲在产业革命之后，开始了作物杂种优势利用的研究。如在 1761—1766 年期间，法国学者 Kolreuter 育成了早熟优良的烟草种间杂种，并提出种植烟草杂交种的建议。Mendel（1865）通过豌豆杂交试验，也观察到杂种优势现象，并首先提出了杂种活力。Darwin（1877）观察并测量了玉米等作物的杂种优势现象后，提出了异花授粉有利和自花授粉有害的观点。Shull（1908）首次提出了“杂种优势”和选育单交种的基本程序，从遗传学理论上和育种模式上为玉米自交系间的杂种优势利用奠定了基础。

13.1　马铃薯杂交育种的特点

13.1.1　马铃薯的繁殖方式

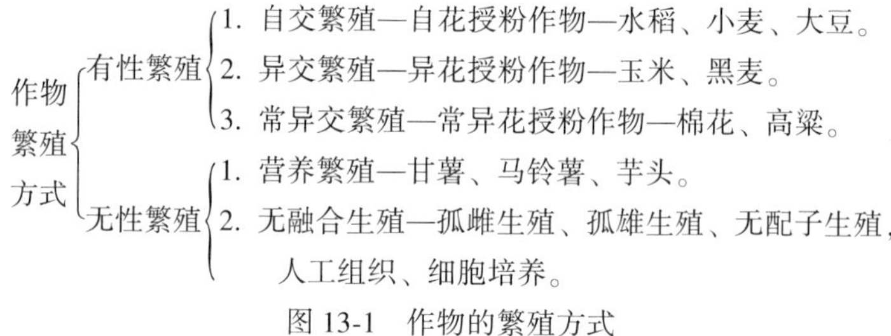

图 13-1　作物的繁殖方式

植物在长期的进化过程中，由于自然选择和人工选择的作用，形成了各种不同的方式以繁衍后代。植物的繁殖方式影响着群体的遗传结构、育种方法的选择、品种的扩繁和保存方法。因此，有必要了解植物的繁殖方式及其遗传特点，从而提高育种的成效。高等植物的繁殖方式主要有无性繁殖和有性繁殖。凡是不经过两性细胞受精过程而繁殖后代的方式称为无性繁殖。

马铃薯的繁殖方式有无性繁殖和有性繁殖两种。马铃薯的块茎为生产的收获器官和播种材料。由马铃薯的营养器官（块茎）作为播种材料长成的植株，称为无性系。用马铃薯种子播种长成的植株称为实生苗。马铃薯进行有性繁殖时是典型的自花授粉作物。

1. 有性繁殖作物的天然异交率

作物的授粉方式是根据自然异交率（%）来划分的。株距、风力及风向、温度、湿度、昆虫情况等因素均会影响植物天然异交率。

表 13-1　　不同有性繁殖作物的自然异交率

异交率（%）	作　　物
自花授粉作物	0<4（%）
常异花授粉作物	4%~50%
异花授粉作物	50%以上

2. 异交率的测定法

通常是用遗传试验测定，最简单的方法是用一个显性基因控制的性状作标记性状，如小麦的芽鞘颜色红（紫）对绿，用绿色隐性作母本，红色显性作父本，将父本围绕母本种植，根据母本后代的显性个体比例估算异交率。即：

$$\text{自然异交率（\%）}=\frac{F_1\text{中具有显性性状的植株数}}{F_1\text{总植株数}}\times 100$$

13.1.2　马铃薯育种的有利因素和不利因素

1. 有利因素

①花器较大，雌雄蕊外露，便于去雄和授粉，有利于杂交工作的进行。

②浆果内的种子数多（一般有 100~300 粒），一次授粉可以获得许多种子。

③开花期长，一般在一个月左右，可以提供充足的杂交时间。

④马铃薯是无性繁殖作物，无性繁殖的后代不会发生分离现象。育种程序比有性繁殖作物简单。

⑤无性繁殖系不分离，有利于杂种优势的固定，给马铃薯杂种优势的利用创造了有利的条件。

⑥马铃薯属于自花授粉作物，天然异交率低，有利于杂交工作的进行。

2. 不利因素

①不少品种的花器发育不健全，受精作用对温度和湿度的要求较严格，增加了自交和杂交的困难。

②花柄上有一离层，易引起落花落果。

③种子小（千粒重仅 0.5g），实生幼苗细小纤弱，早期生长缓慢，对环境条件的要求较苛刻，培育实生苗较困难。

④薯块容易把病毒病传递下去并逐代积累，一个品种选育出来后，生产上种不了多长时间就会迅速退化。

⑤由于薯块体积大，因此储藏、运输和播种等都不方便。株行距大，育种地需种植较大面积，播种、管理以及收获等都比较费工。

13.1.3　马铃薯群体的遗传特点

现在栽培的马铃薯基本上都是同源四倍体，其遗传行为遵循四体遗传规律。在四体群体内，某一等位位点的基因型有五种：AAAA、AAAa、AAaa、Aaaa、aaaa。由此可见，四体的遗传方式增加了性状分离的复杂程度。马铃薯群体具有下列遗传特点：

1. 无性繁殖时，不出现性状分离

这类群体的后代，是未经有性过程由母体的一部分所产生的，所以不论母体遗传基础的纯杂，其后代的表现型与母体相似，没有分离。也就是说从一个单株通过无性繁殖产生的无性系内各个单株的基因型相同，表现型上整齐一致，不表现性状分离现象。从这个意义上说，一个无性系就相当于纯系。这是无性繁殖作物遗传行为上的一个显著特点。

2. 有性繁殖，为选择提供了丰富的育种材料

在适宜的自然条件和人工控制的条件下，马铃薯也可进行有性繁殖。这时，虽然马铃薯是自花授粉作物，由于它们的亲本原来就是遗传基础复杂的杂合体，因此，杂种一代就有很大的分离，为选择提供了丰富的育种材料。针对上述特点，马铃薯育种时通过有性繁殖创造变异，通过无性繁殖固定变异。

3. 自交衰退

自交是提高基础材料基因型纯合度的一种简便有效的方法。但对于马铃薯来说，不仅因其四体遗传的特点大大增加了自交的次数，同时，自交带来的胁迫是难以克服的，自交进行到10代时，植株的生活力明显下降，很难再继续自交下去。这种特性限制了马铃薯亲本的纯合，为遗传性状的操作带来难度。

4. 可以有效利用“芽变”

无性繁殖系在遗传上比较稳定，其实，这也是相对的，往往植株或茎块的芽会发生自然变异，这种变异是可遗传的，称为“芽变”。一旦出现芽变，通过对芽变体的选择，并用无性繁殖就可稳定遗传给后代。

5. 病毒的积累导致生理退化

马铃薯是无性繁殖作物，极易感染病毒，并在体内积累，通过块茎逐代传递，导致无性繁殖系退化。

由于马铃薯具有上述一系列特点，使得马铃薯育种与其他作物相比难度更大。由于选用的亲本基因型很难纯合，这极大地限制了对后代的预测性。

13.1.4　马铃薯群体的选择方法

1. 无性繁殖系统选择法

①块茎选择。

②芽变的选择。

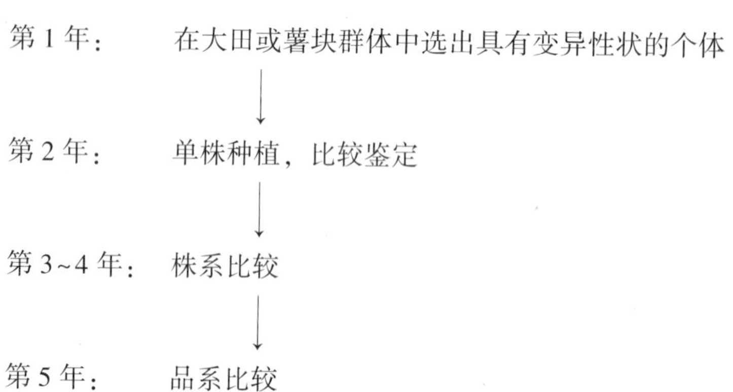

2. 有性后代单株选择法

首先根据育种目标选择亲本，促使其开花并进行人工杂交，所收种子根据组合于下季种成实生苗选种圃，入选单株再于下年种成无性系进行比较鉴定，以后的工作程序和一次单株选择法相同。通常用单株选择法以提高选择效果而不用混合选择法。但在马铃薯方面作为获得无病毒种薯的一种方法而采用实生籽播种时，为获得大量种薯常采用混合选择法。

13.1.5　有性杂交在马铃薯育种中的意义

有性杂交在马铃薯育种中具有十分重要的意义。

①马铃薯品种间杂交后，杂交第一代即呈现分离现象，为育种提供了丰富的选择材料。

②某些产量和品质性状，以及对病虫害的抗性，通过杂交，由于基因的重组以及异质性的进一步提高，杂交后代有可能出现性状互补或超亲性状。

③马铃薯通过有性杂交，往往表现出杂种优势。因此，对杂种优势高的单株进行选择，并通过无性繁殖，即可育成新品种。从某种意义来说，马铃薯的杂交育种本身就是杂种优势利用的一种方式。

④与其他作物相比，马铃薯品种间杂交后代一旦出现优良性状，就可用无性繁殖方法较快地获得稳定的优良后代，这就大大缩短了育种年限。

13.2　杂交育种的意义及遗传原理

马铃薯有性杂交技术一般包括以下程序：制订计划→准备器具→亲本株的培育与选择→隔离和去雄→花粉的制备→授粉、标记和登录→授粉后的管理→有性杂交后代的处理和培育→无性繁殖。

13.2.1　杂交育种的概念

将具有不同遗传基础的品种或类型之间相互杂交，创造遗传变异，继而在杂种后代进行选择和系统的试验鉴定以育成符合生产要求的新品种，称为杂交育种。杂交育种在马铃薯育种工作中占据很重要的位置。杂交育种通过杂交、选择和鉴定，不仅能够获得结合亲本优良性状于一体的新类型，尤其是那些和经济性状有关的微效基因的分离和积累，在杂种后代群体中还可能出现性状超越任一亲本，或通过基因互作产生亲本所不具备的新性状的类型。

但是，杂交仅仅是促使亲本基因组合的手段，由于杂合基因的分离和重组，育种学家必须在这一过程中，选择出符合育种目标的重组类型；再通过一系列试验，鉴定筛选出品系的生产能力、适应性和品质等，使之成为符合育种目标的新品种。因而，杂交、选择和鉴定成为杂交育种不可缺少的主要环节。

为了达到杂交育种的目的，发挥其创造性作用，在育种开始以前，必须拟订杂交育种计划，包括育种目标、亲本选配、杂种后代的培育等。

13.2.2　杂交育种的类型

根据指导思想不同，杂交育种可分为组合育种和超亲育种。

1. 组合育种

组合育种是将分属于不同品种的、控制不同性状的优良基因随机结合后形成各种不同的基因组合，通过定向选择育成集双亲优点于一体的新品种。其遗传机理主要是基因重组和互作。例如将分属于两个亲本的抗病性和丰产性结合育成既抗病又丰产的新品种。

组合育种所处理的性状其遗传方式比较简单，鉴别也较容易，所以长期以来自花或常异花授粉作物的育种多按组合育种的指导思想进行。

2. 超亲育种

超亲育种是将双亲中控制同一性状的不同微效基因积累于一个杂种个体中，形成在该性状上超过亲本的类型。其遗传机理主要在于基因累加和互作。

超亲育种所涉及的性状多为数量上、品质上或生理上的性状，与之相关联的基因数目较多，每个基因的效应较小，因而对它们进行分析鉴别也较困难。

组合育种与超亲育种在某些情况下是难以截然划分的。例如在高产育种中将一个亲本具有的控制块茎产量的基因与另一个亲本具有的控制光合作用的基因进行组合而成为在产量上超越双亲的品种时，其意义就与组合育种相类似。然而两者在指导思想和涉及的性状上确有差异，所以选配亲本时所考虑的问题也就有所不同。

13.2.3　杂交育种的遗传学原理

基因重组 —遗传效应→ { 1. 综合亲本的优良性状
2. 改善基因位点间的互作关系，产生新的性状。
3. 打破不利基因之间的连锁 }

杂交育种利用的遗传学原理主要有基因重组，综合双亲优良性状；基因互作，产生新性状；利用基因累加，产生超亲性状。

1. 基因重组，综合双亲优良性状

假设两个品种的基因型分别为 AAbb 和 aaBB，从遗传上分析，杂交后代中，基因型纯合的类型有如下多种：

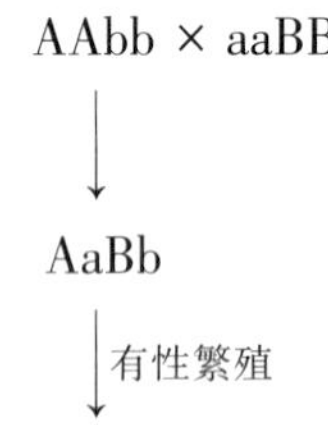

AABB；AAbb；aaBB；aabb（假设 A、B 为优良基因）

2. 基因互作，产生新性状

如两个感青枯病的马铃薯品种杂交，在后代中出现了大量抗病新个体。

3. 利用基因累加，产生超亲性状

数量性状容易通过微效多基因积累，产生超亲性状。因为数量性状由于基因重组，将控制双亲相同性状的不同基因，在新品种中积累起来，形成超亲现象。如在产量上，可出现比双亲产量更高的后代；在品质方面，可获得比双亲品质更优的后代；在生育期方面，可出现比早熟亲本更早，或比晚熟亲本更晚的个体；在抗病性方面，可出现比抗病亲本抗性更高的后代。

13.3 杂交亲本的选择与选配

13.3.1 配合力

亲本本身优良性状多、缺点少是选择亲本的重要依据，但并非所有优良品种都是优良亲本。近年来在杂交育种中，引入了配合力的概念。配合力是指亲本与其他亲本结合时产生优良后代的能力，亦即一个品种、品系或无性系在一定的交配方式中将自身有利特性传递给子代的能力。配合力又称结合力、组合力。亲本的配合力并不是指其本身的表现，而是指与其他亲本结合后它在杂种世代中体现的相对作用。

配合力有一般配合力与特殊配合力之分。一般配合力是指某一亲本品种和其他若干品种杂交后，杂种后代在某个数量性状上的平均表现。说一般配合力好的亲本，在其配置各杂交组合中都能产生较多的、稳定的优良品系，可见用一般配合力好的品种作亲本，往往会得到很好的后代，容易选出好的品种。特殊配合力指一个亲本在与另一亲本所产生杂交组合的性状表现中偏离两亲本平均效应的特殊效应。配合力的大小可用以评定一个亲本材料在杂种优势利用或杂交育种中的利用价值。

13.3.2 选择杂交亲本的原则

选择杂交亲本时应遵循以下原则：广泛搜集符合育种目标的原始材料，精选亲本；亲本应尽可能具有较多的优良性状；明确亲本的目标性状，分清目标性状的主次；重视选用地方品种；亲本的一般配合力要高。

13.3.3 选配杂交亲本的原则

正确选配亲本是杂交育种工作的关键，亲本如果选配得当，后代中出现的理想类型多，容易选出优良品种。从一个优良的杂交组合后代中，往往育成多个优良品种。相反，如果亲本选育不当，即使在杂种后代中精心选育多年，也很难获得理想植株。

亲本选配要依据明确的育种目标，在熟识所掌握的原始材料主要性状和特性及其遗传规律的基础上，选用恰当的亲本，组配合理组合，才能在杂种后代中出现优良的重组类型并选出优良的品种。选配亲本时应遵循以下四个主要原则：

1. 双亲都具有较多的优点，没有突出的缺点，在主要性状上优缺点尽可能互补

这是选配亲本时的一条重要基本原则，其理论依据是基因的分离规律和自由组合规律。由于一个地区育种目标所要求的优良性状总是多方面的，如果双亲都是优点多，缺点少，则杂种后代通过基因重组，出现综合性状较好材料的几率就大，就有可能选出优良品种。同时，马铃薯的许多经济性状，如产量构成因素、成熟期等性状为数量遗传，杂种后代的表现和双亲平均值有密切的关系。

性状互补要根据育种目标抓住主要矛盾，特别是注重限制产量和品质进一步提高的主要性状。一般来说，首先要考虑产量构成因素的互补。其次要考虑影响稳产的性状如抗病性、抗旱性、抗寒性，以及品质性状的互补。当育种目标要求在某个主要性状上要有所突破时，则最好选用的双亲在这个性状上表现都较好并且又有互补作用。但是，双亲优缺点的互补是有一定限度的，双亲之一不能有缺点太严重的性状。

2. 亲本之一最好是能适应当地条件、综合性状较好的推广品种

品种对外界条件的适应性是影响丰产、稳产的重要因素。杂种后代能否适应当地条件和亲本的适应性密切相关。适应性好的亲本可以是农家品种，也可以是国内改良种和国外品种。在自然条件比较严酷，受寒、旱、盐碱等影响较大的地区，当地农家种因经历长期的自然选择和人工选择，往往比外来品种有较强的适应性，在这种地区最好用农家品种作亲本。但是，随着生产条件的改善，农家种因丰产潜力小，反而不如用当地推广种作亲本的效果好。因为它们对当地自然条件有一定适应性，而丰产性比原来的农家种好。

为了使杂种后代具有较好的丰产性和适应性，新育成的品种能在生产上大面积推广，具有好的发展前途，亲本中最好有能够适应当地条件的推广品种。

3. 注意亲本间的遗传差异，选用生态类型差异较大，亲缘关系较远的亲本材料互相杂交

不同生态型、不同地理来源和不同亲缘关系的品种，由于亲本间的遗传基础差异大，杂交后代的分离比较广，易于选出性状超越亲本和适应性比较强的新品种。一般情况下，利用外地不同生态类型的品种作为亲本，容易引进新种质，克服当地推广品种作为亲本的某些局限或缺点，增加成功的机会。但不能因此而理解为，生态型必须差异很大或亲缘关系很远，才能提高杂交育种的效果。相反地，若过于追求双亲的亲缘关系较远，遗传差异愈大，将会造成杂交后代性状的严重分离，从而影响育种效率。

4. 杂交亲本应具有较高的配合力

亲本本身优良性状多、缺点少，是选择亲本的重要依据，但并非所有优良品种都是优良亲本。近年来在杂交育种中，引入了配合力的概念。也有学者认为，在以培育稳定的优良品系为目标的杂交育种中，某一品种的一般配合力是指这一品种所配置各杂交组合中，稳定优良品系育成的平均比率，就是说一般配合力好的亲本，在其配置各杂交组合中都能产生较多的、稳定的优良品系，可见用一般配合力好的品种作亲本，往往会得到很好的后代，容易选出好的品种。一般配合力的好坏与品种本身性状的好坏有一定关系，但两者并非同一回事。即一个优良品种常常是好的亲本，在其后代中能分离出优良类型。但并非所有优良品种都是好的亲本，或好的亲本必是优良品种。有时一个本身表现并不突出的品种却是好的亲本，能育出优良品种，即这个亲本品种的配合力好。因此，选配亲本时，除注意本身的优缺点外，还要通过杂交育种实践，积累资料，以便选出配合力好的品种作为亲本。一般配合力高的材料有使优良性状传递于后代的较高能力。

13.3.4　马铃薯杂交亲本的种植要求

亲本确定后，要选择具有本品种纯度高的优质健康种薯作为播种材料。早熟品种要采用经过单株系选，整薯播种（不用切块播）早收的种薯；中晚熟品种采用整薯夏播获得的健康种薯。有条件的最好利用脱毒材料作亲本。这样的播种材料株体健康，长势繁茂，

开花旺盛，有利于有性杂交，所结的实生种子质量也高。为了保证杂交时花期相遇和延长花期，父母本要分期播种。做父本的中晚熟亲本，要提前播种，或播前进行催芽处理。

马铃薯的花蕾形成、开花及受精结实对气候条件很敏感，喜冷凉和空气湿度大的气候条件。为此，在出苗后苗高 20cm 左右，即采用“小水勤灌”保蕾、保花的措施。亲本田还要加强栽培管理，底肥要足，早期适当追施磷钾肥，防治虫害和晚疫病，以提高杂交成功率。

13.4　杂交方式和杂交程序

13.4.1　杂交方式

杂交方式是指一个杂交组合要用多少亲本，以及各亲本之间如何配置的问题。杂交方式是影响杂交育种成效的重要因素之一，并且决定杂种后代的变异程度，通常根据育种目标和亲本的特点来确定杂交方式。

1. 单交

两个品种之间的杂交称为单交（single cross）或称为成对杂交，用符号 A×B 或 A/B 表示（A、B 表示参与杂交的亲本）。杂交后代称为单交种。杂交后代的细胞核遗传组成中，A 和 B 亲本各占 50%。单交只进行一次杂交，简单易行，育种时间短，杂种后代群体的规模也相对较小。当 A、B 两个亲本的性状基本上能符合育种目标，优缺点可以相互补偿时，可以采用单交方式。育种实践证明，单交组合的两个亲本，如果亲缘关系接近，性状差异较小，杂种后代的分离不大，稳定较快。反之，则分离较大，稳定也较慢。

两个亲本的杂交可以互为父本和母本，因此又有正交和反交之分。

正交：A×B 或 A（♀）/ B（♂）　　　反交：B×A 或 B（♀）/ A（♂）

如果称 A（♀）/ B（♂）为正交，则 B（♀）/ A（♂）为反交。如果亲本主要性状的遗传不受细胞质控制，正交和反交性状差异不大时，就没有必要进行正交和反交。实践中，常以对当地条件最适应的亲本作为母本，以便于杂交操作的进行。

2. 复交

（1）复交及其特点

复交（multiple cross）是指三个或三个以上的亲本要进行两次或两次以上的杂交。一般先将一些亲本配成单交组合，再在组合之间或组合与品种之间进行两次乃至更多次的杂交。复交方式又因亲本数目及杂交方式不同而有数种。复交杂种的遗传基础比较复杂，杂交亲本至少有一个是杂种，因此，F_1就表现性状分离。复交比单交产生的杂种能提供较多的变异类型，并能出现良好的超亲类型，但性状稳定较慢，所需育种年限较长。因复交的 F_1群体就有分离，需要选株，如果希望获得较大的分离世代群体，入选比例将较大。因此，复交当代的杂交工作量要比单交大。

复交一般在下述情况下应用：当单交杂种后代不完全符合育种目标，而在现有亲本中还找不到一个亲本能对其缺点完全补偿时；或某亲本有非常突出的优点，但缺点也很明显，一次杂交对其缺点难以完全克服时，均宜采用复交方式。随着生产的发展，育种目标日益全面，复交方式已被广泛应用。

复交时，怎样安排亲本的组合方式和亲本在各次杂交中的先后次序是很重要的问题。这需要育种者考虑各亲本的优缺点、性状互补的可能性，以及期望各亲本的遗传组成在杂交后代中所占的比重等而定。一般应该遵循的原则是：综合性状较好，适应性较强并有一定丰产性的亲本应安排在最后一次进行杂交，以便使其遗传组成在杂种遗传组成中占有较大的比重，从而增强杂种后代的优良性状。

（2）复交的方式

复交主要有三交和双交。

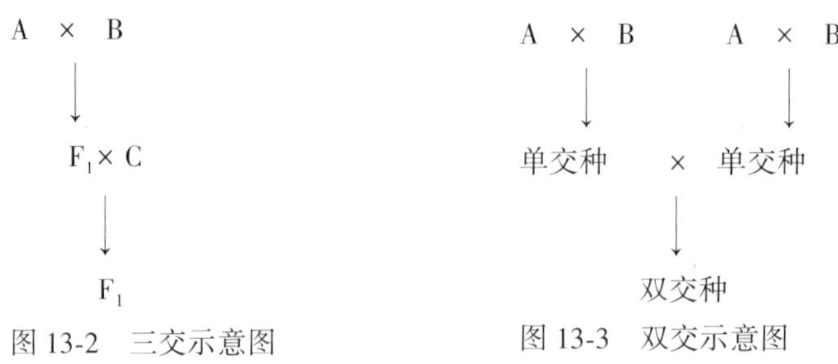

图 13-2　三交示意图

图 13-3　双交示意图

先由两个亲本杂交获得一个单交 F_1，然后再与另一个亲本杂交，称为三交。用（A×B）×C（或 A/B//C）表示，A 和 B 的遗传比重各占 25%，C 的遗传比重占 50%。一般用综合性状优良的品种或具有重要目标性状的亲本作为最后一次杂交的亲本，以增加该亲本性状在杂种后代遗传组成中所占的比重（C 亲本应为综合性状最好亲本）。

双交是指两个单交的 F_1之间的杂交，参加杂交的可以是三个或四个亲本。

三亲本双交是指一个亲本先分别同其他两个亲本配成单交，再将这两个单交的 F_1进行杂交，C/A//C/B。A 和 C 的遗传比重各占 25%，C 的遗传比重占 50%。四亲本双交包括 4 个亲本，分别先配成两个单交的 P_1，再把两个单交 F_1进行杂交，即 A/B//C/D，A、B、C 和 D 的遗传组成各占 25%。四亲本的双交组合除了缺点容易得到互补外，亲本的某些共同的优点还可以通过互补作用而得到进一步的加强（超亲），甚至产生一些不为各亲本所具备的新的优良性状。

此外，还可以采用四交 A/B//C///D，四个亲本先后杂交，这时 A 和 B 的遗传比重各占 12. 5%，C 占 25%，而最后一个亲本 D 占 50%。五交、六交……依此类推。由于最后的一个杂交的亲本其遗传比重占 50%，而所有其他亲本的遗传比重占另外的 50%，因此把拥有最多有利性状，综合性状好的亲本放在最后一次杂交是十分必要的，另外这些杂交方式需要很长的时间才能产生理想的杂种群体，且还需几年的时间从分离群体中，选择理想的品系，因而只有在亲本组合不能保证产生理想的性状重组时，才用这种方法组配杂交组合。

（3）聚合杂交

当育种目标所要求的性状增加，前述杂交方式难以培育出超过现有品种水平的新品种时，可采用不同形式的聚合杂交，如采用复交和有限回交相结合的方法把分散在不同亲本中的优良性状，集中到重点改造的品种中，使其更加完善，并产生超亲的后代。

如有 5 个杂交亲本：A、B、C、D、E。

第一年　　单交：　$A \times B$；$A \times C$；$A \times D$；$A \times E$。

第二年　　第一轮聚合：$F_{1AB} \times F_{1AC}$　　$F_{1AD} \times F_{1AE}$

第三年　　第二轮聚合：$F_{1ABC} \times F_{1ADE} \rightarrow F_{1ABCDE}$

13.4.2　提高马铃薯杂交效果的技术

杂交工作前，应对马铃薯的花器构造、开花习性、授粉方式、花粉寿命、胚珠受精能力以及持续时间等一系列问题有所了解。并对特定品种在当地条件下的具体表现有一定认识，才能有效地开展工作。马铃薯杂交的方法与技术包括以下几点：

1. 亲本材料的选择和种植要求

①根据马铃薯开花习性及花粉的有效数量及其育性选择亲本。

②在我省大部地区把马铃薯当粮用，育种中应尽可能选品质好，无麻味的品种作杂交亲本。

③马铃薯的花蕾形成，开花及受精结实对气候条件很敏感，喜冷凉和空气湿度大的气候条件。为此，在出苗后苗高 20 cm 左右，即采用“小水勤灌”保蕾、保花的措施。

2. 促进马铃薯开花的措施

促进开花结实，以利杂交工作顺利进行。具体措施有以下几点：

①在母本现蕾开花之前，切断匍匐茎或除去地下新结块茎，使养分集中供应地上部分，促进开花结实。

②摘除花序下部的侧芽，可减少养料消耗，使养料相对地集中到花序上部，促进开花。

③在马铃薯孕蕾期用 20~50ppm（ppm 为百万分之一）赤霉素喷洒植株，也可防止花芽产生离层，刺激开花。

④根外喷施微量元素或磷酸二氢钾等。

⑤增施氮肥可使地上部植株高大，增加花序数和开花数量，显著提高结实率。

⑥把马铃薯接穗嫁接到番茄砧木上，能使许多品种开花。

⑦砖块栽培法。

⑧长日照和晚种植，也有助于开花。

⑨下午杂交坐果率相应比上午提高。阴天或小雨天的温度、湿度最适宜杂交。

⑩室内杂交方法也可提高结实率。

⑪在花柄节处涂抹 0.2%萘乙酸羊毛脂生长素，也可防止落花落果。

⑫授粉后 2~3 天喷 2，4-D 或其他植物生长素类似物，能防止落花。

⑬每组合的杂交种子 3000~4000 粒。

3. 调节开花期

如果双亲品种在正常播种期播种情况下花期不遇，则需要用调节花期的方法使亲本间花期相遇。

最常用的方法是分期播种，一般是将花期难遇的早熟亲本或主要亲本每隔 7~10d 为一期，分 3~4 期播种。还可以根据马铃薯品种类型对光照的反应予以补充光照或缩短光照的处理。此外也可采用一些农业技术措施如地膜覆盖、增施或控制施用肥料、调整密度、中耕断根等也可以起到延迟或提早花期的作用。

4. 控制授粉

准备用做母本的材料，必须防止自花授粉和天然异花授粉。为此，人工去雄或隔离，以避免与非计划内的品种授粉。去雄方法较多，最常用的方法是人工夹除雄蕊法。此外还可采化学杀雄剂进行去雄。

授粉最适时间一般是在马铃薯每日开花最盛的时间，此时采粉较易。所采花粉应是纯洁的、来自亲本典型植株上的新鲜花粉。

一般在开花期柱头受精能力最强，此时的柱头光泽鲜明，授粉后结实率高。为了延长柱头受精时间，可进行灌溉以提高田间空气湿度、降低温度。

杂交后在花序下挂牌，标明父母本名称，授粉后一二日及时检查，对授粉未成功的花可补充授粉，以提高结实率，保证杂种种子数量，务求按杂交计划完成所有杂交组合的配置。杂交种子连同标记牌及时收获并脱粒保存。

5. 提高杂交结实率和防止落花落果的措施

马铃薯的人工杂交坐果率的高低主要取决于亲本间的亲合力，以及田间温度和湿度的变化。在亲本杂交亲合力强及雌雄器官发育正常的前提下，杂交时的温度、湿度及时间成为促进和影响坐果的重要条件。在适宜杂交的时间内，下午比上午坐果率高，上午坐果率低的原因是杂交后，经过高温干燥的中午，对花粉发芽，受精不利。而下午杂交后很快进入低温、高湿的夜间，适合花粉的萌发和受精过程的时间较长。因此，坐果率相应比上午提高。阴天或小雨天的温度、湿度最适宜杂交，可以整天进行；阵雨，暴雨或大风天，因花粉易被大风和雨冲掉，不适宜杂交。

室内杂交方法也可提高结实率。在花柄节处涂抹0.2%萘乙酸羊毛脂生长素，也可防止落花落果。

授粉后2~3天喷以2，4-D或其他植物生长素类似物，能防止落花，并能使子房开始发育成为含有种子的浆果。

花粉储存在育种程序中也是很有用的，因为这样就不必要求两个亲本同时开花，也用不着去进行调节花期。

6. 杂交后代的培育和选择

(1) 杂种实生苗的培育和选择

①畦地选择和育苗设施。

②种子处理和播种。

③苗床管理和移栽。

④杂种实生苗的选择（实生苗选择圃）。

将杂种实生苗种在防蚜网室内，鉴定并选择优良无病毒的实生苗单株块茎（实生薯）。

(2) 无性繁殖一代的选择（无性系选种圃）

将入选的实生苗单株块茎（2~3个）种植一行（无性系）。经田间鉴定，入选约10%无性系。无性系一代的块茎产量与第二代的产量，淀粉含量呈正相关。所以，无性系一代的块茎产量，淀粉含量等可作为选择的依据。

(3) 无性繁殖二代的选择

将入选系按熟期分早熟及中晚熟两个圃进行鉴定，每系种10株。

(4) 品系预备试验

双行区，每行 30~40 株。每隔四区设 CK。

(5) 品种比较试验

五行区，每行 20 株，四次重复。

(6) 区域试验和生产试验

种植 1~2 亩。

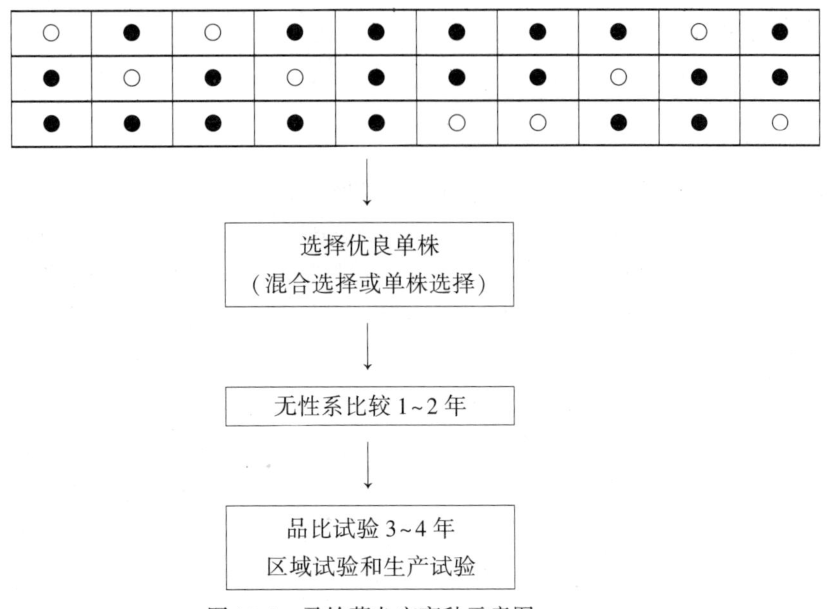

图 13-4　马铃薯杂交育种示意图

13.5　马铃薯杂交实生苗的培育及早代选择技术

马铃薯杂交育种是基于双亲的优良性状产生一定的变异群体，再在群体内进行多年的鉴定选择而获得优良品系的过程，其杂交后代仅在有性繁殖阶段即杂种实生苗（F_1）世代产生分离，以后的无性系世代只是在这个相同变异的群体中不断选择和鉴定所需要的类型。因此，提高杂交实生苗的培育技术及早代的选择效率对杂交育种后代的选择具有重要的意义。

马铃薯杂交实生种子体积小，大田直播困难，以往通常采用阳畦育苗，但这种技术获得的实生苗群体有限，育种成效较低。随着现代设施农业的推广应用以及打破实生种子休眠技术的提高，目前生产上一般在温室或网棚育苗后移栽到大田定植，提高了实生苗培育技术，为无性世代鉴定选择提供了丰富的实生薯群体，也为提高马铃薯杂交育种早代选择的效率奠定了基础。

马铃薯杂交后代的培育和选择通过以下步骤进行：杂种实生苗的培育和选择；无性繁殖一代的选择（无性系选种圃）；无性繁殖二代的选择（品系预备试验）；品种比较试验；区域试验；生产试验和示范。

13.5.1　杂交实生苗群体的大小

马铃薯高度杂合及四体遗传的特性要求杂种后代有足够大的群体才能产生丰富的变异类型，但育种单位因人力、物力、财力的约束无法满足客观上大群体的要求，所以相对杂交优势明显的远缘杂交，尽可能扩大杂交群体保证后代丰富的变异类型，对亲缘关系较近的杂交组合，适当地缩小群体数量，避免相同的变异类型，减少无性世代选择的工作量。依据育种条件，每年培育 12000 ~ 15000 株实生苗，包括 20 ~ 30 个杂交组合，每个组合 300 ~ 600 株实生苗。

13.5.2　实生苗培育

1. 实生种子萌发

马铃薯实生种子一般有 6 个月左右的休眠期，所以储存 1 年以上的种子可直接用于发芽，储存半年以上、不足 1 年的种子，可用 1000mg/L 赤霉素溶液浸泡 24h 打破休眠后发芽。在 10cm 培养皿内垫上滤纸，滴水使滤纸充分吸水，将处理后的种子按组合均匀撒在湿润的滤纸上，做好标记，放入 20℃ 恒温箱发芽。每日观察，沿培养皿边缘滴入清水，保持滤纸湿润。

2. 准备培养容器

蛭石掺拌腐熟羊粪后装入 10cm 塑料营养杯中，底部压实，便于移动，上面略微疏松，有利于实生苗扎根生长。为了便于转移和管理，装好蛭石的营养杯用培养盘盛装，每盘 100 个。最后将营养盘整齐地摆放在温室的支架上，播种前 1d 浇水，确保播种时蛭石湿润为宜。

3. 种子点播

播种时间一般在 3 月下旬，将露白萌发的实生种子用镊子点播于营养杯中，再以湿润蛭石覆盖，分组合摆放，做以标记。全部点播完后，用塑料薄膜覆盖培养盘，确保种子扎根发苗所需温度、湿度。

4. 苗期管理

一般每周揭膜用喷壶洒水 1 次。晴天中午温室开窗散热，揭起苗盘四周塑料膜适时通风，傍晚盖膜关窗，保持温度。当苗基本出齐，长至 3 ~ 4 叶时揭去塑料膜，以利壮苗，隔天洒水，保证蛭石湿度又不窝水，同时拔除杂草。阳光强烈时需打开遮阴网，以免灼伤幼苗。待苗长至 6 ~ 7 片叶时，移到室外炼苗，准备移栽。

13.5.3　实生苗移栽定植

1. 整地施肥

育苗期间根据实生苗数量及栽植密度选择土质疏松、富含有机质、排灌方便的地块，灌水浇地。待地干至可以耕作，用 450kg/hm^2 马铃薯专用肥、225kg/hm^2 二铵、150kg/hm^2 尿素施入作底肥，并用辛硫磷 3kg/hm^2 拌细土 300kg/hm^2 撒土防治地下害虫，然后将地深翻耙平整细。

2. 大田定植与管理

实生苗室外炼苗 1 周后准备移栽，移栽前洒水浇透，便于移栽时带土取苗，防止根系损伤。定植密度为行距 70cm、株距 30cm。栽苗时每株距挖 1 个深度略大于营养杯高度的坑，撕开塑料杯，将苗带土放入坑内，周围用土围实。移栽时，大小苗分开，高度一致的实生苗定植在一起，栽完随即浇水定根，以提高移栽成活率。栽后 1 周内无自然降水，需人工浇水抗旱保苗。定植 20d 后灌水，中耕锄草培土。根据实生苗生长情况、花期追肥灌水，锄草培土。实生苗生长期间只喷洒药剂防治蚜虫 2-3 次，不采取防病措施，发现病株及时拔除。

3. 适时收获

实生苗熟期表现不一，田间观察成熟的即时采收。收获时，除早熟单株及综合性状目测表现突出单株外，其余按组合混收。

13.5.4　早代选择在实生苗当代中的应用

马铃薯杂交育种的早代选择是指针对实生苗世代或者无性一代所作的选择，而早代选择因为组合不同遗传基础不同，其有效性也不同。研究证明，大多数早代选择在实生苗当代抗病性、熟性、块茎特征以及结薯习性的选择是有效的，而对产量、商品率、品质性状的选择效果却是有限的，应在无性一代再加以选择。

1. 抗病性

实生苗的抗病性表现稳定，即实生苗当代表现抗病的，其无性系也表现抗病，所以在抗病育种时，可在实生苗世代经过病原接种鉴定抗病品系。

2. 熟性

实生苗无性世代在生育期上表现基本一致，即实生苗世代表现早熟的，无性系也表现早熟。可根据实生苗当代植株农艺性状进行早熟品系的选择。

3. 块茎特征及结薯习性

实生苗当代的薯形、芽眼深浅、薯皮颜色、结薯习性等性状与其无性系都呈正相关，所以在实生苗世代可对块茎外观性状加以初步选择。

4. 产量

实生苗世代较其无性世代生育期长，产量水平不能正常发挥，在实生苗阶段根据单株产量进行选择淘汰，可能造成一些有产量潜力基因型的丢失，所以对实生苗世代不作产量的选择，尽量保留完整的块茎家系。

5. 品质性状

实生苗当代对品质性状的选择有效，但不是最适宜时期，重点应在无性一代进行选择。

13.6　杂交育种试验圃

整个杂交育种工作的过程，包括下列几个内容不同的试验圃，并形成如下的工作程序：亲本圃→选种圃→鉴定圃→品比试验→生产试验、区域试验、栽培试验→种子（播种材料）的繁殖→大田推广。

13.6.1　原始材料圃和亲本圃

原始材料圃种植从国内外搜集来的原始材料。在育种过程中，应该不断引入新的种质，丰富育种材料的基因库。有目的地引进具有丰产、抗病虫害、抗病毒和优质等特性的材料。严防不同材料间发生机械混杂或生物学混杂，保持原始材料的典型性和一致性。对所有材料定期进行观察记载。根据育种目标，对选择材料进行重点研究，以便选作杂交亲本。重点材料连年种植，一般材料可以室内保存种子（或块茎），分年轮流种植，这样不但可以减少工作量，并且可以减少引起混杂的机会。

从原始材料圃中每年选出合乎杂交育种目的的材料作为亲本，种于亲本圃。杂交亲本应分期播种，以便花期相遇；并适当加大行株距，便于进行杂交。

13.6.2　选种圃

种植杂交组合各世代群体的地段称选种圃，有时也将种植 F_1、F_2的地段称杂种圃。采用系谱法时，在选种圃内连续选择单株，直到选出优良一致的品系升级为止。F_1、F_2按组合混种，点播稀植，土壤肥力宜高。从 F_2开始，如选单株种成株行，每 5 ~10 行种一行对照。必要时，可在每一组合的前后种植亲本。

13.6.3　鉴定圃

主要种植从选种圃升级的新品系。种植密度接近大田生产，进行初步的产量比较试验及性状的进一步评定。由于升级的品系数目很多，而每一品系的种子数量（或块茎数）较少，所以鉴定圃的小区面积较小，重复 2 ~3 次。多采用顺序排列，每隔 4 区或 9 区种一对照区。每一品系一般试验 1 ~2 年。产量超过对照品种并达一定标准的优良一致品系升级至品种比较试验，少数再试验一年，其余淘汰。

13.6.4　品种比较试验

种植由鉴定圃升级的品系，或继续进行试验的优良品种。品种数目相对较少，小区面积较大，重复 4 ~5 次。在较大面积上对品种的产量、生育期、抗性等进行更精确和详细的考察。小区排列宜用随机区组设计，以提高试验的准确性。

由于各年的气象条件不同，而不同品种对气象条件又有不同的反应，为了确切地评选品种，一般材料要参加二年以上的品种比较试验。根据田间观察、抗性和品质鉴定以及产量表现，选出最优良的品种参加全国或省（地区、自治区）组织的区域试验。

13.6.5　生产试验和多点试验

对一些优异的品种，可在品种比较试验的同时，将品种送到服务地区内，在不同地点进行生产试验，以便使品种经受不同地点和不同生产条件的考验，并起到示范和繁殖作用。

13.7　回 交 育 种

13.7.1　回交育种的概念

当 A 品种有许多优良性状，而个别性状有欠缺时，可选择具有 A 所缺性状的另一品种 B 和 A 杂交，F_1及以后各世代又用 A 进行多次回交和选择，将准备改进的性状通过选择得到保持，A 品种原有的优良性状通过回交而恢复，将这种育种方法称为回交育种。

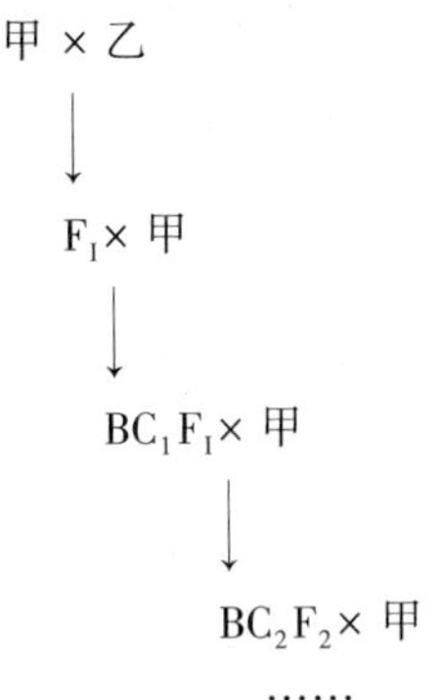

图 13-5　回交示意图（甲-轮回亲本；乙-非轮回亲本）

用于多次回交的亲本称轮回亲本（recurent parent），如 A 品种称轮回亲本。由于轮回亲本也是有利性状（目标性状）的接受者，又称为受体亲本（receptor）；只有第一次杂交时应用的亲本，如品种 B 称非轮回亲本（non-recurrent parent），它是目标性状的提供者，故称为供体亲本（donor）。回交可以用以下方式表达：[（A×B）×A］×A×…。式内表明 A 为轮回亲本。此外，也用 BC_1或 BC_2分别表示回交一次或二次，以 BC_1F_1、BC_1F_2分别表示回交一次的一代和回交一次自交的二代。

13.7.2　回交育种的遗传特点

1. 遗传学上的优势

应用回交法进行品种改良时，通过杂种与轮回亲本多次回交可对育种群体的遗传变异进行较大程度的控制，使其根据确定的方向发展。既可以保持轮回亲本的基本性状，又增添了非轮回亲本的特定目标性状，这是回交育种法的最大优点。

回交育种法需要的育种群体比杂交育种所需的群体小，又由于在回交育种过程中，主要是针对被转移的目标性状进行选择，因此，只要使这种性状得以发育和表现，在任何环境条件下均可以进行回交育种。从而使利用温室、异地或异季加代等缩短育种年限的措施得以发挥更大的作用。

在回交育种的过程中，由于采取个体选择和杂交的多次循环过程，有利于打破目标基因与不利基因间的连锁，增加基因重组频率，从而提高优良重组类型出现的几率。

用回交法育成的品种形态上与轮回亲本大体相似，其生产性能、适应范围及所需栽培条件也与轮回亲本相近。所以不一定要经过繁杂的产量试验，即可在生产上试种，而且在轮回亲本品种的推广地区容易为农民群众所接受。

2. 遗传学上的局限

回交育种法也有其局限性。回交育成的品种仅仅是在原品种的个别缺点上有所改良，而大多数性状上没有太大的提高，如果轮回亲本选择地不恰当，则回交改良的品种往往不能适应农业生产发展的要求。虽然可以用逐步回交法，即在改良一个缺点后再改良另一个缺点，逐步使品种臻于完善，这样却延长了育种年限。这是回交育种法最大的弱点。

回交改良品种往往仅限于由少数主基因控制的性状，至于改良数量性状则比较困难。另外回交的每一世代都需进行人工杂交，工作量很大。

回交法虽有助于打破基因的不利连锁，但目标基因可能存在多效性，或目标基因与不利基因的极紧密连锁，仍是回交育种中需要克服的重大障碍。在这种情况下，必须进行多次回交，并在每一回交群体中，选择具有目标性状的个体供下一轮回交之用。但如目标性状和不利性状是同一基因表现的多功能效性，更是不能将它们分离开。

回交群体回复为轮回亲本基因型时经常出现一些偏离。育种学家期望回交群体逐渐回复为轮回亲本基因型，但是回交结果和理论上所期望的常常发生偏差。而且不同性状回复的速度也不同。

13.7.3　回交育种方法

1. 亲本的选择

（1）轮回亲本的选择

轮回亲本（受体）必须是各方面农艺性状都较好，只有个别缺点需要改良的品种。缺点较多的品种不能用作轮回亲本。应该特别注意对轮回亲本的选择，要确保经过改良以后的轮回亲本，即新选育的品种在生产上有继续利用的价值。如果轮回亲本选得不准，经过几次回交后，选育的新品种落后于生产形势的要求，就将前功尽弃。所以，轮回亲本最好是在当地适应性强、产量高、综合性状较好，经数年改良后仍有发展前途的推广品种。

（2）非轮回亲本的选择

非轮回亲本（供体）的选择也是很重要的，它必须具有改进轮回亲本缺点所必需的基因，要求所要输出的性状必须经回交数次后，仍能保持足够的强度，同时其他性状也不能有严重的缺陷。非轮回亲本整体性状的好坏，也影响轮回亲本性状的恢复程度和必须进行回交的次数。非轮回亲本的目标性状最好不与某一不利性状基因连锁，否则，为了打破这种不利连锁，实现有利基因的重组和转育，必须增加回交的次数。

非轮回亲本输出的性状最好是由少数显性基因控制，这样便于识别选择。如有困难，也必须是有较高遗传力的性状，这是十分必要的。因为在回交过程中，每一轮回交，对正在被转移的性状都必须进行选择，性状的遗传力强，选择的效果明显。而且这一性状容易依靠目测能力加以鉴定，这样在回交育种应用上就比较方便。

如果希望通过回交而转育的是一个质量性状，应该选择一个其他性状和轮回亲本尽可能相类似的非轮回亲本，这样可以减少为了恢复轮回亲本理想性状所必需的回交次数。

以 A 为轮回亲本（受体），B 为供体，抗病，且抗病性为显性为例进行分析，回交育种步骤及主要的工作内容可以用表 13-2 描述：

表 13-2　**回交育种的工作内容**

年　次	回交过程	工作内容
1	A×B	A 为轮回亲本；B 为供体亲本，抗病，且抗病性为显性
2	F_1×A	F_1回交于 A

续表

年次	回交过程	工作内容
3	$BC_1F_1 \times A$	从回交一代中选择抗病株回交于A
4	$BC_2F_1 \times A$	从二次回交一代中选择抗病株回交于A
5	$BC_3F_1 \times A$	从三次回交一代中选择抗病株回交于A
6	BC_4F_1	四次回交F_1自交，并选择优良抗病株。
7	BC_4F_2	……
…	…	……

2. 回交后代的选择

在回交后代中必须选择具备目标性状的个体进行回交才有意义，这关系到目标性状能否被导入轮回亲本。为了更快地恢复轮回亲本的优良农艺性状，应注意从回交后代，尤其是在早代中选择具有目标性状而农艺性状又与轮回亲本尽可能相似的个体进行回交。为了易于鉴别和选择具有目标性状的个体，应创造使该性状得以充分显现的条件。例如目标性状为抗病性时，则需要创造病害流行条件。具体的做法因所转移的目标性状的显隐性有所不同。

(1) 显性基因的回交转育

如果要转移的性状是由显性单基因控制，那么在回交过程中，转移的性状容易识别，回交就比较容易进行。例如，想通过回交，把抗晚疫病基因（RR）转移到一个具有适应性但不抗病（rr）的A品种中去。可将品种A作为母本与非轮回亲本杂交，再以A为轮回亲本进行回交育种，A含有育种学家希望能在新品种上恢复的适应性和高产性状的基因。在F_1中锈病基因是杂合的（Rr）。当杂种回交于A品种时，将分离为两种基因型（Rr和rr）。抗病（Rr）的马铃薯植株和感病（rr）的植株在病菌接种条件下很容易区别，只要选择抗病植株（Rr）与轮回亲本A回交。如此连续进行多次，直到获得抗锈病而其他性状和轮回亲本A品种接近的世代。这时，抗病性状上仍是杂合的（Rr），它们必须自交一代到两代，才能获得纯合基因型抗病植株（RR）。如果导入的性状隐性遗传时，可将回交一代自交，在分离的自交后代中选株回交，或在回交一代中作较多的回交，同时在回交株上自交，将回交与自交后代对应种植。凡是自交后代在目标性状上呈现分离者，说明其相应的回交后代中必有一些带有目标性状基因，那就可以在该后代中继续选株回交并自交。而自交后代不出现分离的，其相应回交后代即可淘汰。如果能筛选出与该隐性基因紧密连锁的分子标记，那么就可以借助于分子标记进行连续的回交转育。

例如要导入的抗病虫害基因是隐性基因（aa），每次回交后代将分离出两种基因型AA和Aa。因为在这种情况下，含有抗性基因的杂合体（Aa）不可能在表型上与AA区分开，必须使杂种自交一代，以便在和轮回亲本回交之前，发现抗性（aa）植株，继续与轮回亲本杂交。

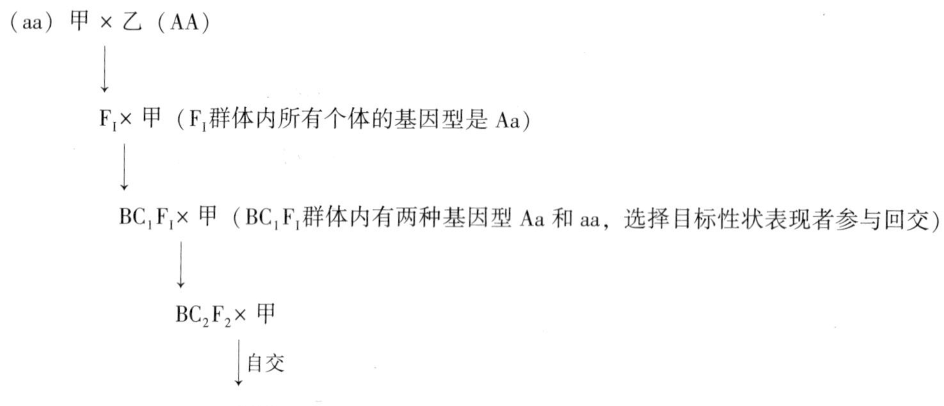

选育出目标基因型为 AA，其他性状接近轮回亲本的品系

图 13-6　显性基因的回交转育（甲——轮回亲本；乙——非轮回亲本；A——转育的显性有利基因）

（2）隐性基因的回交转育

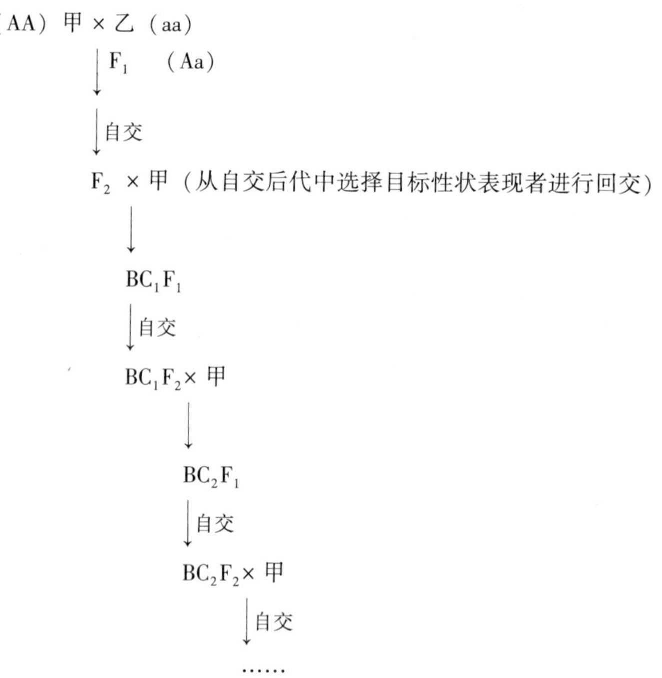

选育出目标基因型为 aa，其他性状接近轮回亲本的品系

图 13-7　隐性基因的回交转育（甲——轮回亲本，乙——非轮回亲本；a——转育的隐性有利基因）

13.7.4　回交育种法的应用价值及局限性

1. 应用价值

①既可保持轮回亲本的基本性状，又增加了非轮回亲本的特定目标性状。

②育种群体比杂交育种群体小，在回交育种过程中，主要是针对被转移的目标性状进行选择，因此可以利用温室、异地或异季加代来缩短育种年限。

③有利于打破目标基因与不利基因间的连锁，增加基因重组的频率，提高优良重组类型出现的几率。

④用回交法育成的品种形态上与轮回亲本大体相似，品种在进行推广时容易为农民所接受。

2. 局限性

①如果轮回亲本选择不恰当，则回交改良的品种往往不能适应农业生产发展的要求。即使可以采用逐步回交法，但延长了育种年限。

②每一世代都需进行人工杂交，工作量大。

③仅限于由少数主基因控制的性状，对于改良数量性状则比较困难。

④目标基因可能存在多效性，或目标基因与不利基因紧密连锁仍然是回交育种中需要克服的重大障碍。

◎章末小结

具有不同遗传基础的品种或类型相互杂交，创造遗传变异，继而在杂种后代中进行选择和系统的试验鉴定以育成符合生产要求的新品种，称为杂交育种。根据指导思想不同，杂交育种可分为组合育种和超亲育种。

马铃薯有性杂交技术流程如下：制订计划→准备器具→亲本株的培育与选择→隔离和去雄→花粉的制备→授粉、标记和登录→授粉后的管理→有性杂交后代的处理→杂种的培育→有性杂交后代的选择。整个杂交育种工作的过程，包括下列几个内容不同的试验圃，并形成如下的工作程序：亲本圃→选种圃→鉴定圃→品比试验→生产试验、区域试验、栽培试验→种子（播种材料）的繁殖→大田推广。

选配杂交亲本时应注意以下原则：双亲都具有较多的优点，没有突出的缺点，在主要性状上优缺点尽可能互补；亲本之一最好是能适应当地条件、综合性状较好的推广品种；注意亲本间的遗传差异，选用生态类型差异较大，亲缘关系较远的亲本材料相互杂交；杂交亲本应具有较好的配合力。

杂交方式主要有单交和复交。杂交时采用的技术和相关措施有：促进马铃薯开花的措施、调节开花期、控制授粉以及提高杂交结实率和防止落花落果的措施等。对杂交后代的要进行精心的培育和选择。

当 A 品种有许多优良性状，而个别性状有欠缺时，可选择具有 A 所缺性状的另一品种 B 和 A 杂交，F_1及以后各世代又用 A 进行多次回交和选择，将准备改进的性状通过选择得到保持，A 品种原有的优良性状通过回交而恢复，将这种育种方法称为回交育种。

◎知识链接

“三系”配套杂交育种原理

“杂种优势”可以大幅度提高粮食产量和各种性状。因为杂种可以集合双亲的有利基因而产生杂种优势，并且两个亲本的亲缘关系越远，携带的异质基因越多，杂种优势越明显。

然而杂种优势是不会稳定遗传的，根据遗传定律，杂种 F_1 自交后会出现性状分离。要保持作物的杂种优势，必须年年配制第一代杂交种。

进行杂交的一个问题是需要让亲本不能自交，否则产生的后代就不只是杂交种子了，这就需要在亲本自然授粉前去除亲本的雄蕊。手工去除雄蕊对与大量育种来说无疑是个巨大的工程，尤其是雌雄同花等情况；另一个选择是喷洒药物杀雄，存在的问题有药物的效率、喷洒时间的掌握等；而最好的办法就是获得雄性不育系，这样只要将雄性不育系为母本，和雄性可育的父本在大田中间隔种植，不育系产生的种子就是杂交的 F_1 代。

一、“三系”的概念

(1) 雄性不育系（代号 A）是指稻株外部形态与普通水稻没有多大差别，但雄性器官发育不正常，花粉败育. 不能自交结实。雌性器官却发育正常能接受外来花粉而受精结实。这种雄性不育能稳定遗传的水稻品系叫雄性不育系（简称不育系）。

(2) 雄性不育保持系（代号 B）：由于不育系本身的花粉是不育的，自交不结实，不能通过自花传粉繁衍具有不育特性的后代。必须要有一个正常可育的特定品种给不育系授粉并能结实，使不育系的后代仍保持其雄性的不育特性，这种能使不育系性能—代一代保持下去的特定父本品种称为雄性不育保持系（简称保持系）

(3) 雄性不育恢复系（代号 R）：一些正常可育的品种花粉授给不育系后，结实正常，而且新产生的杂种一代育性恢复正常，能自交结实，并具有较强的优势，这样才能生产出粮食。这种能够恢复不育系雄性繁育能力的品种叫雄性不育恢复系（简称恢复系）。

二、“三系”的关系

不育系=不育系×保持系

保持系=保持系×保持系

杂交种子=不育系×恢复系

这三系中只有不育系是没有花粉的，通过保持系来保持它的不育性，不育系做母本由恢复系做父本恢复它的可育性，长出的种子才能开花结果。保持系和恢复系都有花粉可以自己繁殖。

三、雄性不育的原理

(1) 雄蕊是否可育，是由核基因和质基因共同决定的。

核基因：可育基因 R 对不育基因 r 是显性。

质基因：可育基因为 N，不育基因为 S。

(2) 核基因和质基因的关系

细胞质的可育基因 N 可使花粉正常发育，细胞核的可育基因 R 能够抑制细胞质不育基因 S 的表达。

◎观察与思考

1. 根据指导思想不同，杂交育种分为哪些类型？它们各自的遗传机理是什么？

2. 为什么说正确选配亲本是杂交育种成败的关键？正确选配亲本有什么重要意义，应遵循什么原则？

3. 在亲本选配时为什么特别强调双亲都应具有较多的优点，而且亲本之一最好是能适应当地条件、综合性状较好的推广品种？

4. 选用遗传差异大的材料作亲本有何利弊？双亲来源地的远近，是否能正确反映双亲亲缘关系的远近？

5. 为什么说杂交方式是影响杂交育种成败的重要因素之一？杂交方式有哪些？试阐述单交、三交、四交、双交等杂交方式中，每一亲本的遗传组成。为什么在三交和四交中要把农艺性状好的亲本放在最后一次杂交中？

6. 为什么要求双亲应具有较高的配合力？这里说的一般配合力高指的是什么？

第 14 章 马铃薯远缘杂交育种

通常将植物分类学上不同种（species）、属（genus）或亲缘关系更远的植物类型间所进行的杂交称远缘杂交（wide cross 或 distant hybridization），所产生的杂交种称远缘杂种。远缘杂交又可分为种间杂交、亚种间杂交、属间杂交、科间杂交甚至亲缘关系更远的物种间的杂交，种内不同类型或亚种间杂交又称亚远缘杂交。杂交障碍是远缘杂交时出现的普遍现象。马铃薯远缘杂交主要是种间杂交。

14.1 马铃薯远缘杂交的意义

马铃薯的原始栽培种和野生种资源丰富，这些种质资源经过漫长的自然选择，形成了抗各种病虫害、耐不良环境以及许多有利用价值的经济特性，它们在马铃薯育种中具有巨大潜力。马铃薯的遗传基础狭窄严重阻碍了马铃薯的进一步改良，因此，需要从马铃薯野生种或近缘栽培种中引入抗病、优质等基因，从而增加马铃薯等位基因的异质性，提高马铃薯的一系列综合性状。但是，大多数野生种和原始栽培种与生产栽培中使用的普通马铃薯的胚乳平衡数（endosperm balance number，EBN）不同，直接进行杂交很难成功，限制了对这些宝贵资源的利用。我国马铃薯种间杂交（远缘杂交）在 20 世纪 50 年代就已经开始研究，在近缘栽培种方面取得了一些成绩，通过对新型栽培种的群体改良，筛选了一批有利用价值的优良亲本。应用种间杂交技术诱导普通栽培品种孤雌生殖，筛选了大量优良的双单倍体，筛选了一大批高频率产生 2n 花粉二倍体杂种材料，其中农艺、加工性状优良，稳定地高频率产生 2n 花粉（20%以上）的材料有 HS225、R22、OCE51-51-1、DY10-5 等 20 多份，2n 花粉频率最高达 35.5%。并利用这些亲本培育出一些不同用途的优良品种（东农 304、克新 11 号、内薯 7 号等）。国外如欧美、前苏联等国育成的品种中，有 60%都是通过远缘杂交方法育成的，都具有野种的血缘。如白头翁、卡它丁、米拉等品种。马铃薯远缘杂交育种具有以下重要意义。

14.1.1 丰富马铃薯种质资源

远缘杂交在一定程度上打破了物种间的界限，人为地促进了不同物种之间的基因渗透和交流，从而把不同生物类型各自所具有的独特性状不同程度地结合于杂种个体中，创造出新的品种。这是马铃薯品种改良的重要途径之一。当一个种内各品种间存在不可弥补的缺点或现有品种资源无法满足新的育种目标要求时，引入异属、异种的有利基因，可培育出具有优异性状的新品种，尤其是在培育高产、优质、早熟和高度抗逆等突破性品种时，更具有重要的作用。

开展马铃薯远缘杂交育种工作，将马铃薯近缘栽培种和野生种丰富的有利基因转入到现有的马铃薯品种中，不仅可以扩大马铃薯品种的杂合性，而且可以丰富马铃薯种质资源。

14.1.2　将有利用价值的特性引入到马铃薯栽培种中

现有的马铃薯栽培种存在诸多问题，如：易感多种病毒病、真菌性晚疫病、细菌性青枯病；马铃薯栽培种对环境胁迫的抗性不够高；马铃薯加工业的发展对马铃薯的加工品质提出了更高的要求，而现有的马铃薯栽培种也很难满足这一要求等一系列问题。通过种间杂交、回交或轮回选择等技术手段，可将野生种的一些高抗基因或一些加工特性基因转育到马铃薯栽培种中。例如：野生马铃薯（抗晚疫病）与栽培种杂交，可能会获得抗晚疫病的品种。

14.1.3　创造新的马铃薯类型

通过导入不同种、属的染色体组，可以创造新的马铃薯类型。人类最早利用远缘杂交创造新物种的例子是用野生的心叶烟草（*N. glutinosa*，2n＝24，GG）与普通烟草（*N. tabacum*，2n＝48，TTSS）杂交，F_1染色体加倍后，创造了结合两个亲本染色体组的异源六倍体新种（*N. digluta*，2n＝72，TTSSGG）。

14.1.4　创造异染色体系

通过远缘杂交，导入异源染色体或其片段，可创造出异附加系（alien addition line）、异替换系（alien substitution line）和易位系（translocation line），用以改良现有品种。利用这些材料可以把人们所需要的野生种的个别染色体或其片段所控制的优良性状转育到栽培品种中去，并避免异种（属）其他染色体所控制的不良性状的影响，在育种上有重要的实用意义。结合辐射育种和回交育种技术，异染色体系可进一步培育成只含某个特定基因片段的栽培新品种。

14.1.5　诱导单倍体

虽然远缘花粉在异种母本上常不能正常受精，但有时能刺激母本的卵细胞自行分裂，诱导孤雌生殖，产生母本单倍体。此外，亲缘关系较远的两个亲本因细胞分裂周期不同等原因，其杂种会排除亲本之一的染色体，产生单倍体植株。所以，远缘杂交也是倍性育种的重要手段。

14.1.6　研究马铃薯的进化

许多物种是通过天然的远缘杂交演化而来的，如普通小麦、陆地棉、普通烟草、甘蔗、甘蓝型和芥菜型油菜等。所以，远缘杂交是生物进化的一个重要因素，是物种形成的重要途径。通过远缘杂交并结合细胞遗传学等方面的研究，可使物种在进化过程中所出现的一系列中间类型重现，这样就可为研究物种的进化和确定物种间的亲缘关系提供理论依据，有助于进一步阐明马铃薯形成与演变的规律。

14.2 茄属中的种在远缘杂交育种中的利用

14.2.1 抗马铃薯病毒的种

由单个显性基因控制的对PVX、PVY和PVA的免疫性或高抗性基因，存在于安第斯栽培种中和部分野生种中，其中 *S. stoloniferum* 和 *S. chacoense* 对 PVY 和 PVA 免疫；*S. acaule*对PVX免疫；*S. brevidens* 和*S. etuberosum* 对PVY免疫。此外，抗PVX的种还有 *S. lesteri*、*S. commersonii*、*S. marinasense* 等。通过种间杂交，可以将它们的抗性基因转入到栽培种中。

14.2.2 抗马铃薯病虫的种

马铃薯晚疫病是世界上各马铃薯主产区的主要真菌性病害。抗晚疫病的野生种有 *S. demissum* Lind1，该野生种对晚疫病的抗性既有对某些生理小种的垂直抗性，也有对某些生理小种的水平抗性，其抗性基因已被结合于世界上50%以上的品种中。其他抗晚疫病的野生种还有 *S. chacoense* Bitt 和 *S. vernei* Bitti 等。

马铃薯青枯病是严重危害马铃薯生产又难以进行药剂防治的细菌性病害。普通栽培种中的大部分材料对青枯病表现中度到高度感染。目前，对青枯病的抗原已在二倍体近缘栽培种 *S. phureja*、*S. stenotomum* 和野生种 *S. sparsipilum*、*S. chacoense* 中发现。

14.2.3 抗逆性的种

经过研究鉴定，有35个马铃薯种对对霜冻具有不同程度的耐性。大多数国家以 *S. acaule* 野生种为材料进行抗霜冻育种。此外，耐热的野生种还有：*S. bulbocanum*、*S. chacoense* 和 *S. demissum* 等。

14.2.4 用于加工的种

马铃薯原始栽培种是品质育种的丰富资源。在风味、淀粉含量、蛋白质含量和块茎质地结构等方面都有很大的变异。其中，还原糖较低的种有 *S. phureja*、*S. chacoense* 和 *S. vernei*等。在产量性状方面，高产的种有 *S. vernei*、*S. phureja*、*S. chacoense* 和 *S. demissum* 等。

14.3 远缘杂交中的障碍及其克服方法

马铃薯种间进行远缘杂交时，往往存在杂交不亲和、杂种夭亡、杂种不育、杂交后代严重分离等一系列障碍。在育种实践中，常采取相应措施来克服这些障碍。

14.3.1 杂交不亲和性及其克服方法

1. 杂交不亲和性的内涵

马铃薯的受精作用是一个复杂的生理生化过程，在此过程中，花粉粒的萌发、花粉管的生长和雌雄配子的结合常受到内外因素的影响。远缘杂交时，由于双亲的亲缘关系较远、遗传差异大、染色体数目结构不同以及生理上也常不协调，这些都会影响受精过程。因此，远缘杂交常出现花粉不萌发、花粉管不能伸入柱头、花粉管生长缓慢或破裂、花粉管不能达到子房、雌雄配子不能结合形成合子，合子胚不发育，幼苗死亡等现象，这就是远缘杂交不亲和性（incompatibility）。

2. 远缘杂交不亲和性的原因

自然界的各种生物类型都是在长期的历史发展过程中所形成的，是一个独立的生存单位。为保持各物种的独立性，一般都存在种间生殖隔离（sexual isolation），这是远缘杂交不亲和性的关键所在。双亲受精因素的差异和双亲基因组成的差异是造成远缘杂交不亲和性的主要原因。

由于双亲遗传差异大，柱头呼吸酶的活性、pH、柱头分泌的生理活性物质、花粉和柱头渗透压的差异等生理、生化状况的不同，可阻止外来花粉的萌发、花粉管的生长和受精作用。如当母本柱头的 pH 较高时，不利于花粉粒中水解酶的活动；柱头的呼吸酶活性弱时，花粉粒中的不饱和脂肪酸不易被氧化；柱头上的生长素、维生素等数量少或存在异质性时，柱头的渗透压太大等均会影响花粉在异种柱头上的萌发或花粉管的生长。

双亲花柱异长，也是受精的障碍。此外，有的花粉管虽能进入胚囊，但由于亲缘关系太远，雌、雄配子的膜具有高度的专一性而不能发生相互作用，也无法融合而受精。

3. 克服远缘杂交不亲和性的方法

（1）亲本选择与组配

马铃薯不同的变种或品种，由于其细胞、遗传、生理等的差异，会影响其接受另一种花粉进行受精的能力，即配子间的亲合力有很大差异。所以，为了提高远缘杂交的成功率，必须注意亲本的选配。研究和实践表明，在亲本选配上应遵循以下原则：以栽培种为母本；以染色体数目多的物种作母本；以品种间杂种为母本；广泛测交，选择适当亲本组配。

（2）染色体预先加倍法

在用染色体数目不同的亲本杂交时，先将染色体数目少的亲本进行人工加倍后再杂交，可提高杂交结实率。

（3）桥梁（媒介）法

如果两个种直接杂交有困难时，可先通过第三者作为桥梁，以亲本之一与桥梁品种杂交，将其杂种进行染色体加倍后，再和另一亲本进行杂交。

（4）采用特殊的授粉方法

①用混合花粉授粉：异种花粉中加入少量的母本花粉（甚至死花粉）或多种花粉，不仅可以解除母本柱头上分泌的抑制异种花粉萌发的某些物质，创造有利的生理环境；而且，由于多种花粉的混合，使雌性器官难以识别不同花粉中的蛋白质而接受原属于不亲和的花粉而受精。

②重复授粉：处在不同发育时期的同一母本柱头，其成熟度和生理状况都有差异。所以，在不同发育时期进行重复授粉，可能遇到最有利于受精的条件，而提高受精结实率。

③提前或延迟授粉：未成熟和过熟的母本柱头对花粉的识别或选择能力最低。所以，在开花前 1~5d 或延迟到开花后数天授粉，可提高结实率。

④射线处理法：选用γ射线辐照花粉或柱头，可有效地克服马铃薯的栽培种和野生种之间的杂交不亲和性。

（5）外源激素处理

雌、雄性器官中某些生理活性物质（如生长素、维生素等）含量的多少，会影响受精过程。因此，在花器上补施某些植物激素如赤霉素（GA_3）等，可能会促进异种花粉的受精过程及杂种胚的分化和发育。Bates 等（1974）认为在植物中存在着某种免疫抑制反应（SIR），导致配子的不亲和性。如果从大孢子母细胞减数分裂前开始到去雄时为止，每天从对幼苗注射氨基己酸、氯霉素、水杨酸和乳胆酸等免疫抑制剂，可提高杂交的亲和性。

（6）植物组织培养

随着组织培养等生物技术的不断发展，已创造出一些可用来克服远缘杂交不亲和性的方法。

①柱头手术（stigma grafting technique）：把母本花柱切短，使花粉管便于达到胚囊；或切取已由父本花粉授粉、花粉刚发芽前父本柱头的上端部分，移植到母本柱头上，帮助精核进入胚囊。

②子房受精（overyfertilization）：将花柱切除后，把父本花粉直接撒在子房顶端的切面上，或将花粉的悬浮液注入子房，这样可使花粉管不需要通过柱头和花柱而直接使胚珠受精。

③试管受精（test-tube fertilization）：就是先将未受精的胚珠从子房中剥出，在试管内进行培养，成熟后授以父本花粉或已萌发伸长的花粉管。

④体细胞融合（somatic hybridization）：当有性的远缘杂交不能进行时，可利用体细胞杂交法来获得种、属间杂种。

14.3.2　杂种夭亡、杂种不育及其克服方法

1. 杂种夭亡及杂种不育的表现

不同的种、属间杂交，有时虽能完成受精作用，形成合子，但受精不完全，主要有以下类型：精子能与卵核结合，但不能和极核结合形成胚乳，或胚乳发育不正常，胚和胚乳发育不同步等，因而不能获得杂交种子；虽获得了杂交种子，但幼苗在生育过程中死亡而不能获得杂种植株；杂种虽能长成植株，但不能受精结实获得杂种后代，即出现杂种不育。

杂种夭亡和杂种不育的具体表现有：受精后幼胚不能发育或中途停止发育；能形成幼胚，但幼胚畸形、不完整；幼胚完整，但没有胚乳或极少胚乳，胚和胚乳虽发育正常，但胚和胚乳间形成糊粉层似的细胞层，妨碍了营养物质从胚乳进入胚；由于胚、胚乳和母体组织间不协调，虽能形成皱缩的种子，但不能发芽或发芽后死亡；F_1植株在不同发育时期出现生育停滞或死亡；由于生育失调，营养体虽生长繁茂，但不能形成生殖器官；F_1植株虽能形成生殖器官，但其构造、功能不正常，不能产生有生活力的雌、雄配子。

2. 杂种夭亡及杂种不育的原因

在长期进化过程中，每一物种的遗传因素已经形成一个完整、平衡和稳定的遗传系统。如果这一遗传系统遭受任何破坏，都会影响其个体的生长发育。远缘杂交后，打破了

各个物种原有的遗传系统，必然会影响其后代个体的生长发育甚至导致其死亡或不育。所以，远缘杂种夭亡和不育的根本原因是由于其遗传系统受到了破坏，这种破坏主要表现在以下几个方面：

（1）核质互作不平衡

为将一个物种的核物质导入到另一物种的细胞质中后，由于核质不协调，可能引起雄性不育或影响杂种后代生长发育所需物质的合成和供应，进而影响其生长发育。

（2）染色体不平衡

由于双亲的染色体组、染色体数目、结构、性质等的差异，在减数分裂时不能进行同源染色体的配对、分离，因而不能形成有正常功能的配子而出现不育。

（3）基因不平衡

不同亲本染色体上所携带的基因或基因剂量的差异影响个体生长发育所需物质的合成。不同物种的 DNA 分子大小，核苷酸的排列顺序和结构、DNA 分子所携带的遗传信息所反映的代谢及其调控功能等的差异，彼此间很难协调地共处于一个细胞中。当异源 DNA 进入后，往往被细胞中各种内切酶所裂解或排斥，导致遗传功能紊乱，不能合成适量的物质和形成有正常功能的配子，因而使杂种夭亡或不育。

（4）组织不协调

胚、胚乳及母体组织（珠心、珠被等）间的生理代谢失调或发育不良，也会导致胚乳败育及杂种幼胚夭亡。胚和胚乳在发育上有极敏感的平衡关系，胚的正常发育必须由胚乳供应所需营养，如没有胚乳或胚乳发育不全，幼胚发育将中途停顿或解体。

3. 杂种夭亡及杂种不育的克服方法

（1）幼胚的离体培养

胚胎学的研究表明：远缘杂交难以获得杂交种子的原因之一是在受精后，由于胚乳败育、解体，胚和胚乳不协调，杂种胚得不到足够的营养而使发育受阻。因此，将杂种幼胚进行人工离体培养，以调整杂种胚发育的外界条件，改善杂种胚、胚乳和母体组织间的生理不协调性，可获得杂种并大大提高结实率。

（2）杂种染色体加倍法

当远缘杂交的双亲染色体组或染色体数目不同而缺少同源性，致使 F_1 在减数分裂时，染色体不能联会或很少联会，不能形成具有生活力的配子而造成不育时，通过杂种染色体加倍获得双二倍体，便可有效地恢复其育性。

（3）回交法

染色体数目不同的远缘杂交所得的杂种，其产生的雌、雄配子并不都是完全不育的。其中有些雌配子可接受正常花粉受精结实，或能产生有生活力的少数花粉。所以用亲本之一对杂种回交，可获得少量杂种种子。由于不同回交亲本对提高杂种结实率有很大差异，所以回交所用亲本不应局限于与原来亲本相同的变种或品种。当栽培种与野生种杂交时，一般以栽培种作回交亲本。

（4）延长杂种的生育期

远缘杂种的育性有时也受外界条件的影响，延长杂种生育期，可促使其生理机能逐步趋向协调，生殖机能及育性得到一定程度的恢复。可利用采用无性繁殖法，或人工控制温、光条件等来延长杂种的生育期，逐步恢复杂种的育性。

除采用上述方法克服远缘杂种夭亡或不育外，还可用嫁接法克服远缘杂种夭亡和不育性。

14.3.3　杂种后代的严重分离

1. 远缘杂种后代性状分离的特点

(1) 没有明显的分离规律

种内杂交时，很多质量性状的分离，基本上都符合一定的比例，上下代之间一般也有规律可循。但远缘杂交时，来自双亲的异源染色体缺乏同源性，导致减数分裂过程紊乱，形成具有不同染色体数目和质量的各种配子。因此，其后代具有极复杂的遗传特性，性状分离复杂且无规律，上下代之间的性状关系也难以预测和估算。

(2) 分离类型丰富，并有向两亲分化的倾向

远缘杂交后代，不仅会分离出各种中间类型，而且还出现大量的亲本类型、亲本祖先类型、超亲类型以及某些特殊类型等，变异极其丰富。

(3) 分离世代长、稳定慢

远缘杂种的性状分离并不完全出现在 F_2，有的要在 F_3或更高世代才有明显表现。同时，在某些远缘杂交中，由于杂种染色体消失、无融合生殖、染色体自然加倍等原因，常出现母本或父本的单倍体、二倍体或多倍体；在整倍体的杂种后代中，还会出现非整倍体。这样，性状分离会延续多代而不易稳定。

2. 远缘杂种后代分离的控制

(1) F_1染色体加倍

用秋水仙素对 F_1染色体加倍，形成双二倍体，不仅可提高杂种的可育性，而且也可获得不分离的纯合材料。再经过加工，可选育出某些双二倍体的新类型。但加倍后所获得的稳定性是相对的，因为这些双二倍体的外部性状虽比较稳定一致，但就细胞学而言，这些整倍体植株也并非完全稳定，还可从中分离出非整倍体。利用这些非整倍体可育成异染色体系，作为育种的原始材料。

(2) 回交

回交既可克服杂种的不育性，也可控制其性状分离。如在栽培种×野生种时，F_1往往是野生种的性状占优势，后代分离强烈。如果用不同的栽培品种与 F_1连续回交和自交，便可克服野生种的某些不利性状，分离出具有野生种的某些优良性状并较稳定的栽培类型。

(3) 诱导单倍体

远缘杂种 F_1的花粉虽大多数是不育的，但也有少数花粉是有生活力的，如将 F_1花粉进行离体培养产生单倍体，再人工加倍为纯合二倍体后，便可获得性状稳定的新类型。这一技术途径可以克服远缘杂种的性状分离，迅速获得稳定的新类型。

(4) 诱导染色体易位

利用理化因素处理远缘杂种，诱导双亲的染色体发生易位，把仅仅带有目标基因的染色体节段相互转移，这样既可避免杂种向两极分化，又可获得兼具双亲性状的杂种。

14.4　远缘杂交育种的其他策略

14.4.1　品系间杂交技术

在品种间杂交育种和远缘杂交的育种中，有不少学者提出品系间杂交的技术，即从同一组合中选育出的具有不同目标性状的品系之间进行互交。这种方法的好处在于释放被束缚的变异，取得较优良的组合，提高种间杂种后代的结实率，克服经济性状间的不利连锁。

14.4.2　外源染色体导入

通过远缘杂交合成的种间杂种，因含全套的异源染色体组，除目的性状外，杂种往往带有异源物种的一些不良性状，难以在生产上直接利用或进行转育研究。导入或置换某个异源染色体或染色体片段，可基本避免上述问题，更好地利用异源物种的有利性状。外源染色体导入可分为非整倍体的附加系，或整倍体的置换系二种。

1. 异附加系（alien addition line）

在某物种染色体组的基础上，增加一个、一对或二对其他物种的染色体，从而形成一个具有另一物种特性的新类型个体。在整套染色体中附加一条外源染色体的个体称为单体附加系，附加一对外源染色体的个体为二体附加系，附加二条不同的染色体称为双单体附加系。

附加系本身就是种间杂种，且染色体数目不稳定，育性减退，同时由于异源染色体可能伴随有不良的遗传性状，在缺乏严格选择的情况下，几代后，它往往会恢复到二倍体状况。所以，附加系一般不能直接用于生产，但可用于创造异替换系和易位系，是选育新品种的宝贵材料。

2. 异置换系（alien substitution line）

异置换系是指某物种的一对或几对染色体被另一物种的一对或几对染色体所取代而成的新类型个体。异置换系由附加系与单体杂交再自交得到。置换系的染色体数目未变，染色体的代换通常在部分同源染色体间进行。由于栽培品种与亲缘物种的同源染色体间有一定的补偿能力，因此代换系在细胞学和遗传学上都比相应的附加系稳定，有时可在生产上直接利用。用代换系来转移有用基因比用附加系更优越。代换系与栽培品种杂交产生的 F_1 中，外源染色体与它对应的染色体均呈单价体，发生部分同源配对的频率比附加系与栽培品种的杂种一代高，因为 F_1 中栽培品种的染色体都有各自的同源染色体将优先进行同源染色体配对。

14.4.3　染色体片段转移技术

通过培育附加系和置换系的途径转移整条外源染色体，在导入有利基因的同时不可避免地随带入许多不利基因。整条染色体的导入还经常导致细胞学上不稳定和遗传学上不平衡，从而对整体农艺性状水平有较大影响。转移外源基因较理想的方法是导入携有有用基因的染色体片段。在远缘杂交中经常发生自发易位，但频率不高。但是通过辐射诱变、组织培养，可增加亲本间染色体的遗传交换，提高易位系产生频率。这种易位系其遗传特性较稳定，可直接应用于生产。

14.4.4　体细胞杂交技术的应用

去掉细胞壁的植物细胞称为原生质体。诱导两个不同亲本的原生质体互相融合形成异核体，异核体再生出细胞壁进而在有丝分裂的过程中发生核融合，这一过程称为体细胞杂交。体细胞杂交技术可最大限度地克服有性杂交的种间隔离，将亲缘关系更远的亲本进行杂交，产生远缘杂种。胞质杂种的获得将大大缩短远缘杂交转育的年限，而且可以避免种间生物学隔离等许多障碍。但体细胞杂交需要组织培养技术、原生质体融合技术及体细胞杂种的鉴定与选择技术作基础。

14.4.5　外源 DNA 的直接导入技术

利用基因工程技术将外源 DNA 导入受体细胞是将外源优秀基因导入马铃薯栽培种的有效手段之一。总之，采用远缘杂交技术，将异种、异属、异科植物的有益性状转育到现有的马铃薯栽培品种中，是马铃薯遗传改良的重要途径之一。

14.4.6　远缘杂种育种技术

对远缘杂种的培育应该遵循以下原则：远缘杂种早代应有较大的群体；放宽早代选择的标准；灵活的应用选择方法。

◎章末小结

通常将植物分类学上属于不同种（species）、属（genus）或亲缘关系更远的植物类型之间进行的杂交，称为远缘杂交（wide cross 或 distant hybridization）。利用远缘杂交技术，可以培育新品种和种质系、创造新的马铃薯类型、创造异染色体系、诱导单倍体，同时可以研究马铃薯的进化。

远缘杂交时，常存在杂交不亲和、杂种夭亡、杂种不育以及杂种后代严重分离等一系列问题。

◎知识链接

什么是“航天育种”？

航天育种就是把普通种子送往太空，使其在太空中的独特环境下进行变异的育种法。例如正豆属航天育种的高科技结晶，是我国最新选育成功的彩色土豆颇具代表性的品种。其皮肉全为鲜红或深红色，色泽艳丽，因而冠以红宝石土豆或红玫瑰土豆之美名。

一、育种过程

第一阶段：种子筛选。

种子筛选是航天育种的第一步，这一程序非常严格，需要专业技术。带上太空的种子必须是遗传性稳定、综合性状好的种子，这样才能保证太空育种的意义。

第二阶段：天上诱变。

利用卫星和飞船等太空飞行器将植物种子带上太空，再利用其特有的太空环境条件，如宇宙射线、微重力、高真空、弱地磁场等因素对植物的诱变作用产生各种基因变异，再返回地面选育出植物的新种质、新材料、新品种。中国农科院作物科学所航天育种中心主任刘录祥研究员指出：诱变表现得十分随机，在一定程度上是不可预见的。航天育种不是每颗种子都会发生基因诱变，其诱变率一般为百分之几甚至千分之几，而有益的基因变异仅是千分之三左右。即使是同一种作物，不同的品种，搭载同一颗卫星或不同卫星，其结果也可能有所不同，航天育种是一个育种研究过程，种子搭载只是走完万里长征一小步，不是一上去就“变大”，整个研究最繁重和最重要的工作是在后续的地面上完成的。

第三阶段：地下攻坚。

由于这些种子的变化是分子层面的，想分清哪些是我们需要的，必须先将它们统统播种下去，一般从第二代开始筛选突变单株，然后将选出的种子再播种、筛选，让它们自交繁殖，如此繁育三四代后，才有可能获得遗传性状稳定的优良突变系，期间还要进行品系鉴定、区域化试验等。这样，每次太空遨游过的种子都要经过连续几年的筛选鉴定，其中的优系再经过考验和农作物品种审定委员会的审定才能称其为真正的“太空种子”。

二、开展航天育种的意义

民以食为天，农以种为先。优良品种是农业发展的决定性因素，对提高农作物产量、改善农作物品质具有不可替代的作用。目前，我国的绝大部分农作物新品种都是在常规条件下经过若干年的地面选育培育而成的。我国航天科学家和农业科学家充分发挥了自己的聪明才智，把航天这一最先进的技术领域与农业这一最古老的传统产业相结合，利用航天诱变技术进行农作物育种，对加快我国育种步伐，提高育种质量，探索具有中国特色的新兴育种研究领域具有十分重要的意义。

三、航天育种的基本目标是什么

航天育种工程项目以我国成熟的返回式卫星技术为平台，生产符合育种工作需要的育种专用返回式卫星一颗、运载火箭一枚，以粮、棉、油、蔬菜、林果花卉等为重点，考虑各种不同作物的不同生态区域，选择 9 大类 2000 余份种子材料，进行空间试验，并建设国家农作物航天诱变技术改良中心。种子回收后，经过育种筛选，培育高产、优质、高效的优异新品种，进行推广和普及，并利用地面模拟试验装置研究各种空间环境因素的生物效应与作用机理，探索地面模拟空间环境因素的途径，提高空间技术育种效率。通过航天育种工程项目的实施，拟选育高产、优质、高效的 10~15 个有重要经济价值的优异新品种，使主栽品种单产提高 10%左右，推广面积达到 3000 万~5000 万亩，增产粮食 20 亿~30 亿斤。

红土豆比普通土豆有营养价值

红色土豆是从国际马铃薯研究中心引进的。为什么会是红色的？是“远缘杂交”的结果，就是黄色普通土豆与紫色土豆进行杂交产生了红色土豆，随后通过常规和生物技术手段培养定型。它是通过生物技术与大田常规种植技术结合培育出来的新一代产品，只是在细胞层面上对土豆芽进行了茎尖去病毒处理，因此，这种红皮花心的土豆可放心食用。

彩色土豆更有营养价值，根据实验室初步分析，彩色土豆的营养价值更加丰富，含有花青素。普通土豆中并不含花青素，花青素是一种强有力的抗氧化剂，可增强动脉、静脉和毛细血管弹性，可抗心脑血管疾病，预防癌症、心脏病、过早衰老和关节炎等。与老品种相比，彩色土豆芽眼小，外观好看，抗病性强，还具有主秆发达、分枝少、抗病性强的特点，亩产达1500公斤以上，比普通土豆增产20%左右。同时，由于抗病性提高，在生产中大大降低了农药的使用剂量，有利于生产出无污染、无公害的绿色食品。

◎观察与思考

1. 什么是远缘杂交？远缘杂交在马铃薯遗传育种中的作用和意义是什么？
2. 马铃薯远缘杂交具有什么特点？存在哪些困难？
3. 试述马铃薯远缘杂交不亲和的原因及克服方法？
4. 马铃薯远缘杂种为何杂种夭亡和不育？如何克服？

第 15 章　马铃薯分解育种法

马铃薯育种中，普通马铃薯（2n = 4X）和二倍体马铃薯（2n = 2X）之间直接进行杂交很难成功，因此，二倍体马铃薯所拥有的一些优良基因很难通过杂交输入到普通马铃薯中，这极大地限制了二倍体马铃薯在马铃薯育种中的应用。Chase 于 1963 年首次提出马铃薯分解育种法（analytic breeding methods），将二倍体马铃薯种质资源较好地应用于马铃薯育种中。

15.1　分解育种法的内涵及优点

分解育种法的实施分为以下三个阶段：首先，将普通马铃薯（2n = 4X）的倍性降低到二倍体水平（双单倍体的诱导）；其次，在二倍体水平上进行育种；最后，二倍体恢复为四倍体并进行鉴定。

分解育种法具有以下优点：在二倍体群体内进行改良，加快选择速度；对改良普通马铃薯的农艺性状起很大作用；向普通马铃薯输入了二倍体中的一些优良基因；丰富了普通马铃薯等位基因的多样性。

15.2　分解育种法的实施步骤

马铃薯分解育种法的实施主要包括以下几个步骤：诱导材料的选择、双单倍体的诱导、二倍体水平上进行育种、马铃薯倍性的恢复（四倍体马铃薯的获得）。

15.2.1　马铃薯诱导材料的选择

应选择表现型优良的个体作为诱导材料，因为诱导出的马铃薯双单倍体受供试植株基因型的影响，诱导材料带有不良基因，这些基因很可能在诱导出的双单倍体中出现。

15.2.2　马铃薯双单倍体的诱导

1. 双单倍体的概念

具有配子染色体数目的孢子体称为单倍体（haploid）。根据单倍体所具有的染色体组数不同，将单倍体划分为单元单倍体和多元单倍体。二倍体（2n = 2X）植物产生的单倍体，其体细胞中只有一套染色体组，因此称为单元单倍体（一倍体 monoploid）。多倍体植物产生的单倍体，其体细胞中具有两套以上的染色体组，因此称为多元单倍体（polyhaploid）。普通马铃薯（2n = 4X）是同源四倍体，因此，其单倍体为双单倍体（二元单倍体）。在育种学上，通常将它们统称为单倍体。

2. 双单倍体的诱导方法

可以通过自然发生和人工诱发获得单倍体。自然界单倍体的产生是不正常受精过程产生的。自然界产生单倍体的频率极低，仅为10^{-5}~10^{-8}，因此，在育种过程中，主要依靠人工诱导获得马铃薯双单倍体。人工诱导产生单倍体的途径主要有以下几种：

①孤雌生殖（female parthenogenesis）。孤雌生殖指卵细胞未经受精而发育成个体的生殖方式。

②孤雄生殖（male parthenogenesis）。孤雄生殖是精子入卵后未与卵核融合，而卵核发生退化、解体，精核在卵细胞内发育成胚。

③无配子生殖（apogamy）。无配子生殖是指助细胞或反足细胞未经受精而发育为单倍体的胚。

④细胞和组织离体培养。花药（花粉）离体培养和未受精子房（胚珠）培养是产生马铃薯单倍体的主要途径。花粉（药）培养的利用的原理是植物每一特化的细胞都具有发育成完整植株的潜力。花粉（药）培养是人为地创造孤雄生殖，也称为雄核发育。

⑤辐射诱导。

⑥化学药物诱导。某些化学药物能刺激未受精的卵细胞发育形成单倍体植株。常用的化学药剂有硫酸二乙酯、2，4-D、NAA、6-BA、三甲基亚砜、乙烯亚胺等。

马铃薯双单倍的胚乳平衡数（EBN）是2，因此，普通马铃薯的双单倍体与大多数二倍体种很容易杂交成功，从而实现普通马铃薯与二倍体种的遗传物质的交流。尽管获得单倍体的方法较多，但对于马铃薯而言，常采用孤雌生殖和花药培养。

3. 双单倍体的鉴定

通常采用形态学鉴定法、细胞学鉴定法和遗传学鉴定法鉴定双单倍体。

形态学鉴定法：双单倍体与相应的双倍体正常植株相比，有明显的“小型化”特征，细胞及器官变小，植株矮小，表现出衰退现象。

细胞学鉴定法：即检查体细胞中的染色体数及花粉母细胞中的染色体数目及配对情况，这是较为可靠的方法。

遗传学鉴定法：双单倍体的育性明显降低。

一般情况下，上述三个方面均要进行鉴定，才能确定某一植株是否为真正的单倍体。

15.2.3　在二倍体水平上育种

1. 在二倍体水平上进行遗传分析和育种的优越性

（1）遗传分析方面的优越性

普通马铃薯（2n=4X=48）的体细胞核内具有4套染色体，表现出四体遗传，与二倍体相比，遗传复杂。利用普通马铃薯的单倍体植株进行遗传学研究，可以简化遗传分析。例如，以某一等位基因为例，四倍体群体内有五种基因型，即AAAA、AAAa、AAaa、Aaaa、aaaa，自交时，其表型和基因型的分离复杂多样。而二倍体群体内却只有三种基因型，即AA、Aa、aa，遗传表现相对简单。

（2）育种方面的优越性

在育种方面，可以缩短育种年限和克服远缘杂交的不亲和性。

远缘杂交时，由于亲本遗传差异大，后代不易稳定。采用孤雌生殖解决这个问题可取得一定成效。Hougas 用马铃薯做过这方面的研究。用马铃薯栽培品种（2n=48）与抗病的野生种杂交难以成功，但用马铃薯栽培品种的单倍体与野生种杂交，从杂种中选出了符合要求的优良个体。

（3）提高诱变育种的效率

单倍体是进行诱变育种的优良材料，单倍体较易发生变异，而且变异性状表现的世代较早，便于早期识别和选择，在诱变育种中占有重要地位。

（4）合成育种新材料

远缘杂交获得的 F_1 产生单倍体后，再进行染色体加倍，可以获得染色体附加系材料和由双亲部分遗传物质组成的崭新材料。

2. 二倍体杂种产生 2n 配子

2n 配子是指具有体细胞染色体数目的配子。马铃薯 2n 配子的产生受遗传物质和环境的共同影响。2n 花粉粒的染色体数目比 n 花粉粒的多一倍，其直径是 n 花粉的 1.2~1.5 倍，可以用镜检的方法将 2n 花粉和 n 花粉进行初步分离。

15.2.4　恢复四倍体的倍性

对于产量和主要的农艺性状而言，马铃薯的最佳倍性水平是四倍体。在二倍体水平上进行改良和选择后，还应该恢复四倍体的倍性。在育种实践中，通常采用以下方法进行有性多倍化：

1. 4X×2X 组合

由于 2n 花粉便于研究，所以该组合是目前科研和生产中利用的主要方式。

2. 2X×4X 组合

由于对 2n 卵的研究比较困难，且产生 2n 卵的频率较低，所以这种方法较少应用。

3. 2X×2X 组合

2X×2X 组合产生的后代既有 2X，也有 4X。2X×2X 组合的 4X 后代可以用染色体计数的方法鉴定，也可以用形态鉴定法进行鉴定，例如计数气孔保卫细胞中的叶绿体数和观察 4X 的形态大小。

◎章末小结

马铃薯育种中，普通马铃薯（2n=4X）和二倍体马铃薯（2n=2X）之间直接进行杂交很难成功，因此，二倍体马铃薯所拥有的一些优良基因很难通过杂交输入到普通马铃薯中，这极大地限制了二倍体马铃薯在马铃薯育种中的应用。Chase 于 1963 年首次提出马铃薯分解育种法（analytic breeding methods），将二倍体马铃薯种质资源较好地应用于马铃薯育种中。分解育种法的实施分为以下三个阶段：首先，将普通马铃薯（2n=4X）的倍性降低到二倍体水平（双二倍体的诱导）；其次，二倍体水平上进行育种；最后，二倍体恢复为四倍体。马铃薯双单倍的胚乳平衡数（EBN）是 2，因此，普通马铃薯的双单倍体与大多数二倍体种很容易杂交成功，从而实现普通马铃薯与二倍体种的遗传物质的交流。

分解育种法具有以下重要意义：在二倍体群体内进行改良，加快选择速度；对改良普通马铃薯的农艺性状起很大作用；向普通马铃薯输入了二倍体中的一些优良基因；丰富了普通马铃薯等位基因的多样性。

普通马铃薯（2n=4X）是同源四倍体，因此，其单倍体为双单倍体。在育种过程中，主要依靠人工诱导获得马铃薯双单倍体。通过检查体细胞中染色体数及花粉母细胞中的染色体数目及配对情况来初步鉴定马铃薯双单倍体；其次，可以根据形态特征进行鉴定马铃薯双单倍体，因为双单倍体与相应的双倍体正常植株相比，有明显的“小型化”特征，细胞及器官变小，植株矮小；此外，双单倍体的育性明显降低，一般情况下，上述三个方面均要进行鉴定，才能确定某一植株是否是单倍体。在二倍体水平上育种后，要恢复马铃薯四倍体的倍性。

◎知识链接

“单倍体育种”及其优点

单倍体育种是植物育种手段之一。即利用花药培养等方法诱导产生单倍体，并使其单一的染色体各自加倍成对，成为有活力、能正常结实的纯合体，从而选育出新的品种。

单倍体育种具有以下优点：单倍体植株经染色体加倍后，在一个世代中即可出现纯合的二倍体，从中选出的优良纯合系后代不分离，表现整齐一致，可缩短育种年限。单倍体植株中由隐性基因控制的性状，虽经染色体加倍，但由于没有显性基因的掩盖而容易显现。这对诱变育种和突变遗传研究很有好处。在诱导频率较高时，单倍体能在植株上较充分地显现重组的配子类型，可提供新的遗传资源和选择材料。中国首先应用单倍体育种法改良作物品种，已育成了一些烟草、水稻、小麦等优良品种。单倍体育种如能进一步提高诱导频率并与杂交育种、诱变育种、远缘杂交等相结合应用，则在作物品种改良上的作用将更显著。

◎观察与思考

1. 马铃薯分解育种法具有哪些优点？
2. 什么是双单倍体？如何获得双单倍体？
3. 简述马铃薯分解育种法的实施步骤。

第 16 章　马铃薯诱变育种

产生可遗传的变异是选育作物新品种的前提条件。在自然界中，作物能够产生自发突变的频率非常低，不能满足育种工作的需要。诱变育种（induced mutation breeding）是指人为采用物理或化学诱变剂，诱发作物产生可遗传的变异，再根据育种目标进行人工选择、鉴定，从而培育生产上有发展潜力的新品种的育种途径。诱变育种与常规育种方法相比较，它的突出优点是可以打破原有基因变异库对它的制约作用，通过染色体结构变异、基因突变或倍性变异，产生新的可遗传的变异，从而创造出有利用价值的新品种，且可以补充育种资源的不足。通过诱变育种手段，可有效地提高作物发生突变的频率，对创造出马铃薯新品种具有非常重要的指导意义。

诱变育种始于 20 世纪 20 年代末，1927 年美国昆虫学家 Mulle 通过 X 射线照射果蝇实验，证实 X 射线可以诱发果蝇产生可遗传的变异。1928 年植物育种学家 Stadler 证实通过 X 射线照射玉米和大麦可以诱发产生突变，此后在开展植物育种工作时开始采用诱变技术。1934 年，Tollenear 通过 X 射线照射实验育成了世界上第一个烟草突变品种。化学诱变开始的标志是 1943 年 Ochlkers 用脲烷处理月见草诱发其染色体变异。

随着原子能技术的发展和应用，20 世纪 50 年代，作物诱变育种工作被大量开展，并取得了可喜的成绩，培育出了一大批作物新品种，使农业生产向前迈进了一大步。

16.1　诱变育种的概念及其特点

16.1.1　诱变育种的概念

诱变育种也称突变育种或引变育种。马铃薯诱变育种是指人为采用物理或化学诱变剂，诱发马铃薯产生遗传变异，再根据育种目标的要求进行人工选择、鉴定，从而培育出符合人们需要的马铃薯新品种的育种方法。诱变育种在马铃薯性状改良中发挥着重要作用。

诱变育种作为一项现代育种技术是在选择育种和杂交育种的基础之上发展起来的。由于马铃薯为同源四倍体无性繁殖作物，遗传背景极其复杂，发生突变的概率极低，从而加大了马铃薯优良品种选育工作的难度，采用常规育种方法很难达到育种目标。为了选育出马铃薯优良品种，可以采用诱变育种手段来实现，对马铃薯产业的进一步发展具有促进作用。

16.1.2　诱变育种的成就

1. 选育出了一大批优良的作物新品种

20 世纪 20~40 年代，人们证实用 X 射线和化学药剂处理生物体可使其产生遗传变异，从此诱变育种技术被广泛采用，在农业生产中的地位越来越重要。据报道称，1995 年全世界通过诱变技术成功地育成了 1932 个植物新品种；2000 年，全世界通过诱变技术育成了 2252 个植物新品种。我国诱变育种工作开始于 20 世纪 50 年代，并取得了非常突出的成就，通过诱变技术育成的作物新品种的数量世界第一。

2. 扩大作物的基因变异库，丰富种质资源、创造新品种

通过诱变剂处理可使作物产生遗传变异，这些遗传变异是产生作物新品种的基础，不仅丰富了作物的种质资源，而且扩大了作物的基因变异库。20 世纪 30 年代以来，全球通过诱变育种途径选育出了涉及约 130 个物种的遗传变异资料。据相关资料表明，全球通过诱变技术育成并推广了 1932 个植物新品种，我国为 459 个。近年来，我国收集了约 1700 份涉及 24 种植物的遗传变异资源，并对其进行了鉴定及育种价值的研究工作，有很高利用价值的品种包括：小麦辐 66、水稻原丰早、玉米原辐 17 等。

16.1.3　诱变育种的特点

1. 提高变异率、扩大变异范围、创造作物新品种

作物在自然界中可产生自发的遗传变异，但是非常偶然，换句话说就是它的突变率很低，一般为 0.1%左右。通过诱变剂处理可使突变率提高 100～1000 倍。通过诱变剂处理所产生的变异类型非常多，范围非常广，甚至可以产生自然界中从未出现过的全新变异，可快速扩大作物的原有“基因变异库”，丰富种质资源、创造新品种。

2. 改变单性状、提高商品性

现有的许多马铃薯优良品种，仍有个别性状不符合现代化商品的要求。为了改良个别有缺陷的性状，可采用杂交育种手段，但是往往会出现基因分离和重组现象，从而导致优良性状组合发生解体；甚至会产生某些有利基因与不利基因连锁现象。采用诱变育种手段，可产生基因点突变，从而只改良个别有缺陷的性状，不会出现杂交育种所带来的困扰。例如：将晚熟性状变为早熟性状，高秆性状变为矮秆性状。通过诱变育种手段可改良品种的个别不良性状，对高度杂合的无性繁殖的马铃薯的而言更为重要。

3. 诱变体稳定快、育种年限短

杂交育种一般经 7～8 代才能培育出一个新品种，而诱变育种一般经 3～4 代就能培育出一个新品种。因为诱变技术产生的是点突变，一旦出现有利基因的突变，可以很快将这一有利基因稳定下来，大大缩短了育成的马铃薯新品种的育种年限。

4. 其他特点

诱变育种除以上特点之外，还具有以下特点：产生雄性不育；克服远缘杂交不亲和性；变异方向和性质不易控制等。通过诱变技术可使正常植株出现雄性不育，为雄性不育的研究提供育种材料。通过诱变剂对植株的处理作用，可以克服远缘杂交不亲和性，使其顺利受精、结实。

目前，由于研究水平有限，诱变作用的机制还没有完全被揭示出来。通过诱变技术产生的变异大多为有害变异，有利变异的出现频率非常低，而且变异方向和变异性质不易控制。因此，如何提高有利变异的出现频率，如何有效控制变异的方向和性质，是值得我们深思的问题。随着新技术的不断出现，马铃薯诱变育种的研究工作会不断向前发展，我们坚信在不久的将来困扰我们的问题都会迎刃而解。

16.2　物理诱变育种

16.2.1　射线的种类及特点

表 16-1　　射线种类、辐射源及其特性

射线种类	辐射源	性质	能量	危险性	必须屏蔽	对组织的穿透性
X 光	X 光机	核外电磁辐射	50～300kV	危险，有穿透力	几毫米的铅板（高能的机器除外）	几毫米至很多厘米
γ 射线	放射性同位素及核反应	与 X 射线相似的电磁辐射	几百万电子伏特	危险，有穿透力	很厚的防护层、厚铅板或混凝土	很多厘米
中子（快、慢、热）	核反应堆或加速器	不带电的粒子，比氢原子略轻	从小于 1eV 到几百万电子伏特	很危险	用轻材料做的厚防护层	很多厘米
β 粒子、快电子或阴极射线	放射性同位素或加速器	正负电子	几百万电子伏特	有时有危险	厚纸板	几毫米
α 粒子	放射性同位素	氢核，电离密度很大	2～9MeV	内照射时极危险	一张薄纸即可	小于 1mm
质子或氘核	核反应堆或加速器	氢核	几十亿电子伏特	很危险	很多厘米厚的水或石蜡	很多厘米
紫外线	低压水银灯	低能电磁辐射	低	较小	不透紫外光的材料	很有限

1. 紫外线

紫外线是一种波长为 200～400nm，穿透力很弱的非电离射线，可由紫外灯产生。其诱变育种的波长多在 250～290nm 之间，此区段与 DNA 的吸收光谱（260nm）相吻合，因此诱变作用最强。采用紫外线为诱变剂进行诱变育种省时、省力，已经为人类创造出了许多优良的作物新品种。

2. X 射线

X 射线也叫阴极射线，是由 X 光机产生的波长较短、不带电荷的核外电磁辐射。X 射

线可分为硬 X 射线和软 X 射线两种类型。波长较短，能量较高，穿透力较强的 X 射线，称为硬 X 射线。波长较长，能量较小，穿透力较弱的 X 射线，称为软 X 射线。X 射线是最早应用于诱变育种的射线。

3. γ 射线

γ 射线是一种由放射性同位素 Co^{60} 或 Cs^{137} 产生的波长小于 0. 001nm 的高能电磁波，γ 射线穿透力很强，生物体在其诱变作用下很容易发生 DNA 的断裂从而出现遗传突变。在马铃薯诱变育种中 γ 射线是使用最多的射线，并且已经培育出了一大批有潜力的马铃薯新品种。

4. β 射线

β 射线又称乙种射线，是由放射性同位素 ^{32}P 和 ^{35}S 衰变时放出来的带负电荷的电子流。在空气中射程短、穿透力低。β 射线只能用于内照射，因为使用同位素溶液进行浸种时，同位素直接深入到植物的细胞核中，从而使射线对植物产生诱变作用。其辐照量用 mCi/g 表示或用浸种后每粒种子中放射性强度（μCi）表示。

5. 中子

中子是一种不带电的粒子，在自然界中不单独存在。辐射源为核反应堆、加速器或中子发生器，在原子核受到外来粒子攻击产生核反应时，从原子核里释放出来。根据其能量大小可分为快中子、慢中子和热中子。目前应用最多的是快中子和热中子。由于中子穿透力很强，因此具有极强的诱变力，越来越多地被应用于植物育种工作中，但是其具有很大的危险隐患，在使用时要非常小心。

6. 激光

激光是 20 世纪 60 年代发展起来的一种新光源，是由激光器产生的一种电磁波，波长较长，能量较低。激光具有方向性好、亮度高及单色性好等特点。在诱变育种中主要利用波长为 2000~10000Å 的激光，因为此区段波长容易被生物体吸收而产生遗传突变。目前使用较多的激光器包括二氧化碳激光器、氦氖激光器、红宝石激光器等。激光诱发生物体产生遗传突变的机理还没有完全搞清楚，需要研究工作者们付出更多的努力。

16. 2. 2　辐射材料的选择

辐射育种能否成功的关键是辐射材料的选择是否合理。辐射材料包括植物体、种子、营养器官、子房、花粉、胚等。其中，种子是应用最广的辐射材料。因为种子一般比较小，便于储存、携带，可进行大量处理。

16. 2. 3　辐射剂量单位和剂量率

1. 辐射剂量和辐射剂量率

辐射剂量用 X 表示，单位为伦琴（R），国际制单位为 C/kg（库仑/千克），适用范围为 X 射线和 γ 射线，是指 X 射线或 γ 射线在空气中任意一点处产生电离大小的一个物理量。

$$1R = 2.58 \times 10^{-4} C/kg$$

辐射剂量率是指单位时间内的辐射量，单位是 C/（kg · s）［库仑/（千克 · 秒）］。

2. 吸收剂量和吸收剂量率

吸收剂量用D表示，单位为拉德（rad），国际制单位为Gy（Gray，戈瑞），适用范围为γ射线、β射线及中子等电离辐射，是指被照射物体某一点上单位质量所吸收的能量值。

$$1\text{rad}=10^{-2}\text{Gy}$$

吸收剂量率是指单位时间内的吸收剂量，单位为Gy/h、Gy/min、Gy/s。

3. 积分流量

积分流量是指单位面积内通过的中子总数，是衡量中子辐射强弱的剂量单位。用中子数/平方厘米（n/cm^2）来表示。

4. 放射性强度

放射性强度，也称放射性活度，是指单位时间内辐射源发生核衰变的数目，可以衡量辐射源的强弱。放射性强度的单位过去用毫居里（mCi）或微居里（μCi）表示。现在为了统一，将放射性强度的国际单位定为Bq（贝可），1Bq表示辐射源每秒衰变一次。$1\text{Ci}=3.7\times10^{10}\text{Bq}$。

16.2.4 辐射诱变的作用机理

1. 辐射作用的基本过程

辐射作用的基本过程可分为3个阶段：

（1）物理阶段

生物体被射线照射时，射线的辐射能会转移到生物体内，使生物体内的分子发生电离作用。

（2）化学阶段

化学阶段主要产生自由基的继发作用及生物体内大分子的化学反应，从而破坏DNA分子结构，降低生物体的稳定性。

（3）生物学阶段

由于生物体细胞内的生物化学反应发生了变化，从而使细胞器的结构及组成发生变化，如：产生基因突变、染色体结构变异，最终成为可遗传的变异。

2. 辐射对生物体产生的不良影响

辐射会对生物体产生不良影响，主要影响细胞、染色体及DNA的结构组成。

（1）辐射对细胞的不良影响

辐射通过抑制细胞分裂活动，从而对生物体细胞产生不良影响，表现为生物体生长极其缓慢。通过辐射作用可破坏细胞膜结构，使细胞失活。辐射可使细胞核明显增大，染色体成团状，使正在进行有丝分裂活动的细胞出现染色体的结构变异，从而抑制正常的有丝分裂过程。

（2）辐射对DNA的不良影响

DNA是生物体的主要的遗传物质，DNA分子结构发生改变，可引起生物体发生遗传变异。利用物理诱变剂处理生物体，可使生物体的DNA分子发生改变，即基因突变。例如：发生DNA双键断裂、戊糖与磷酸基团之间的断裂等。DNA分子结构发生改变，最终导致生物体发生遗传变异。

3. 植物体的自我修复

辐射作用可破坏 DNA 分子结构，研究结果表明，植物体能够对辐射所引起的 DNA 损伤进行自我修复。辐射破坏 DNA 分子结构后，植物体不会马上出现突变现象，而是启动一系列修复程序对 DNA 的错配、断裂等进行自我修复。植物体具有对辐射损伤的自我修复能力，在很大程度上降低了突变发生的频率，如何降低植物体对辐射损伤的修复能力，对辐射育种具有非常重要的实际意义。

16.2.5 植物对辐射的敏感性及辐射剂量的确定

植物对辐射的敏感性是指在相同的辐射条件下，植物体对辐射反应的强弱程度。不同的植物种类、品种对辐射的敏感性是不同的。植物的辐射敏感性与间期染色体体积具有相关性，也就是说，植物的间期染色体越大对辐射越敏感。通常情况下，二倍体植物对辐射的敏感度大于多倍体植物。

植物在不同的生长阶段对辐射的敏感性也不同。通常幼苗比成株敏感；未成熟种子比成熟种子敏感；萌发种子比休眠种子敏感。

辐射剂量的合理选择是辐射育种成功的关键环节之一。辐射剂量分为高、中、低 3 种类型。不同的植物品种对辐射的敏感性不同，所以需要的辐射剂量也不同。需要的辐射剂量越小，说明植物对辐射越敏感，反之不敏感。辐射效果与辐射剂量成比例，辐射剂量过高会增加染色体畸变频率，甚至导致生物体死亡，反之则降低突变率。因此，必须选择一个合适的辐射剂量。在实际操作过程中，通常用半致死剂量、临界剂量来确定最适辐射剂量。半致死剂量是指辐射后植株能存活一半的剂量。临界剂量是指辐射后植株成活率为40%的剂量。研究结果表明，采用半致死剂量或略低于半致死剂量可显著提高植物体的突变率。

16.2.6 辐射诱变的方法

辐射诱变的方法主要包括内照射和外照射两种类型。

1. 内照射

内照射是指将放射性同位素引入到被照射的植物体内部进行照射的方法。内照射的优点是持续时间长，诱变剂量低，可在生育阶段对植物体进行照射处理。经过处理的材料和废液，均带有放射性，对人体具有很大的危害性且容易污染环境，因此要谨慎处理。内照射处理时要做好防护准备，以免发生危险。内照射常用的放射性同位素包括 β 射线源 ^{35}S、^{32}P、^{45}Ca 等和 γ 射线源 ^{65}Zn、^{60}Co、^{59}Fe 等。内照射方法分为以下几种类型：

（1）浸种法

先将放射性同位素配成溶液，然后浸泡种子或枝条，使放射性元素渗入到被处理的材料内部。种子浸泡前先测其吸水量，然后确定放射性同位素溶液的用量，使被处理的种子能吸干溶液为宜。

（2）注入法或涂抹法

将放射性同位素溶液注射到植物的枝、干、芽及子房内或涂抹于枝、芽、叶面上或将枝条刻伤后涂抹伤口。

(3) 施入法

将放射性同位素溶液施入土壤中或加入培养基内，利用植物根系的吸收作用进入植物体内。

(4) 合成法

将放射性$^{14}CO_2$供给植物，借助植物的光合作用所形成的产物来进行内照射。

对植物进行内照射时需要一定的实验设备和防护措施，在实验室内要严格遵守放射性实验室的操作要求，防止放射性同位素造成的危害。目前，由于放射性同位素被吸收的剂量很难测定，效果也不完全一致，所以在诱变育种工作中应用很少。

2. 外照射

外照射是指采用某一放射性同位素对植株、种子、块茎及花粉等诱变材料进行体外照射。外照射的优点是操作简单，处理量大，被处理过的植物材料没有放射性，对环境不会造成污染，因此广泛被应用。外照射包括急性照射、慢性照射和重复照射三种类型。急性照射是指在短时间（几分钟或几小时）内将要求的总诱变剂量照射完毕，通常在照射室进行，适用于各种材料的照射。慢性照射是指在较长的时间（几周或几个月）内将要求的总诱变剂量照射完毕。通常在照射圃场内进行，适用于植株照射。急性照射和慢性照射的主要区别是照射量率存在很大差异。重复照射是指在植物的几个世代（包括有性或无性世代）中连续照射。

16.3 化学诱变育种

化学诱变育种是指利用化学诱变剂处理植物材料产生遗传变异，从而选育新品种的一种方法。化学诱变剂在作物育种中特别是遗传背景较复杂的作物育种中发挥着非常重要的作用。

16.3.1 化学诱变剂的种类及特点

1. 烷化剂

烷化剂是诱变育种中应用最广泛的一类诱变剂。这类诱变剂带有一个或多个活泼的烷基（如：C_2H_5），可转移到其他分子中，置换碱基中的氢原子，这一过程称为烷化作用，这类物质称为烷化剂。常见的烷化剂包括甲基磺酸乙酯（EMS）、亚硝基乙基尿烷（NEU）、硫酸二乙酯（DES）和亚硝基乙基脲（NEH）等。

烷化剂的作用机制是烷化作用，烷化剂的作用对象主要是植物体内的核酸。研究表明，烷化作用的最初反应位置为 DNA 的磷酸基团，反应后形成不稳定的磷酸酯，水解形成磷酸和脱氧核糖，从而导致“遗传密码”发生改变。碱基通常会形成 7-烷基鸟嘌呤。在烷化作用下植物体内的 DNA 很容易发生水解，使碱基从 DNA 链上裂解下来，导致 DNA 缺失，从而引起植物体发生遗传变异。

2. 叠氮化钠（azide，NaN_3）

叠氮化钠是一种动植物的呼吸抑制剂，它能使复制中的 DNA 碱基发生替换，是目前比较安全而且诱变率较高一种诱变剂。

3. 核酸碱基类似物

核酸碱基类似物是一类与 DNA 中碱基的化学结构相似的一些诱变剂。可以作为 DNA 的组成成分进入到 DNA 中，但不妨碍 DNA 的复制。对 DNA 产生的影响是使碱基配对出现错误，产生基因突变。最常用的包括 5-溴尿嘧啶（5-BU）和 2-氨基嘌呤（2-AP）等。

4. 其他化学诱变剂

其他一些化学诱变剂如抗菌素、羟胺、亚硝酸等也能引起植物体发生变异，但是应用价值太低，在诱变育种中用的很少。

16.3.2 化学诱变剂的作用机理

化学诱变剂作用于植物体诱导产生基因突变的机理是化学诱变剂与遗传物质之间发生生物化学反应，引起基因发生点突变。由于化学诱变剂可以使基因产生点突变，所以适用范围比较广。

16.3.3 化学诱变的处理方法

1. 浸渍法

先将化学诱变剂配成一定浓度的溶液，然后将种子、块茎及块根等植物材料浸入化学诱变剂的溶液中。

2. 涂抹或滴液法

将化学诱变剂溶液涂抹或缓慢滴在植株、块茎等植物材料的生长点或芽眼上。

3. 注入法

用注射器将化学诱变剂溶液注入植物材料中，或将植物材料进行人工刻伤，将切口用浸泡过化学诱变剂的棉团包裹起来，使诱变剂溶液通过切口进入植物材料内部。

4. 熏蒸法

使诱变剂在密闭容器内产生蒸汽，从而对花粉、花序、植株等进行熏蒸。

5. 施入法

将低浓度的诱变剂溶液加入到培养基中，通过根部的吸收作用进入植物体内。

16.4 诱变后代的选择

16.4.1 突变体的鉴定

1. 发芽力与出苗率的鉴定

物理诱变剂对种子的发芽力造成的影响不是非常明显，但出苗率显著下降。化学诱变剂对种子的发芽力造成的影响非常明显。一般在播种后 4~6 周内，统计出苗率。

2. 幼苗高度的测定

这种方法的优点是简单易行、省时省力。采用的诱变剂种类不同，植株高度也不同。

3. 细胞学鉴定

通过诱变剂处理可使细胞结构发生变化，染色体变异是诱变后的细胞最明显的变化。

增加诱变剂量时，会延长种子的发芽时间。发芽较晚的种子，容易出现染色体变异现象。

4. 形态鉴定

通过无性繁殖方式可以将诱变处理产生的各种遗传变异保存下来，然后对其熟期、株高、产量、品质等性状从形态上进行鉴定。对于无性繁殖的作物而言，应尽可能从一个单株繁殖的群体中选择诱变处理的材料。

16.4.2　诱变后代的培育和选择

1. M_1的种植与处理

诱变一代（M_1）是指经诱变处理的种子或营养器官长成的植株或直接被处理的植株。由于诱变处理后产生的突变大多是隐性突变，显性突变很少。因此，一般在 M_1不进行选择，而全部留种。

2. M_2及其后代的种植和选择

诱变二代（M_2）是指 M_1代自交长成的植株。M_2代是最关键的选择世代，因其是各种突变性状显现的世代。M_2是分离范围最大的一个世代，其中叶绿素突变、株型突变、叶形突变占很大一部分，这些突变因诱变剂种类和剂量的不同，出现的情况也不同。M_1的叶绿素突变出现在叶片的局部地方（即斑点）。一般可根据叶绿素突变率来决定合适的诱变剂类型和剂量。

由于 M_2出现的无益突变较多，为了增加有益突变的发生的频率，必须种植足够的 M_2群体。一般诱变后产生的突变大多数为隐性突变，显性突变很少。在目前还不能有效提高突变率的情况下，保证足够的 M_2群体具有很重要的现实意义。

◎章末小结

诱变育种是指人为的采用物理或化学诱变剂，诱发作物产生可遗传的变异，再根据育种目标进行人工选择、鉴定，从而培育生产上有发展潜力的新品种的育种途径。诱变育种与常规育种方法相比较，它的突出优点是可以打破原有基因变异库对它的制约作用，通过染色体结构变异、基因突变或倍性变异，产生新的可遗传的变异，从而创造出有利用价值的新品种，且可以补充育种资源的不足。

诱变育种根据诱变因素不同可分为物理诱变育种和化学诱变育种两种类型。物理诱变育种是指利用不同类型的射线诱发植物体产生染色体变异和基因突变，从而选育新品种的一种方法。化学诱变育种是指利用化学诱变剂处理植物材料产生遗传变异，从而选育新品种的一种方法。应用时要注意诱变材料的选择、诱变方法的选择以及诱变后代的处理及种植。

将诱变育种与其他育种方法结合使用，有利于发挥诱发突变在植物育种中的作用。

◎知识链接

“诱变育种”发展简史

诱变育种是指用物理、化学因素诱导动植物的遗传特性发生变异，再从变异群体中选择符合人们某种要求的单株/个体，进而培育成新的品种或种质的育种方法。它是继选择育种和杂交育种之后发展起来的一项现代育种技术。

1927年美国H. J. 马勒发现X射线能引起果蝇发生可遗传的变异。1928年美国L. J. 斯塔特勒证实X射线对玉米和大麦有诱变效应。此后，瑞典H. 尼尔松-埃赫勒和A. 古斯塔夫森在1930年利用辐射得到了有实用价值的大麦突变体；D. 托伦纳在1934年利用X射线育成了优质的烟草品种“赫洛里纳”。1942年，C. 奥尔巴克发现芥子气能导致类似X射线所产生的各种突变，1948年A. 古斯塔夫森用芥子气诱发大麦产生突变体。20世纪50年代以后，诱变育种方法得到改进，成效更为显著，如美国用X射线和中子引变，育成了用杂交方法未获成功的抗枯萎病的胡椒薄荷品种Todd's Mitcham等。20世纪70年代以来，诱变因素从早期的X射线发展到γ射线、中子、多种化学诱变剂和生理活性物质，诱变方法从单一处理发展到复合处理，同时，诱变育种与杂交育种、组织培养等密切结合，大大提高了诱变育种的实际意义。

中国在宋朝宣和年间曾有用药物处理牡丹的根，从而诱发花色变异的记载。但用现代方法进行诱变育种，则始于20世纪50年代后期。1965年以后各地陆续用此法育成了许多优良品种投入生产。据1985年的不完全统计，诱变育成的农作物优良品种有190多个。

通过近几十年的研究人们对诱变原理的认识也逐步加深。我们知道，常规杂交育种基本上是染色体的重新组合，这种技术一般并不引起染色体发生变异，更难以触及到基因。而辐射的作用则不同，它们有的是与细胞中的原子、分子发生冲撞，造成电离或激发；有的则是以能量形式产生光电吸收或光电效应；还有的能引起细胞内的一系列理化过程。这些都会对细胞产生不同程度的伤害。对染色体的数目、结构等都会产生影响，使有的染色体断裂了；有的丢失了一段，有的断裂后在“自我修复”的过程中头尾接倒了或是“张冠李戴”分别造成染色体的倒位和易位。当然射线也可作用在染色体核苷酸分子的碱基上，从而使基因（遗传密码）发生突变。至于化学诱变，有的药剂是用其烷基置换其他分子中的氢原子，也有的本身是核苷酸碱基的类似物，它可以“鱼目混珠”，造成DNA复制中的错误。无疑这些都会使植物的基因发生突变。理、化因索的诱导作用使得植物细胞的突变率比平时高出千百倍，有些变异是其他手段难以得到的。当然，所产生的变异绝大多数不能遗传，所以，辐射后的早代一般不急于选择。但是，可遗传的好性状一经获得便可育成品种或种质资源。据世界原子能机构1985年统计，当时世界各国通过诱变已育成500多个品种，还有大量有价值的种质资源。中国的诱变育种同样成绩斐然，在过去的几十年中，经诱变育成的 品种数一直占到同期育成品种总数的10%左右。如水稻品种原丰早，小麦品种山农辐63，还有玉米的鲁原单4号、大豆的铁丰18、棉花的鲁棉I号等都是通过诱变育成的。当然与其他技术一样，诱变育种也有自身的弱点：一是诱变产生的有益突变体频率低；二是还难以有效地控制变异 的方向和性质；另外，诱发并鉴定出数量性状的微突变比较困难。因此，诱变育种应该与其他技术相结合，同时谋求技术上的自我完善，才能发挥更大的作用。

◎观察与思考

1. 什么是诱变育种？诱变育种具有哪些特点？
2. 比较诱变育种与常规育种的优缺点。
3. 试述主要的射线种类及其特点。

4. 试述物理诱变育种及化学诱变育种的方法。
5. 试述化学诱变育种的作用机理。
6. 如何进行诱变后代的选择？

第17章　马铃薯生物工程育种

生物工程（bioengineering）也叫生物技术，是指以现代生命科学为基础，结合先进的工程技术手段，利用生物体创造生物新品种或生产生物产品的一门综合性应用学科。生物工程主要包括基因工程、细胞工程、酶工程、发酵工程和蛋白质工程五个方面。

由于马铃薯为四倍体无性繁殖作物，遗传背景非常复杂，病毒侵染后很容易出现种性退化问题，因此，进行马铃薯的品种改良工作难度很大。采用常规育种手段进行马铃薯品种改良，效率低，周期长；而采用生物技术手段来创造马铃薯新品种具有一定的优越性，是传统育种方法的进一步发展，具有广阔的发展前景。本章主要介绍细胞育种和分子育种方面的相关内容。

17.1　植物细胞工程育种

植物细胞工程（plant cell engineering）是指采用细胞生物学和分子生物学的原理和方法，以植物细胞为基本单位，按照人们的意愿来改变细胞的生物学特性或获得细胞产品的一门技术。植物细胞工程的理论基础是植物细胞全能性，植物细胞全能性是指植物体的每一个细胞都具有该物种全部的遗传信息，在条件适宜的情况下，具备发育成完整植株的潜能。

马铃薯细胞工程育种主要包括原生质体培养、体细胞杂交、花药培养等。

17.1.1　植物组织培养

1. 基本概念

（1）植物组织培养

植物组织培养是指以植物体的离体器官、组织、细胞或原生质体为繁殖材料，在人为控制的环境中进行生长、发育的一种无菌培养技术，也称为离体培养或试管培养。

（2）外植体

外植体是指由活的植物体上切取下来的，用于组织培养的各种接种材料。包括各种器官、组织、细胞或原生质体等。

（3）脱分化

脱分化是指将已分化的不分裂的静止细胞，放在培养基上培养后，细胞重新进入分裂状态。一个成熟的细胞转变为分生状态的过程叫脱分化。

（4）再分化

再分化是指脱分化的组织或细胞，在一定的培养条件下，重新恢复分化能力，转变为各种不同的细胞类型，形成完整植株的过程。

(5) 愈伤组织

愈伤组织是指在人工培养基上由外植体上形成的无特定结构、功能的一团无序生长状态的薄壁细胞。

2. 操作步骤

(1) 试验材料的准备

试验材料一般选择植物器官。选择好的试验材料要进行处理，以消灭材料内部的微生物，同时注意不能损伤试验材料。

(2) 培养基的准备

培养基是指人工配制的提供外植体生长发育所需营养物质的介质。

(3) 接种

在人为提供的无菌环境中将试验材料放入培养基中。

(4) 愈伤组织的诱导

人为提供适宜的环境条件下，在生长素（高浓度）和细胞分裂素（低浓度）的作用下，外植体经诱导产生愈伤组织。

(5) 器官或体细胞胚的诱导

器官发生途径是由愈伤组织或外植体诱导产生不定根或不定芽，最后发育成一个完整的植株。体细胞胚胎发生途径是由脱分化的细胞，经过胚胎发生和胚胎发育过程，形成胚状体，最后发育成一个完整的植株。大多数植物是通过器官发生途径再生形成完整植株的。

17.1.2　原生质体的培养

原生质体是一个细胞内全部生活物质的总称，是由原生质分化形成的结构。真核植物细胞的原生质体包括细胞膜、细胞质和细胞核三部分。原生质体的培养过程包括以下几个步骤。

1. 供体材料的选择

供体材料的特性和生理状况是决定原生质体质量的重要因素之一。因此，供体材料必须在严格的环境条件下种植，只有这样，才能获得高质量的供体材料，从而提高试验的成功率。

2. 原生质体的分离

原生质体是指除去细胞壁后的裸露的球形细胞。获得大量而有活力的原生质体是原生质体培养能否成功的关键。

(1) 分离方法

对于马铃薯原生质体分离的研究较多，但研究者们因为研究目的不同所采用的方法也不尽相同。原生质体的分离方法主要包括酶法分离和机械法分离两种。酶法分离的优点是在短时间内可获得大量的原生质体，因此被广泛应用。

(2) 纯化

由于酶解后的原生质体溶液是由完整的原生质体、不完整原生质体、未消化的细胞和细胞团、细胞器及细胞碎片等组成的得合物。因此必须对原生质体进行纯化，将杂质去除，以免影响试验结果。

3. 原生质体的培养

(1) 培养基的成分

经常采用 B_5 和改良的 MS 培养基来进行马铃薯原生质体培养。

(2) 培养方法

原生质体的培养方法很多，材料不同方法亦不同。常用的方法主要包括平板培养法（固体培养法）、液体培养法和固液结合培养法。

(3) 培养密度

马铃薯原生质体培养的密度一般为每毫升 $1\times10^4\sim1\times10^5$ 个原生质体。原生质体的培养密度应该适宜，密度过小或过大均会影响原生质体的分裂和再生细胞的正常生长。但是在实际操作过程中，培养密度越小越好，这样有利于原生质体的融合。

(4) 原生质体活力测定

只有保证原生质体的活力，才能使细胞持续进行有丝分裂，最终形成完整植株。原生质体活力的测定方法主要包括胞质环流法、Evans 蓝活性染色法和二乙酸荧光素染色法几种。

将分离、纯化后的原生质体放在培养基上进行培养，一段时间后，在培养基上出现一团肉眼可见的细胞团，即愈伤组织。然后将愈伤组织转移到分化培养基上进行培养，诱导出不定芽和不定根，最终形成完整植株。

17.1.3 体细胞杂交

1. 体细胞杂交的概念及意义

(1) 体细胞杂交的概念

体细胞杂交又称原生质体融合，是指采用物理、化学或生物的方法，将两种来源不同（种间或属间）的原生质体进行融合，然后进行离体培养，得到杂种细胞，最终发育成新植株的过程。

(2) 体细胞杂交的意义

由于马铃薯在生产过程中采用的是无性繁殖的方式，使得马铃薯的遗传背景极为复杂。马铃薯野生种相比普通栽培种具有更多的优良性状，但是野生种和普通栽培种之间不能进行有性杂交，从而严重制约了马铃薯资源的开发利用。

随着体细胞杂交技术的不断发展，为马铃薯野生资源的开发利用及育种难题的解决提供了帮助。通过体细胞杂交技术可以将马铃薯栽培品种与野生资源的原生质体进行融合，从而使栽培品种获得野生资源的优良性状。

总之，体细胞杂交技术可以克服马铃薯野生种和与普通栽培种的生殖障碍，为提高马铃薯品质及抗逆性提供了一个非常有效的新途径。体细胞杂交技术是一项有广阔发展前景的育种方式。

2. 融合方法

原生质体融合的方法主要有电融合法和 PEG（聚乙二醇）诱导法两种。

由于电融合法对原生质体的损伤小，操作简单，效率高，因此被广泛采用。电融合是 20 世纪 70 年代末至 80 年代初发展起来的一项新技术。将原生质体悬浮液置于融合小室，原生质体在电场的作用下彼此靠拢，在电极间成串排列，此时给予高强度的直流脉冲，使原生质体质膜击穿，从而使两个紧密接触的原生质体发生融合。

PEG（聚乙二醇）诱导法是由 Kao 等于 1974 年建立的。该法具有操作简单，成本低，融合率高，不受物种限制等优点。其缺点是对细胞有毒害作用。PEG 的作用机理是 PEG 分子可与蛋白质、碳水化合物等物质形成氢键，在原生质体之间建立桥梁，从而使原生质体发生融合。

3. 体细胞杂种的鉴定

原生质体发生融合后，必须对杂种进行鉴定，可进行形态特征鉴定、细胞学鉴定（染色体鉴定）、遗传学鉴定、生化鉴定（同工酶分析）及分子生物学鉴定。形态特征鉴定是最基本的鉴定方法，此法较简单。细胞学鉴定主要对染色体数目和形态进行鉴定。同工酶分析法是鉴定体细胞杂种时应用最普遍的生化方法。在同工酶无法进行检测的情况下，可以直接采用 DNA 探针技术来鉴定体细胞杂种。利用 DNA 探针技术进行检测时，需要放射性标记及足够数量的 DNA。聚合酶链式反应（polymerose chain reaction，PCR）技术的出现，为 DNA 探针技术的应用提供了技术支持。PCR 技术只需要少量的植物材料就可以进行检测。

17.2　植物分子育种

植物分子育种是在分子水平上进行的遗传育种，主要包括基因工程育种和分子标记辅助选择育种两种。植物分子育种的优点是可以有效地克服种间生殖障碍、为植物品质的改良提供新的思路。

17.2.1　植物分子育种的概念

植物分子育种（plant molecular breeding）是近年来开创的植物育种新途径，主要包括基因工程育种和分子标记辅助选择育种。是指以分子遗传学为理论基础，利用 DNA 重组技术、标记辅助选择技术，培育植物新品种的育种方法。

17.2.2　分子标记辅助选择育种

分子标记辅助选择育种是利用与目标性状基因紧密连锁的分子标记，在杂交后代中准确鉴别不同个体的基因型，从而进行辅助选择育种。其不受环境条件的限制，结果可靠。截至目前，国内外研究人员已经对马铃薯一些重要的性状基因进行了标记和定位。到 2006 年，已经标记了 26 个性状，包括抗晚疫病、抗青枯病、抗病毒等。

17.2.3　植物基因工程育种

1. 植物基因工程的概念

植物基因工程（plant genetic engineering breeding）也称转基因育种技术，是指根据育种目标，采用生物或化学的方法，从供体植物中分离出目的基因，经 DNA 重组与遗传转化，最终获得携带目的基因的转基因新品种的过程。

2. 植物基因工程育种的程序

植物基因工程育种的程序可分为：目的基因的获得；含有目的基因的重组体的构建；

重组体导入受体细胞；转基因植株的鉴定。

（1）目的基因的获得

目的基因的获得是基因工程育种的首要条件。获取目的基因的方法主要有三种：化学合成法、从生物的基因组中分离基因和逆转录法。目前应用最多的是后两种方法。

①从生物的基因组中分离基因。首先将植物体的整个基因组 DNA 提取出来，用适当的限制性内切酶进行部分酶切，然后将这些酶切片段与载体分别进行重组，导入到大肠杆菌中进行繁殖，最终获得含有重组 DNA 分子的群体，这一群体包含该植物体的全部基因，繁殖其中的某一种转化细胞，即可获得相应的目的基因。

②逆转录法。以植物体 mRNA 为模板，经反转录合成 cDNA，构建 cDNA 文库。然后通过探针标记、分子杂交等方法获得目的基因。

③聚合酶链式反应。聚合酶链式反应（polymerose chain reaction，PCR）是由美国 PE-Cetus 公司的科学家 Kary Banks Mulis 于 1985 年发明的一种体外快速扩增 DNA 序列的技术。PCR 技术具有操作简单、结果可靠和特异性强等优点，应用范围很广。

聚合酶链式反应是一种在体外环境下模拟自然 DNA 复制过程的基因快速扩增技术，它以待扩增的两条 DNA 链为模板，由一对人工合成的寡核苷酸引物介导，在 DNA 聚合酶的作用下，在体外快速扩增特异 DNA 片段。PCR 是一种选择性扩增 DNA 片段的方法，其基本原理是依据 DNA 半保留复制机理，以及在体外不同温度下 DNA 分子双链和单链可以互相转变的性质。PCR 技术过程包括若干个循环，一个循环包括 3 个步骤。第一步：双链 DNA 模板在高温下变性，双链变成单链；第二步：单链 DNA 在低温下与人工合成的引物发生退火；第三步：在 dNTP 存在下，耐高温的 DNA 聚合酶使引物沿单链模板延伸成为双链 DNA。经过高温变性，低温退火，适温延伸等 3 步反应循环进行，使目的 DNA 得以迅速扩增。

（2）重组体的构建

通过上述方法得到的目的基因只是为利用外源基因提供了基础，要将获得的目的基因转移到受体植物中必须对目的基因进行体外重组。DNA 分子的体外重组技术，就是利用限制性核酸内切酶将载体切开，然后用连接酶把目的基因和载体连接起来，从而获得重组体。DNA 分子的体外重组技术是基因工程的核心技术之一。

（3）重组体导入受体细胞

①转化。转化是指将重组 DNA 分子导入受体细胞，并在受体细胞内进行繁殖，产生的细胞具有外源目的基因所包含的遗传信息，从而改变受体细胞的遗传特性。

外源 DNA 分子能否顺利导入受体细胞，与受体细胞所处的状态有关。受体细胞经特殊方法（如 $CaCl_2$）处理后，细胞膜的通透性发生了改变，含有外源目的基因的重组体能够通过细胞膜进入受体细胞，这种状态即感受态，这种状态下最容易吸收外源 DNA 分子。

②转染。λ 噬菌体 DNA 可以直接转化受体细胞，即转染。但转染效率一般很低。

（4）转基因植株的筛选与鉴定

①转基因植株的筛选。外源目的基因能够导入受体细胞的概率非常小，在整个受体细胞群中，只有一小部分获得了外源目的基因。因此必须对受体细胞进行筛选。

在进行转基因操作的过程中，所选用的载体均带有抗性选择标记基因。当标记基因被导入受体细胞后，使受体细胞具有抵抗相应抗生素的能力，最终存活下来。常用的抗性选择标记基因包括抗卡那霉素基因、抗羧苄青霉素基因等。

②转基因植株的鉴定。通过抗生素检测只能说明抗性基因进入了植物体中，对于外源基因是否进入植物体中，还不能肯定。因此必须对抗性植株进行进一步鉴定。包括 DNA 水平、转录水平和翻译水平的鉴定。

a. DNA 水平的鉴定。常用的鉴定方法包括 PCR 检测和 Southern 印迹杂交。

PCR 即聚合酶链式反应是在体外条件下模拟自然 DNA 复制过程的核酸快速扩增技术。此法操作简单、省时。

Southern 印迹杂交是指将限制性核酸内切酶消化得的核酸片段，采用毛细现象从凝胶上转移到尼龙膜或其他固相支持物上与探针进行杂交。杂交后能产生杂交印迹或杂交带的植株即为转基因植株，不产生杂交印迹或杂交带的植株即为非转基因植株。Southern 印记杂交是目前检测转基因植株最主要的方法之一。

b. 转录水平的鉴定。通过 Southern 印迹杂交可以确定外源目的基因是否已整合到基因组中。但是不能确定外源目的基因是否在转基因植株中能正常表达，因此必须对外源目的基因进行转录和翻译水平的鉴定。转录水平的鉴定常采用 Northern 杂交。

c. 翻译水平的鉴定。为确定外源目的基因转录形成的 mRNA 能否正常翻译，必须对其进行翻译水平的鉴定，通常采用 Western 杂交。

◎章末小结

生物工程也叫生物技术，是指以现代生命科学为基础，结合先进的工程技术手段，利用生物体创造生物新品种或生产生物产品的一门综合性应用学科。植物生物技术育种可以分为植物细胞工程育种和植物分子育种，前者包括植物组织培养、原生质体培养与体细胞杂交等内容，后者主要包括基因工程育种和分子标记辅助选择育种两种。

生物技术的快速发展给植物育种工作提供了新的思路。利用转基因技术已经培育出了大量的植物新品种。采用生物技术手段来创造植物新品种具有一定的优越性，是传统育种方法的进一步发展，具有广阔的发展前景。

◎知识链接

转基因马铃薯和普通马铃薯是同一物种吗?

转基因马铃薯和普通马铃薯是同一物种。转基因马铃薯只是在普通马铃薯中通过生物工程的方法转入了外源基因，使之具有了人们需要的某种性状如抗性品质等。转基因是一种遗传改良的方法，就像杂交育种可以将不同亲本的基因集中在一个材料上一样。并不能将物种改变。

◎观察与思考

1. 植物组织培养的操作步骤有哪些?
2. 简述原生质体培养的方法。
3. 简述体细胞杂种鉴定的方法。
4. 简述植物基因工程育种的程序。

第 18 章　马铃薯抗逆性育种

马铃薯植株在生长发育的过程中，经常会遇到一些对其生长发育不利的环境因素（如：高温、干旱等），从而导致品质变劣、产量下降等后果。将这种对其生长发育不利的环境因素称为逆境或环境胁迫（environmental stress）。作物对逆境的适应性和抵抗性称为抗逆性。抗逆性育种是指利用作物自身的遗传条件，选育出具有抗逆性新品种的一门技术。抗逆性包括抗寒性、抗旱性、耐湿性等。抗逆性育种的核心内容是通过逆境人工选择的方式选育出具有抵抗逆境危害的能力。通过抗逆性育种选育出来的新品种在逆境中依然可以保持相对稳定的产量和优良的品质。

目前，由于人为因素导致作物赖以生存的环境受到了极为严重的破坏；另一方面，随着人们生活水平的不断提高，绿色食品越来越受到人们的欢迎。因此选育出抗逆性强的马铃薯新品种，具有非常重要的现实意义，已经引起了育种工作者的广泛关注，并已取得了一些成果。

18.1　马铃薯抗晚疫病育种

18.1.1　马铃薯晚疫病概述

马铃薯晚疫病是一种真菌性病害，是由马铃薯晚疫病菌［*Phytophtora infestans*（Mont）de Bary］引起的，是世界上第一大作物病害，是真菌性病害中最严重的一种，严重制约马铃薯产业的发展。晚疫病菌为活体营养型致病卵菌，属鞭毛菌亚门、卵菌纲、霜霉目、疫霉科、疫霉属。马铃薯晚疫病发生频繁，且涉及面广，大流行的年份，甚至会绝产。晚疫病可在马铃薯叶、茎、块茎、花及果实上表现出相应的症状。病菌侵染叶片时首先在叶尖和叶缘部位出现相应症状，开始为一水浸状斑点，如天气潮湿病斑会迅速变大，且病斑边缘出现白色霉状物。病情严重时，病斑会扩散到叶柄和茎上，产生褐色条状斑，使叶片萎蔫下垂，最终导致整个植株变黑、死亡。病菌侵染薯块时形成褐色或灰紫色不规则病斑，稍微下陷，病斑下面的薯肉坏死、腐烂。如薯块发病轻，在采收时不容易被发现，入窖后不久会出现薯肉大量腐烂、发臭的现象，造成的经济损失是无法估量的。

墨西哥是晚疫病的发源地，于 19 世纪中叶传入欧洲许多国家。马铃薯晚疫病是于 1830 年在德国首先被发现的，但当时人们并未重视。到 1845 年，马铃薯晚疫病首次在爱尔兰地区大面积流行，造成马铃薯几乎无收引起了饥荒。马铃薯晚疫病菌有两个交配型，即 A_1 和 A_2，其生殖方式包括无性繁殖和有性繁殖两种。由于种薯贸易的进一步发展，世界各国的马铃薯交流活动更为频繁，导致马铃薯晚疫病菌的两个交配型 A_1 和 A_2 再一次从墨西哥扩散到了欧洲国家，最终扩散到了世界各地种植马铃薯的区域。

在我国，马铃薯的栽培历史已超过 300 年，在马铃薯的栽培过程中一直受到晚疫病的侵害。特别是在 20 世纪 50 ~60 年代初，马铃薯晚疫病几次在西北、华北和东北地区大面积流行，导致马铃薯产量大幅度下降。随后几年，晚疫病偶有发生。进入 20 世纪 80 年代以后，马铃薯的主产区经常会受到晚疫病的侵害，且涉及面广，危害程度加剧，造成的经济损失每年达 10 亿美元。

晚疫病是制约马铃薯产业发展的最主要因素，是导致马铃薯产量急剧下降的最主要的一种真菌性病害。因此，目前马铃薯晚疫病的防治已经成为世界马铃薯生产和育种中优先考虑的问题之一。

马铃薯晚疫病为“世界第一大作物病害”，受到了国际社会的高度重视。由于马铃薯晚疫病的发生频繁，涉及面广，危害程度巨大。因此，马铃薯晚疫病受到 CIP 的高度重视，并于 1992 年被确定为 CIP 优先研究课题。1996 年成立了国际马铃薯晚疫病研究协作网，以期降低由于马铃薯晚疫病所造成的经济损失。目前，防治马铃薯晚疫病的工作依然是一个困扰育种工作者的难题，我们期待育种工作者能尽快培育出抗晚疫病的马铃薯新品种。

图 18-1　马铃薯晚疫病

18. 1. 2　马铃薯晚疫病的防治措施

由于晚疫病所导致的马铃薯品质变劣、产量下降的问题一直以来困扰着育种工作者。育种工作者曾尝试利用各种有效手段来解决此问题，取得了一些成果。防治马铃薯晚疫病要遵循的原则为“预防为主，综合防治”。

1. 采用抗病品种

采用抗病品种是防止马铃薯晚疫病发生与扩散的最有效、最经济的措施。在 100 多年的晚疫病防治过程中，采用抗病品种防治马铃薯晚疫病效果最好。

2. 选用优良种薯、剔除带病种薯

马铃薯种薯如果携带病菌，在适宜的环境条件下，很容易产生带病的植株，进而感染健康植株，造成不必要的经济损失。因此选用优良种薯、剔除带病种薯显得尤为重要，可以有效地防治马铃薯晚疫病。播种前必须进行优良种薯的筛选工作，剔除带病种薯。选用优良种薯的标准为：种皮要光滑，薯块无机械损伤、无病斑等。除此之外，还要对种薯进行有效消毒。

3. 栽培管理措施

采用轮作、套作、合理密植、科学施肥、中耕除草、杀灭虫害和及时割蔓等栽培管理措施可以有效防止马铃薯晚疫病的发生和扩散。

4. 采用化学药剂

目前，采用化学药剂是防治马铃薯晚疫病的主要方法。防治马铃薯晚疫病的化学药剂主要包括甲霜灵锰锌、抑快净、瑞毒霉、杀毒矾等，尽量选用高效、低残留的化学药剂。在化学药剂的使用过程中，除了要选择合适的药剂外，还要注意药剂的施用顺序。

采用化学药剂防治马铃薯晚疫病效果显著，但是长期使用化学药剂对人类和环境均造成非常大的危害。因此，育种工作者尝试采用各种生物手段来防治马铃薯晚疫病，并取得了一定的成效。

5. 加大宣传力度，推广抗病品种

由于种植户文化程度相对比较低，对马铃薯晚疫病的认识程度不够，防治意识淡薄，从而延误了病情。因此应加大对马铃薯晚疫病的危害及防治的宣传力度，提高种植户对马铃薯晚疫病的认识水平，提高他们的防治意识、降低经济损失。

18.1.3　马铃薯对晚疫病的抗性

1. 马铃薯的抗病类型

马铃薯晚疫病的发生是由于马铃薯（寄主）与晚疫病菌相互作用的结果，包括两种抗病类型：过敏抗性和田间抗性。

（1）过敏抗性

过敏抗性亦称垂直抗性，是受显性主效 R 基因（单基因或少数基因）控制的小种专化抗性，抗性极强，但稳定性差。由于抗、感界限非常明显，因此有利于后代的筛选工作，从而缩短育种进程。由于其只能抗个别晚疫病菌生理小种，因此新的生理小种的出现很容易导致其丧失抗性。虽然在选育抗晚疫病的新品种过程中垂直抗性效果显著，但因晚疫病菌生理小种的多变性，不能彻底解决马铃薯品种对晚疫病的抗性问题，必须寻找新途径。

（2）田间抗性

田间抗性亦称水平抗性，是受多个微效基因控制的非小种专化抗性，对所有晚疫病菌生理小种均表现出抗性，稳定较好，但抗性不及过敏抗性明显。由于其可以有效控制多数晚疫病菌生理小种的发展速度，因此，田间抗性的效果优于过敏抗性，育种工作者们开展了大量的工作来研究田间抗性。

2. 马铃薯抗晚疫病 R 基因研究

R 基因为主效单基因，可抗马铃薯晚疫病菌生理小种。截至目前，已发现了 13 个 R 基因（R1–R13），其中 11 个 R 基因（R1–R11）来源于马铃薯野生种 *S. demissum*，其抗晚疫病菌机理还不完全清楚，R12 和 R13 来源于马铃薯野生种 *S. berthaultii*，其抗性极广。研究工作者们通过分子标记手段把多数 R 基因已定位到相应的染色体上。R1 和 R2 被分别定位到 5 和 4 号染色体上；R3、R6 和 R7 被定位到 11 号染色体上；R12 和 R13 被分别定位到 10 和 7 号染色体上。通过大量开展 R 基因的定位工作，有利于更好地揭示出 R 基因抗晚疫病菌的本质，最终找到培育马铃薯抗晚疫病新品种的突破口。

18.1.4　马铃薯抗晚疫病育种

1. 马铃薯抗晚疫病的抗性遗传资源

为了顺利开展马铃薯抗晚疫病育种工作，就必须保证有足够的遗传资源。研究工作者们通过不断开展马铃薯抗晚疫病育种工作创造出了丰富的遗传资源，为更好地开展马铃薯抗晚疫病育种工作打下了基础。现将遗传资源做一简单介绍。

（1）马铃薯栽培种遗传资源

包括 *S. tuberosum subsp. tubeosum* 和 *S. tuberosum subsp. andigena* 两个大面积栽培的品种，均具有良好的品质特征，因此是开展育种工作的首选材料，是开展马铃薯抗晚疫病育种工作的优良遗传资源。

（2）马铃薯野生种遗传资源

由于晚疫病菌生理小种的多变性，严重制约马铃薯产业的发展壮大，加之马铃薯栽培种中缺少抗晚疫病的品种，育种工作者们做了大量的工作希望从野生种中找到新的遗传资源，从而扩大马铃薯抗晚疫病基因库的容量。1911 年开始利用野生种遗传资源，且一些野生种表现出了很强的抗性，育种工作者们对这些遗传资源进行了深入的研究，已取得了很大的成就。

2. 马铃薯抗性遗传资源的利用途径

（1）杂交育种

杂交育种是指通过不同品种间的杂交获得杂种，对杂种后代进行选择获得新品种的方法。杂交育种在作物育种工作中发挥了重要的作用。目前，杂交育种仍然是选育马铃薯抗晚疫病新品种的最有效方法。跃进、虎头、克新 2 号、渭会 2 号、晋薯 2 号等抗晚疫病的品种均是通过杂交育种途径获得的。杂交育种工作的核心是杂交亲本的选择。杂交亲本如果选择恰当，能够有效地提高杂交育种的效率，缩短杂交育种时间；如果选择不当，会降低杂交育种效率，达不到预期效果。

（2）转基因育种

转基因育种是指利用理化、生物等方法，将外源基因导入受体细胞，通过筛选获得转基因产品的一种育种手段。转基因育种与常规育种相比较具有非常明显的优势：可加快育种进程，提高育种工作的效率，持久性强。目前应用于马铃薯的转基因技术主要包括两种：即农杆菌介导法和基因枪法。

3. 马铃薯抗晚疫病遗传资源的鉴定

马铃薯晚疫病抗性的评价方法包括两种：即田间鉴定和实验室鉴定。

田间种植的马铃薯抗晚疫病的程度受到很多因素的影响，其中品种的抗病性是最为重要的一个影响因素，如果气候条件适宜，可以进行田间鉴定。

由于田间鉴定方法很容易受到环境条件的影响，因此研究者们提出了实验室鉴定的方法。在实验室环境下，将晚疫病菌接种到健康的马铃薯叶片和块茎上，然后观察及测定病斑的面积，进而判断其抗晚疫病菌的强度。

18.2　马铃薯抗病毒育种

18.2.1　马铃薯抗病毒育种的意义

马铃薯在世界范围内的种植面积非常广，是除小麦、玉米和水稻之外的第四大粮食作物。由于马铃薯产量高，适应性强，富含多种人体所必需的氨基酸。因此，大幅度提高马铃薯的种植面积，进而提高产量，就显得非常重要，尤其是对发展中国家而言。但是，目前制约马铃薯产业发展的一个非常突出的问题就是种薯退化问题，研究表明，病毒对马铃薯造成的危害是出现种薯退化问题的关键因素。据统计，世界上每年因病毒病造成至少20%的马铃薯减产，不仅如此，病毒同时会导致马铃薯的品质下降。

通过马铃薯茎尖脱毒手段可大大降低种薯的病毒含量。发达国家已明文规定，在严格的繁种及检测环境下，为大田生产提供“无毒”种薯。在发展中国家，由于经济和技术条件的制约生产出来的“无毒”种薯质量不过关。通过实生种子繁殖的方式可有效降低马铃薯病毒病的发生率，且成本比较低，但产量低。这种方式适合在经济比较落后的地区进行推广，可使当地农民快速脱贫。因此，培育优良抗病毒品种是一项防治马铃薯病毒病发生的重要举措，是育种家们十分关心的问题。

18.2.2　马铃薯抗病毒机制

目前，已发现包括马铃薯X病毒（PVX）、马铃薯Y病毒（PVY）和马铃薯卷叶病毒（PLRV）在内的40多种病毒可以侵害马铃薯，导致马铃薯品种退化，造成严重的经济损失。因此选育抗病毒品种就显得非常重要。在进行马铃薯抗病毒育种之前，首先要搞清楚马铃薯抗病毒的机制。

抗性是指病毒侵染马铃薯（寄主）后，寄主与病毒之间发生各种反应的结果。植物在进化过程中产生了抗病毒机制，包括：避病、抗病和耐病三种类型。

1. 避病

马铃薯病毒病的发生是由于病毒侵害马铃薯植株，如果能够防止病毒与马铃薯的接触，就可以有效降低马铃薯病毒病的发生，我们把这种类型的抗病毒机制称为避病。避病是马铃薯防御病毒的主要机制。由于马铃薯PVX、PVY和PLRV等病毒均是通过昆虫接触到马铃薯，从而导致马铃薯病毒病的发生。因此，马铃薯品种若对传播昆虫有抗性，就可避免病毒病的发生。

2. 抗病

马铃薯植株受到病毒侵害后，其自身可控制病情的进一步恶化，这种类型的抗病毒机制称为抗病。抗病性包括极端抗性和高敏抗性两种类型。极端抗性可在病毒侵染马铃薯的早期阶段，防止病毒的扩散，因此观察不到病症。高敏抗性是对病毒侵染马铃薯后发生局部细胞坏死的一种快速应答反应，从而抑制病情恶化。

3. 耐病

有些马铃薯植株受到病毒侵染后，不出现任何病症，产量也正常，但进行病毒检测时可发现大量病毒，这种类型的抗病毒机制称为耐病。耐病品种虽然不影响马铃薯的外观及产量，但其体内存在大量病毒，很容易感染敏感品种，因此在育种中很少用到。

18.2.3　马铃薯抗病毒育种的途径

抗病毒育种与其他性状育种相比较，难度更大。因为病毒的种类十分丰富，而且很容易发生变异。抗病毒育种包括利用植物抗性资源和选育抗病毒品种两种途径。

1. 马铃薯抗性资源的利用

研究者们在马铃薯栽培种和野生种中均发现了抗病毒病的基因，说明马铃薯栽培种和野生种均是马铃薯抗性资源的良好来源途径，其中某些抗源已经被深入研究和利用。但是，截至目前，仍有许多抗性资源的遗传来源还不十分清楚，导致这一现象出现的原因是马铃薯遗传背景具有复杂性的特点。

2. 马铃薯抗性资源的创造

马铃薯抗性资源的创造可以通过诱变育种的方式来实现。利用诱变剂处理马铃薯，可将敏感型转化为抗性类型。近年来随着转基因技术的快速发展，为筛选抗病毒马铃薯开辟了一条行之有效的路径。我国在该领域已取得了一定的成就，近年来病毒外壳蛋白基因、复制酶基因、基因调控序列核酶等已经被成功克隆。

总而言之，选育马铃薯抗病毒品种在生产实践中具有非常重要的意义。

18.3　马铃薯耐旱育种

18.3.1　干旱对马铃薯的不良影响

植物的生存离不开水，而干旱已经成为一个世界性难题。我国作为一个农业大国，水对其而言就显得更为重要，在自然灾害造成的损失中，干旱造成的损失居首位。马铃薯作为重要的粮食作物，在农业生产中发挥着非常重要的作用。我国马铃薯主要种植于干旱或半干旱地区。马铃薯为典型的温带气候型作物，对水分亏缺非常敏感。马铃薯的整个生长发育期水分需要量很大，在水资源比较缺乏的地区种植马铃薯，常常会因降水量不足，加之没有灌溉设施，从而抑制马铃薯植株的正常生长发育，最终导致马铃薯大幅度减产及品质下降的严重后果。

干旱胁迫严重影响马铃薯的产量和品质，严重制约马铃薯产业的发展。因此选育出马铃薯抗旱品种迫在眉睫。

18.3.2　马铃薯抗旱育种的理论基础

植物的抗旱性是指植物在大气或土壤干旱条件下生存和形成产量的能力。马铃薯抗旱性遗传机制的研究工作是一项非常棘手的问题。马铃薯的抗旱性属多基因控制的数量性状，由多个性状共同作用来实现。目前，国内外研究工作者们从抗旱育种的选择指标、分子水平等方面对马铃薯的抗旱性开展了大量的研究工作，并取得了一定的成绩，对揭示马铃薯抗旱性遗传机制起到了促进作用。

18.3.3　马铃薯抗旱育种的选择指标

开展马铃薯抗旱育种工作的首要条件是得到优良的抗旱性材料，抗旱性材料的鉴定指标很多，大体可以归为两类：即形态指标和生理指标。由于马铃薯的抗旱性受多个性状的综合影响，因此在筛选马铃薯抗旱性材料时，必须将形态指标和生理指标两者结合在一起来考虑。

18.3.4　马铃薯抗旱性的评价方法

马铃薯抗旱性的评价方法主要包括田间鉴定和室内鉴定两种方法。

1. 田间鉴定

将供试材料种植于干旱地块，在自然条件下通过控制灌水量来形成不同的干旱环境，然后筛选出抗旱植株。此方法的优点是简单易行，缺点是费时、费力。

2. 室内鉴定

将供试材料种植于温室内，根据实验目的研究马铃薯植株在不同生育期的抗旱能力。此方法的优点是实验条件易控制，误差小，缺点是费时。

18.3.5　马铃薯抗旱性育种

采用常规育种手段来选育马铃薯抗旱性品种的缺点是成本高、费时、费力。随着现代生物工程技术的大发展，为抗旱育种提供了行之有效的新途径。目前，研究工作者们已经通过基因工程手段获得了许多马铃薯抗旱性育种资料。例：Yeo 等将酵母的海藻糖-6-磷酸合成酶基因导入马铃薯，使马铃薯的抗旱性得到显著提高。

◎章末小结

马铃薯植株在生长发育的过程中，经常会遇到一些对其生长发育不利的环境因素（如：高温、干旱等），从而导致品质变劣、产量下降等后果。将这种对其生长发育不利的环境因素称为逆境（environmental stress）或环境胁迫。作物对逆境的适应性和抵抗性称为抗逆性。抗逆性育种的核心内容是通过逆境人工选择的方式选育出可抵抗逆境危害的品种。通过抗逆性育种选育出来的新品种在逆境中依然可以保持相对稳定的产量和优良的品质。

在生物技术飞速发展的今天，必须将先进技术与常规育种相结合，才能加快马铃薯育种进程，培育出更多高产、稳产、优质的马铃薯新品种。

◎知识链接

农业作物品质基因工程育种

生物基因工程是指把人工改造过的微生物、植物或动物用作生物反应器，生产药用或食用蛋白质或次生代谢物并加以应用。

生物基因工程目前有三大用途，分别为“基因治疗”、“农作物育种”和“基因武器”。

基因工程育种的主要目标就是优质丰产育种。最直接的作用则是提高农作物的品质，如美国科学家据此提高马铃薯淀粉含量达 20%~40%，最高达 40%~60%。

目前常用的改良作物产品质量的基因及应用主要有提高果实营养的基因、控制果实成熟的基因、谷物种子储藏蛋白基因、控制脂肪合成基因、提高作物产量基因等。

2000 年的金色水稻轰动了世界；它是利用类胡萝卜素生物合成途径中的 3 个基因：PSY 基因来自水仙花（daffodil）、CrtI（八氢番茄红素脱氢酶）来自微生物 Erwiniauredovora、Ly-c 月基因来自水仙花属的 Narcissuspseudonarcissus。将它们分别与 35S 启动子相连，通过根瘤农杆菌转基因于水稻，创造了高产类胡萝卜素的金色水稻。

世界上有 43 种农作物品种得到改良，如水稻、番茄、马铃薯、瓜类、烟草等。

◎观察与思考

1. 简述马铃薯抗晚疫病和抗病毒的机制。
2. 简述马铃薯抗病毒病育种途径。
3. 简述干旱对马铃薯的危害。

第 19 章　马铃薯早熟高产品种选育

近年来，由于环境条件的改变，种植马铃薯晚熟品种，由于晚熟品种生育期较长，生育后期容易受到各种不良环境条件的影响，导致马铃薯大面积减产。因此在马铃薯育种工作中选育出早熟高产品种具有非常重要的现实意义。利用有效的育种方法获得马铃薯早熟高产品种，可以替代晚熟品种用于生产，同时可以实现马铃薯高产、稳产、优质的育种目标。栽种马铃薯早熟高产品种，可使采收期提前，使马铃薯提前进入市场，从而使农民获得更好的经济效益。早熟高产品种应具有以下特点：对光照、温度不敏感；生育期短，结薯集中；前期生长势较强，根系发达，后期成熟早，籽粒脱水快且饱满。

19.1　早熟高产品种的选育依据

在选育马铃薯高产品种的过程中，一般会选择一些中、晚熟品种作为亲本材料，因为这些品种产量高。但是这些品种由于生长旺盛，容易出现徒长、倒伏等现象，最终导致马铃薯大面积减产，造成经济损失。为了攻克这一难题，育种家们开始重视马铃薯早熟高产品种的选育工作。马铃薯早熟高产品种生育期短，可提高复种指数，提高土地的利用率；早熟高产品种上市早，可调剂市场，增加农民收入，提高农民生活质量。提供有利于早熟品种发挥产量优势的环境条件，其产量可超过中、晚熟品种。例如：鲁引 1 号、东农 303 等早熟品种。如果环境条件不利于种植早熟品种，其产量显著降低。

由于生理成熟与早期结薯密切相关，因此马铃薯早熟高产品种的选育依据是生理早熟，但产量相差悬殊。影响产量的因素主要包括：单株结薯数及块茎膨大速度等。选育出一个早熟品种较易，选育出一个早熟高产品种则难度较大。具有优良品质的马铃薯早熟品种主要包括黑美人、大西洋、夏坡地、东农 303、克新 2 号及克新 4 号等。

19.2　早熟高产品种的选育程序

19.2.1　早熟性与丰产性

对于马铃薯早熟品种而言，其产量一般较低，也就是说，早熟性与丰产性之间存在一定矛盾，早熟性与丰产性负相关。

马铃薯的早熟性和丰产性均由微效多基因控制。1956 年 Möller 以马铃薯早熟品种沙斯基亚和维拉做母本，分别与不同熟期的父本进行杂交，得到了其后代出现早熟的品种。早熟品种与早熟品种进行杂交，其后代出现早熟品种的概率远远高于早熟品种与晚熟品种杂交组合。

研究结果表明：选用不同的亲本进行杂交，得到的后代在产量上存在很大差别，一小部分后代的产量会超过亲本。将高产品种与高产品种进行杂交，其后代出现高产性状的概率比较高。

19.2.2　亲本的选配原则

选配的杂交亲本组合是否合理，直接影响育种工作的成败。选配出良好的杂交组合是早熟高产品种育种取得成功的关键。

1. 亲本应具有最少的不利性状和最多的有利性状

杂交亲本选配是否合理，直接影响品种选育的成功与否。研究结果表明，选择优良的杂交组合可提高育种效率。选择的亲本应具有最少的不利性状和最多的有利性状，而且亲本间的优缺点能够互补。亲本间互补性状不宜过多，且亲本不能有共同的缺点，亲本之一不能有突出的缺点。

2. 亲本之一最好是适应当地条件的优良品种

品种对外界环境的适应性直接影响丰产性，能够适应当地条件的优良品种本身具有丰产性和适应性强的优势。

3. 亲本在生态类型和亲缘关系上有所不同

不同生态类型、不同亲缘关系及不同地理来源的亲本进行杂交，其后代分离广，有利于优良品种的选育。

4. 亲本的一般配合力要好

好品种并不一定是好亲本。好亲本是指一般配合力高的亲本；好品种是指具有许多优良性状的品种。亲本的一般配合力要好，主要表现在加性效应的配合力高。

19.2.3　早熟高产后代的选择

1. 早熟杂交实生苗的培育

早熟品种与早熟品种进行杂交，其后代出现早熟品种的概率远远高于早熟品种与晚熟品种的杂交组合。但是由于综合性状优良的早熟品种资源比较匮乏，因此早熟马铃薯品种的选育工作难度很大。为了加快早熟品种的选育进程，必须保证足量数量的杂交实生苗。

要进行早熟杂交实生苗的培育，首先必须了解早熟杂交实生苗的生长特点。由于早熟杂交实生苗具有移栽不易成活，生长势较弱等缺点，因此要选育出具有目标性状的优良品种的概率很低。

2. 早熟高产后代的选择

(1) 无性系一代的选择

将培育好的早熟杂交实生苗进行种植，同时设对照（当地推广的早熟品种）。入选的无性系一代应该与无性系二代在熟期、产量等方面具有相关性。

(2) 无性系二代的选择

对入选的无性系一代再进行抗逆性及产量等严格的筛选，同时设对照。综合考虑抗逆性、早熟性和丰产性等因素，从而选择出无性系二代，再进行品系比较试验。

(3) 品系比较试验

通过品系比较试验，选出结薯早、速度快，高产、薯形好及抗逆性强的早熟品种。

（4）品种试验

品种试验包括区域试验和生产试验两个方面。区域试验是指由品种审定委员会统一组织，在自然条件有代表性、技术条件较好的区域对育成的新品种进行适应性、丰产性、抗逆性、稳定性及品质等性状的鉴定。生产试验是在大面积的大田生产的条件下，对区域试验中表现优异的品种的适应性、丰产性、抗逆性等性状进行进一步的验证。

◎章末小结

近年来，由于环境条件的改变，种植马铃薯晚熟品种，由于晚熟品种生育期较长，生育后期容易受到各种不良环境条件的影响，导致马铃薯大面积减产。因此在马铃薯育种工作中选育出早熟高产品种具有非常重要的现实意义。利用有效的育种方法获得马铃薯早熟高产品种，可以替代晚熟品种用于生产，同时可以实现马铃薯高产、稳产、优质的育种目标。

◎知识链接

马铃薯的“产量形成”

一、马铃薯的产量形成特点

1. 产品器官是无性器官

马铃薯的产品器官是块茎，是无性器官，因此在马铃薯生长过程中，对外界条件的需求，前、后期较一致，人为控制环境条件较容易，较易获得稳产高产。

2. 产量形成时间长

马铃薯出苗后7~10d匍匐茎伸长，再经10~15d顶端开始膨大形成块茎，直到成熟，经历60~100d的时间。产量形成时间长，因而产量高而稳定。

3. 马铃薯的库容潜力大

马铃薯块茎的可塑性大，一是因为茎具有无限生长的特点，块茎是茎的变态仍具有这一特点，二是因为块茎在整个膨大过程中不断进行细胞分裂和增大，同时块茎的周皮细胞也作相应的分裂增殖，这就在理论上提供了块茎具备无限膨大的生理基础。马铃薯的单株结薯层数可因种薯处理、播深、培土等不同而变化，从而使单株结薯数发生变化。马铃薯对外界环境条件反应敏感，受到土壤、肥料、水分、温度或田间管理等方面的影响，其产量变化大。

4. 经济系数高

马铃薯地上茎叶通过光合作用所同化的碳水化合物，能够在生育早期就直接输送到块茎这一储藏器官中去，其“代谢源”与“储藏库”之间的关系，不像谷类作物那样要经过生殖器官分化、开花、授粉、受精、结实等一系列复杂的过程，在形成产品的过程中，可以节约大量的能量。同时，马铃薯块茎干物质的83%左右是碳水化合物。因此，马铃薯的经济系数高，丰产性强。

二、马铃薯的淀粉积累与分配

1. 马铃薯块茎淀粉积累规律

块茎淀粉含量的高低是马铃薯食用和工业利用价值的重要依据。一般栽培品种，块茎淀粉含量为 12%~22%，占块茎干物质的 72%~80%，由 72%~82%的支链淀粉和 18%~28%的直链淀粉组成。

块茎淀粉含量自块茎形成之日起就逐渐增加，直到茎叶全部枯死之前达到最大值。单株淀粉积累速度在块茎形成期缓慢，块茎增长至淀粉积累期逐渐加快，淀粉积累期呈直线增加，平均每株每日增加 2. 5~3g。各时期块茎淀粉含量始终高于叶片和茎秆淀粉含量，并与块茎增长期前叶片淀粉含量、全生育期茎秆淀粉含量呈正相关，即块茎淀粉含量决定于叶子制造有机物的能力，更决定于茎秆的运输能力和块茎的储积能力。

全生育期块茎淀粉粒直径呈上升趋势，且与块茎淀粉含量呈显著或极显著正相关。块茎淀粉含量因品种特性、气候条件、土壤类型及栽培条件而异。晚熟品种淀粉含量高于早熟品种，长日照条件和降雨量少时，块茎淀粉含量提高。壤土上栽培较黏土上栽培的淀粉含量高。氮肥多则块茎淀粉含量低，但可提高块茎产量。钾肥多能促进叶子中的淀粉形成，并促进淀粉从叶片流向块茎。

2. 干物质积累分配与淀粉积累

马铃薯一生全株干物质积累呈“S”形曲线变化。出苗至块茎形成期干物质积累量小，且主要用于叶部自身建设和维持代谢活动。这一时期干物质积累量占干物质总量的 54%以上。块茎形成期至淀粉积累期干物质积累量大，并随着块茎形成和增长，干物质分配中心转向块茎，干物质积累量占干物质总量的 55%以上。淀粉积累后期至成熟期，由于部分叶片死亡脱落，单株干重略有下降，而且原来储存在茎叶中的干物质有 20%以上也转移到块茎中去，到成熟期，块茎干物质重量占干物质总量的 75%~82%。干物质积累量在各器官间分配，前期以茎叶为主，后期以块茎为主，全株干物质积累总量大，产量和淀粉含量高。

◎观察与思考

1. 选育早熟高产品种的依据是什么？
2. 早熟高产育种的亲本选配原则是什么？
3. 如何进行早熟高产后代的选择？

第 20 章　马铃薯专用型品种选育

随着人们对马铃薯加工制品（薯条、薯片、粉条、粉皮、淀粉等）需求量的增大，许多国家开始大规模生产马铃薯加工制品，而用于加工制品的马铃薯为专用型品种。马铃薯加工制品的需求量在欧美国家增长的速度非常快，例如：美国将 50%以上的马铃薯专用型品种用于生产加工，用于鲜食的量约为 30%。

目前，我国专用型马铃薯品种很少，且数量供不应求。因此，选育适宜我国的专用型马铃薯品种迫在眉睫，同时可以带动经济的发展。

20.1　选育马铃薯炸片及炸条品种

20.1.1　性状要求

加工用的马铃薯和食用的马铃薯对于性状的要求是不相同的。食用马铃薯品种的基本性状要求是产量高、抗逆性强、储藏期长、熟期适中等。用于炸片及炸条的品种首先要具有食用品种的基本性状要求，除此之外，还要具有皮薄、光滑及芽眼浅等特点，这样有利于机械操作。具体要求如下：

1. 外观形态

炸片：块茎呈圆球状，中等大小，直径为 5.0~7.6cm，芽眼少且浅，无空心和黑心现象，畸形薯少；皮光滑且较薄，皮色为黄棕色或乳黄色；薯肉为白色或乳白色。

炸条：块茎呈长椭圆形，重 200g 以上，芽眼少且浅，无空心现象；皮光滑且薄，皮色为黄棕色或乳黄色；薯肉为白色或乳白色。

2. 内容物含量

（1）块茎干物质含量

马铃薯块茎的干物质含量为 13%~37%，其中 65%~85%为淀粉。加工用的马铃薯品种一般要求淀粉含量为 18%。干物质含量对加工制品的品质影响特别大。干物质含量太低，耗油量大，炸制时间长；干物质含量太高，炸片硬、易碎，口感差。炸片用原料薯的比重要求高于 1.080，炸条用的比重要求高于 1.085。块茎干物质含量适宜，则得到的加工制品的品质好。块茎干物质含量约为 20%为宜。

（2）块茎还原糖含量

薯片的颜色与块茎还原糖含量密切相关，因此块茎还原糖含量是炸片、炸条品种选育的重要参数。在油炸过程中，块茎中的还原糖会与氨基酸或蛋白质发生反应，即美拉德反应，使薯片褐变，从而降低其商品性。还原糖含量越低，薯片颜色越好，因为还原糖含量越低，褐变程度就越轻。炸片、炸条品种的还原糖含量不应超过 0.25%，还原糖含量超过 0.4%则不适合进行炸片或炸条操作。块茎在低温储藏的条件下，其还原糖含量会上升，即所谓的“甜化”现象，必须经回暖处理后才能进行加工处理。当前，我国马铃薯育种工作的重点是选育在低温储藏条件下可直接用于炸片的马铃薯品种。

20.1.2　亲本选配的原则

1. 选择符合育种目标要求的亲本

适合炸片、炸条的马铃薯品种应符合还原糖含量低，芽眼少且浅等育种目标要求的性状。

2. 亲本性状要能够互补

亲本之一至少应具有适合炸片、炸条的优良性状，另一个亲本具有良好的栽培适应性。

3. 亲本的生态类型和亲缘关系不同

生态类型和亲缘关系不同的亲本进行杂交，其后代分离广，有利于选育适合炸片、炸条的品种。

4. 亲本的一般配合力要好

好品种并不一定是好亲本。好亲本是指一般配合力高的亲本；好品种是指具有许多优良性状的品种。

20.1.3　选育的方法

1. 常规育种

在我国，严重缺乏马铃薯专用型品种，而欧美国家品种专用化程度很高，可将这些专用型品种引入我国。例如 Russet Burbank 和 Shepody。从我国育成的用于食用的马铃薯品种中筛选符合炸片、炸条性状要求的专用型品种。例如：克新 1 号和东农 303 等。在选择杂交亲本时，应尽可能选择炸片、炸条品种作亲本。我国种植的具有代表性的炸片、炸条品种见表 20-1。

表 20-1　**我国种植的适于炸片、炸条的马铃薯品种（孙慧生，2003）**

品种名称	淀粉含量（%）	还原糖含量（%）	肉色/皮色	薯形	熟期	育成单位、选育方法
Snowden（斯诺登）	16~18	0.18	白/浅黄	圆	中	美国，杂交
Atlantic（大西洋）	17.9	0.05	白/浅黄	圆	中	美国，杂交
Shepody（夏坡地）	11	0.16	白/浅黄	椭圆	中晚	加拿大，杂交
合作 88	18.6	0.29	黄/浅红	长圆	晚	云南师范大学等选育，国际马铃薯中心杂交

续表

品种名称	淀粉含量（%）	还原糖含量（%）	肉色/皮色	薯形	熟期	育成单位、选育方法
东农 303	13～14	0.02	浅黄/黄	椭圆	早	东北农业大学，杂交
渭会 2 号	19	0.24	白/白	椭圆	晚	甘肃省农业科学院粮食作物研究所，杂交

大西洋属中熟薯片加工型马铃薯品种。块茎淀粉含量约 18%，还原糖含量小于 0.1%，块茎耐储藏，是目前国内外进行薯片加工的最理想品种。

2. 基因工程育种

马铃薯块茎在低温条件下储藏会出现“糖化”现象，给马铃薯加工业造成了非常大的经济损失。可以通过基因工程育种手段攻克这一难题。利用反义 RNA 技术可以获得能在低温条件下储藏的马铃薯品种。1987 年，甘肃农业大学利用农杆菌转化的方法选育出了低还原糖的炸片新品种甘农薯 1 号。1993 年从农杆菌转化的变异株中选育出适合炸片的新品种甘农薯 3 号，其还原糖含量为 0.20%。

基因工程育种最突出的优点是可在已有优良专用型品种的基础上进行还原糖含量的改善。

20.2　选育马铃薯高淀粉品种

20.2.1　马铃薯块茎干物质含量

马铃薯块茎含有丰富的营养物质，被认为是世界十大营养食品之一。衡量马铃薯营养成分的重要指标是干物质含量。马铃薯块茎中最主要的干物质成分是淀粉，含量约为 70%。淀粉是绿色植物通过光合作用合成的一种天然多糖高分子化合物，是人体碳水化合物的主要来源之一。马铃薯块茎中的淀粉品质非常好，具有优良的糊化特性和独特的用途，是其他淀粉不能替代的。在生产马铃薯全粉的时候，块茎的干物质含量非常重要。

20.2.2　马铃薯高淀粉品种的育种目标

马铃薯高淀粉品种的育种目标是在高产、抗病品种的基础上制定的。淀粉含量应超过 18%；块茎呈圆形或扁圆形，块茎大小中等且均匀；皮薄且光滑，芽眼少且浅，薯肉白色或乳白色；块茎中的蛋白质及纤维素含量较低；块茎抗机械损伤，防褐变的能力较强。

20.2.3　选育高淀粉品种的方法

1. 以配合力高的高淀粉和高产的马铃薯品种作亲本

亲本选择是否合理，直接关系到高淀粉品种的选育成败，亲本选择适当可加速育种进程。选配亲本时，应选择淀粉含量较高的品种。

2. 利用基因工程手段获得高淀粉品种

目前，利用基因工程手段可有效提高马铃薯淀粉含量。将大肠杆菌的 ADP-葡萄糖焦磷酸化酶基因导入到马铃薯中，块茎的淀粉含量提高了 24%。若将该酶的反义基因导入到马铃薯中，块茎的淀粉含量显著下降。

在选育马铃薯高淀粉品种的过程中，对产生的后代进行淀粉含量测定和筛选是非常关键的。可通过对实生苗当代及无性系后代进行淀粉含量测定及筛选来实现。

◎章末小结

马铃薯专用型品种的市场需求量越来越大，目前世界主要的马铃薯加工产品包括：薯片、薯条、粉条、粉皮及淀粉等，且其需求量在持续上升。随着人们生活水平的不断提高，营养方便的快餐食品越来越受人们的欢迎，其中薯片、薯条已成为大中城市的热销食品。

近年来，我国对于马铃薯加工的原料薯需求量日趋增加，但专用型的品种却很短缺。因此，选育适合我国的加工型马铃薯品种迫在眉睫。

◎知识链接

“转基因种子”和“杂交种子”的区别

转基因和杂交有本质的区别。转基因是把外源基因人为地导入目标生物体中并使其表达，从而创造新品种；杂交是把基因型不同的两个个体通过染色体基因重组而选育新的基因型，没有外源基因的导入。由于所使用的技术有本质的区别，产生的作物种子也就全然不同。

转基因种子和杂交种子异同点如下：

转基因技术被称为“人类历史上应用最为迅速的重大技术之一”。转基因技术与传统育种技术有两点不同：第一，传统技术一般只能在生物种内个体上实现基因转移，而转基因技术不受生物体间亲缘关系的限制，可打破不同物种间天然杂交的屏障；第二，传统的杂交和选择技术一般是在生物个体水平上进行，操作对象是整个基因组，不可能准确地对某个基因进行操作和选择，对后代的表现预见性较差。而转基因技术所操作和转移的一般是经过明确定义的基因，功能清楚，后代表现可准确预期。

由于转基因技术与传统技术的本质都是通过获得优良基因进行遗传改良，因此，将转基因技术与常规育种技术紧密结合，能培育多抗、优质、高产、高效新品种，大大提高品种改良效率，并可降低农药、肥料投入，在缓解资源约束、保障食物安全、保护生态环境、拓展农业功能等方面潜力巨大。

一是减轻病虫害危害，改善农业生态环境。全球转基因技术的研发与应用表明，抗虫和抗除草剂等转基因作物的种植不仅在提高农作物产量方面成效显著，而且在改善农业生态环境方面也显示出巨大优势。培育抗病虫、抗除草剂、抗旱、耐盐碱、养分高效利用等转基因新品种，将显著减少农药、化肥和水的使用，有利于缓解环境污染，改善生态环境。

二是降低生产成本，增加农民收入。由于转基因新品种在高产、优质、低耗等方面的优势，已使全球转基因作物种植农户累计获得经济效益440亿美元，农民增收25%左右。抗除草剂转基因大豆的应用，实现了免耕密植，种植模式发生了革命性变化。我国棉农也因种植转基因棉花，每亩节本增收130元，农民累计增收250亿元。

三是拓展产业形态，提高产品附加值。目前，功能性和治疗性转基因食品、转基因生物能源和环保产品相继研发成功，部分转基因药物上市销售，使转基因品种正在由简单性状改良向复杂性状改良、由农业领域向医药、加工、能源、环保领域拓展等方向发展。

◎观察与思考

1. 简述高淀粉品种的选育方法。
2. 简述炸片、炸条加工品种的性状要求。

第21章　马铃薯杂交实生种子

种植马铃薯的地区主要采用块茎作种，且用种量很大。一方面，马铃薯种植地区大多交通不便利，使利用茎尖脱毒技术生产的脱毒种薯调运难度加大、成本高，严重制约了脱毒种薯的推广，覆盖率很低。另一方面，农户长期自留种，块茎受到病毒侵染并通过无性繁殖逐代积累，从而造成马铃薯品种退化，使马铃薯的产量和品质下降。为了有效解决这一问题，可以利用马铃薯实生杂交种子进行繁殖。

在我国一些地区，作种用的马铃薯块茎已经被实生种子所取代，实生种子第一代所产生的块茎作为种薯。采用实生种子繁殖得到的种薯进行播种，可显著提高马铃薯产量。

由于实生种子具有生长势强、成活率高、抗逆性强、高产、稳产等优点，因此受到广泛关注。目前，世界上有许多国家正在进行实生种子的研究工作，而且研究的国家越来越多。

优良的马铃薯杂交后代具有明显的杂种优势，杂种优势是指杂种在生活力、生长势、抗逆性、产量及品质等方面优于亲本的现象。杂种优势是基因重组的产物，在生物界中普遍存在。杂种优势育种是指利用杂种优势，选育出用于生产的杂交品种的过程。由于杂种优势育种可以有效地提高作物产量、品质及增强抗逆性，因此，可以作为创造马铃薯新种质资源的有效手段。目前，通过杂种优势育种选育出的马铃薯杂交新品种越来越多，因此，杂种优势育种对于马铃薯育种而言具有非常重要的意义。

21.1　马铃薯实生种子概述

21.1.1　发展历史概况

1. 国外发展历史概况

南美洲安第斯山是野生马铃薯原产地，当地的印第安人首先栽种马铃薯。16世纪传入欧洲。前苏联是最早采用实生种子繁殖马铃薯的国家之一。20世纪50~60年代，前苏联针对生产用实生种子存在的问题开展研究工作，但是研究成果不突出。目前，仍有一批研究工作者为该项工作奉献着自己的一份力量。

20世纪70年代，为了有效解决马铃薯品种退化问题，国际马铃薯中心（CIP）提出用实生种子来生产马铃薯，并开展了大量的研究工作。经过多年的努力，CIP在此项研究上已取得了突破性进展，选育出了上百种具有较强杂种优势的马铃薯杂交组合。在发展中国家利用实生种子生产马铃薯具有广阔的应用前景。

2. 国内发展概况

20世纪50年代末到60年代初，我国开展了天然实生种子的选育工作并取得一定的成绩，先后选育出天然实生种子克疫、燕子、疫不加等品种。20 世纪 80 年代，我国开展了马铃薯杂交实生种子的利用研究工作，并选育了农 H_3、呼 H_3、乌 H_2等品种，但由于制种产量低，未能得到有效推广。

2000 年云南省政府与国际马铃薯中心开展马铃薯杂交实生种子应用技术合作研究，并从国际马铃薯中心引进了 16 个马铃薯杂交实生种子，从中选出了 6 个具有高产、稳产、优质、抗逆性强等优点的杂交实生种子，在云南省进行推广示范，取得了较好的经济效益和社会效益。2002 年昆明市农科所开展了马铃薯优良杂交组合生产实生种子的筛选工作，摸索出了杂交制种技术和杂交实生种子高产栽培技术。

近年来，我国杂交实生种子种植面积逐年增加，生产的实生薯可以作为商品薯直接进入市场。

21.1.2　马铃薯实生种子的概念及特点

1. 马铃薯实生种子的概念

实生种子是指马铃薯植株经历开花、传粉及受精过程之后形成的种子（即植物学种子）。用实生种子进行繁殖所产生的块茎叫实生薯。通过有性杂交育种手段选育出一个马铃薯优良品种的概率很低，因此要保证有足够数量的实生苗，而实生苗的来源是实生种子，换句话说就是要生产出足量的实生种子。

2. 马铃薯实生种子特点

（1）优点

①抗病毒，可得到无病毒的实生薯。

②用种量少，增产效果显著。

③种子很小，千粒重仅为 0.5g 左右，便于储藏及运输，可大大降低生产成本。

④用实生种子生产种薯，可有效地解决马铃薯品种的退化问题。

（2）缺点

马铃薯杂交实生种子出苗对环境条件的要求较高，采用实生种子繁殖得到的后代容易出现性状分离。

3. 马铃薯的花及果实、种子的特性

（1）马铃薯花的特性

马铃薯的花为聚伞花序，一个花序有 2~5 个分枝，一个分枝有 4~8 朵花，每个小花与花序通过花柄相连接。花柄上有节，此节是落花落果形成的部位。花冠 5 瓣相连，呈轮状。每个花有 5 个雄蕊、1 个雌蕊，花药及柱头均较大，有利于人工授粉。马铃薯的花色非常丰富，有白、红、粉、紫、蓝紫等。

马铃薯因品种差异，从出苗到开花所需的时间是不同的。早熟品种约 30d，晚熟品种约 50d。马铃薯的花一般在上午 8 时开放，下午 5 时闭合，每朵花可持续开放 5d 左右，一个花序开放时间为 10~15d。雌蕊于开花后成熟，柱头颜色为深绿色、具黏性。雄蕊于开花后 2d 成熟。

（2）马铃薯果实、种子

①马铃薯果实、种子的特性。马铃薯开花后经传粉、受精作用，子房膨大形成果实。马铃薯的果实为浆果，呈圆形或椭圆形。皮色为绿色、紫色或褐色，成熟后，皮色变为黄

白色或白色。一个果实里大概有 100～250 粒种子。种子呈卵圆形，很小，千粒重约为 0.5g。由于实生种子发芽缓慢，顶土力弱，休眠期长，约为 6 个月。因此，种植实生种子时要进行催芽处理，整地要精细，并加强幼苗的管理。

②防止落花落果。马铃薯为茄科茄属多年生草本植物，落花落果现象严重，从而影响开花结实。产生落花落果现象的原因主要有以下几个方面：a. 营养条件不好。b. 环境条件恶劣。c. 病虫害入侵。防止落花落果的具体措施如下：选用优良品种；在播种之前合理施肥；将花序下部的侧芽摘除；利用化学药剂杀灭病虫害。

图 21-1　马铃薯的花及果实

21.1.3　马铃薯实生苗

由实生种子得到的幼苗称为实生苗，实生苗具有主根系，无地下茎，早期生长发育非常缓慢。实生苗的生育期较长，正常成熟大概需 160d。

21.2　马铃薯实生种子及实生薯的生产

21.2.1　马铃薯实生种子的生产

1. 杂交实生种子的生产途径

获得马铃薯杂交实生种子有两种途径：采收天然浆果和人工授粉产生实生杂交种子。天然浆果的数量是否充足，取决于马铃薯品种自身的结实特性及外界环境条件。采用人工授粉方式获得杂交实生种子难度相对较大，但人工制种是利用马铃薯杂种优势的基本途径。

2. 杂交实生种子的生产

（1）播种

由于马铃薯实生杂交种子发芽慢、出苗不整齐，因此播种前必须进行催芽处理。

（2）花粉采集与授粉

马铃薯父本与母本花期不一致，父本比母本提前一周开花。花粉采集是马铃薯人工制种的关键环节。于授粉前一天早上 8 点左右，采集父本的花，装入纸袋并做标记，在室内用镊子取下花药，在蔽荫通风处晾干，然后放入冰箱保存。

授粉前对母本进行人工去雄，避免损伤柱头。晴天授粉的最佳时间为 10 点前和 16 点后，阴天可全天进行授粉。授粉后避免日晒，不然会影响花粉粒的萌发。授粉后套上纸带，防止雨水冲掉花粉，次日摘去纸袋。

（3）浆果采收

授粉、受精后约 20 天种子基本成熟。待浆果表面变黄、变软时即可进行采收，采收后的浆果应放在光线好、通风好的地方使其充分成熟。

采收后的浆果要严格按照杂交组合进行分组并取种。具体操作过程如下：将浆果浸入水盆中用手将其揉碎，然后过筛（筛孔要略大于种子），再于水中漂去果皮及杂质，然后将种子晾干。最后将晾干的种子按杂交组合装袋。

马铃薯实生种子储存期很长，一般为 5~10 年。但是随着马铃薯实生种子储藏年限的延长，种子质量越来越差。

21.2.2　利用马铃薯实生种子生产实生薯

马铃薯是仅次于水稻、小麦和玉米之后的第四大粮食作物，在粮食生产中发挥着非常重要的作用。马铃薯生产主要以块茎作种，块茎受到病毒侵染并通过无性繁殖逐代积累，从而造成马铃薯品种退化，使马铃薯的产量和品质下降。为了有效解决这一问题，可以利用马铃薯实生杂交种子进行繁殖。用实生种子生产的实生薯基本无毒。

1. 亲本的选择

亲本的选择是否合理，直接影响马铃薯杂交育种工作的成败。研究结果表明，选择优良的杂交组合可提高育种效率。入选的亲本应具有最少的不利性状和最多的有利性状，而且亲本间的优缺点能够互补，亲本不能有共同的缺点，亲本之一不能有突出的缺点。

为了提高杂交的结实率，应选择柱头较大、配合力强、天然结实性好的品种作母本。母本的选择以雄性不育或自交不亲和的品种为佳，可免去人工去雄的麻烦，避免损伤柱头，提高杂交成功率。选择花粉数量多、花粉活力强的品种为父本。

2. 实生苗的培育及移栽

由于马铃薯实生种子具有休眠期长，发芽缓慢，出苗不整齐，顶土力弱等缺点，其产生的实生苗生长势较弱。因此，生产上一般采用育苗移栽的方法生产脱毒种薯。将种子播于盛有基质的育苗盘中育苗，等到实生苗长到具 4~5 片真叶时，将其移栽到大田中。边浇水边移栽，最好是带土移栽。

3. 实生薯的生产

由于脱毒种薯的生产成本高，调运困难，因此必须转变思路。利用杂交实生种子生产实生薯是取代脱毒种薯的唯一途径，杂交实生种子生产的实生薯基本上无毒，其发展前景非常广阔。

于花期去杂去劣，从而保证品种的纯度。实生薯成熟后即可采收，要及时去除病薯、劣薯。由于实生种子生产的实生薯与茎尖脱毒种薯的平均亩产差别不大，且实生薯具有生长势强、生产成本低、脱毒方便等优点，因此很值得推广。大的实生薯要进行切块、小的实生薯可整薯播种。

总而言之，利用实生种子生产实生薯是一项高效、低成本的技术，其应用前景非常广阔。

21.3　马铃薯实生种子研究中存在的问题及前景展望

21.3.1　存在的问题

由于马铃薯通过有性繁殖所产生的杂交实生种子极小，萌发力弱，出苗不整齐，顶土力弱，实生苗生长势较弱，早期生长缓慢，需要充足的水分，采用直播较困难。因此严重抑制了马铃薯杂交实生种子的推广进程，阻碍了马铃薯产业的发展。

马铃薯为同源四倍体，基因具有杂合性，遗传性状容易发生分离。利用实生种子生产实生薯只能保证少数几个重要性状的一致性，不能保证所有性状都绝对一致。

21.3.2　前景展望

马铃薯为茄科茄属作物，是重要的粮食作物，在我国粮食生产和农村经济发展中发挥着举足轻重的作用。发展马铃薯产业，可以改善食物结构，提高健康水平，增加农民收入。

马铃薯为无性繁殖作物，块茎受到病毒的侵染并通过无性繁殖逐代积累，从而造成马铃薯品种退化，使马铃薯的产量和品质下降。为了有效解决这一问题，可利用杂交实生种子生产健康种薯来进行繁殖。

由于利用马铃薯实生种子生产的马铃薯种薯具有生长势强、抗病毒、高产量及低成本等特点，因此受到国内外研究工作者们的广泛关注。马铃薯杂交实生种子是继马铃薯茎尖脱毒快繁技术后发展起来的的又一项新技术，在农业生产中发挥着非常重要的作用，而且操作简单，经济有效，是今后马铃薯产业发展的方向。

◎章末小结

种植马铃薯的地区主要采用块茎作种，但是块茎容易受到病毒侵染并通过无性繁殖逐代积累，从而造成马铃薯品种退化，使马铃薯的产量和品质下降。为了有效解决这一问题，可以利用马铃薯杂交实生种子进行繁殖。采用实生种子繁殖得到的种薯进行播种，可显著提高马铃薯产量。由于实生种子具有生长势强、成活率高、抗逆性强、高产、稳产等优点，因此受到广泛关注。目前，世界上有许多国家正在进行实生种子的研究工作，而且研究的国家越来越多。

◎知识链接

“杂种优势”的形成和利用

杂种优势是指两个遗传组成不同的亲本杂交产生的杂种第一代，在生长势、生活力、繁殖力、抗逆性、产量和品质上比其双亲优越的现象。杂种优势是许多性状综合地表现突出，杂种优势的大小，往往取决于双亲性状间的相对差异和相互补充。一般而言，亲缘关系、生态类型和生理特性上差异越大的，双亲间相对性状的优缺点能彼此互补的，其杂种优势越强，双亲的纯合程度越高，越能获得整齐一致的杂种优势。

杂种优势往往表现于有经济意义的性状，因而通常将产生和利用杂种优势的杂交称为经济杂交，目前鱼类杂交育种应用得最多的即是经济杂交。经济杂交只利用杂种子一代，因为杂种优势在子一代最明显，从子二代开始逐渐衰退，如果再让子二代自交或继续让其各代自由交配，结果将是杂合性逐渐降低，杂种优势趋向衰退甚至消亡。

在渔业生产上，杂种优势的利用已经成为提高产量和改进品质的重要措施之一。目前经过国家鉴定并大力推广的杂交品种有：荷元鲤［荷包红鲤（雌）×元江鲤（雄）］、丰鲤［兴国红鲤（雌）×散鳞镜鲤（雄）］、芙蓉鲤［散鳞镜鲤（雌）×兴国红鲤（雄）］、岳鲤［荷包红鲤（雌）×湘江野鲤（雄）］、中州鲤［荷包红鲤（雌）×黄河鲤（雄）］、福寿鱼［莫桑比克非鲫（雌）×尼罗非鲫（雄）］。杂种优势的利用可以带来巨大的经济效益，如丰鲤不仅生长速度比亲本快50%左右，而且具有较高的抗病力和起捕率，目前已推广至全国几十个省、市，产量达2000万公斤以上。又如莫桑比克非鲫个体年增长量为140克，每公顷年产量仅2.5吨，而其杂交种福寿鱼个体的年增长量达790克，每公斤年产量提高到60吨，而且在体型、肥满度、成活率、耐寒性等方面均获得改良。

◎观察与思考

1. 杂种优势育种与常规杂交育种相比有何不同？
2. 利用马铃薯实生种子有何意义？
3. 马铃薯实生种子有何特点？

第 22 章　马铃薯品种审定与良种繁育

品种审定（cultivar assessment）是指具有权威的专门机构（如品种审定委员会等）在推广育成的新品种或引进的新品种之前对作物品种进行区域试验和生产试验，从而审定新品种或引进新品种能否推广以及推广的范围的过程。品种审定是良种繁育（seed production）和推广的前提条件，只有经过品种审定符合要求的品种，才能进行繁殖及推广过程。擅自推广未经过品种审定的品种，造成的损失，由经营及应用该品种的相关单位负责。马铃薯品种审定是联系新品种选育和推广之间的纽带，在推广马铃薯新品种的过程中必须经过这一环节；而良种繁育是种子产业化生产的基础。马铃薯为四倍体无性繁殖作物，很少发生生物学混杂，但较容易发生人为混杂。马铃薯植株在生长发育过程中很容易受到病毒的侵害，使产量下降，品质变劣，最终导致良种转变为劣种，失去应有的价值。加之，马铃薯繁殖系数较低，用种量较多，种薯储藏和运输难度较大。正是由于马铃薯具有以上缺点，因此良种繁育的任务主要包括两个方面：一是防止马铃薯品种退化。在进行良种繁育的过程中，要严防病毒病的发生，防止人为混杂、保证品种的纯度，才能有效地解决马铃薯品种退化问题。二是保证足够的生产用种，加快新品种的选育及推广的步伐。前者是马铃薯良种繁育的任务重心，也是马铃薯良种繁育的技术关键。

22.1　马铃薯品种审定

22.1.1　马铃薯品种审定的概念及意义

1. 马铃薯品种审定的概念

马铃薯品种审定是指具有权威的专门机构（如品种审定委员会等）在推广育成的新品种或引进的新品种之前对作物品种进行区域试验和生产试验，从而审定新品种或引进新品种能否推广以及推广的范围的过程。品种审定是新品种选育和推广之间的纽带，是新品种投入生产和进入市场的关键环节。

2. 马铃薯品种审定的任务

马铃薯品种审定的任务包括以下 3 点内容：一是组织新育成的马铃薯品种的区域试验和生产试验，根据结果评价新品种或引进的新品种的应用价值和经济价值；二是通过全面审查，确定马铃薯新品种能否推广及推广范围；三是对已推广的马铃薯新品种及种薯繁育等工作提出有价值的意见。

3. 马铃薯品种审定的意义

通过马铃薯品种审定程序，可以更好地了解马铃薯新品种的生物学特性、农艺性状；确定其是否能够推广及在什么地区推广；可以因地制宜推广优良品种，最大限度地发挥出良种的优质、高产、稳产等优势；同时可以避免良种推广的盲目性，避免出现品种“多、乱、杂”的现象。要实现马铃薯生产用种良种化、良种布局区域化就必须依赖马铃薯品种审定。

22.1.2　品种审定制度

20世纪50年代初我国开始了植物品种审定工作，20世纪60年代以后，各省、直辖市及自治区相继成立了品种审定委员会。1981年，全国农作物品种审定委员会成立，并颁布了《全国农作物品种审定试行条例》，标志着国家级品种审定工作的开始。1989年，国务院通过了《中华人民共和国种子管理条例》，使我国的植物品种审定工作迈上了法制化、规范化的道路。1997年10月农业部颁布了《全国农作物品种审定委员会章程》和《全国农作物品种审定办法》，标志着我国品种审定制度的形成。2000年7月8日颁布了《中华人民共和国种子法》（以下简称《种子法》）。2001年2月26日农业部发布了《主要农作物品种审定办法》，制定了农作物品种审定的实施细则。

对农作物品种实行国家和省级两级审定制度在《种子法》中有明确规定。全国农作物品种审定委员会（简称全国品审会）由农业部设立；省级农作物品种审定委员会（简称省品审会）由各省（自治区、直辖市）人民政府的农业主管部门设立。全国品审会和省品审会是在农业部和省级人民政府农业主管部门领导下，负责农作物品种审定的权力机构。申请者可以直接申请国家级审定或省级审定。审定办法由国务院、农业行政主管部门规定，必须体现公正、合理、科学、高效的原则。

实行品种审定制度，有利于植物品种实现法制化、规范化的管理。

22.1.3　品种审定的一般程序

对于欲申请品种审定的品种，首先应由申请者（个人或单位）向相应的品种审定委员会办公室提交申请书。然后由品种审定委员会根据审定标准对品种进行审定。最后由品种审定委员会颁发合格证书。申请者可以直接申请国家级审定或省级审定，也可同时申请国家级审定和省级审定，也可同时向几个省申请审定。

1. 申请

（1）申请品种审定的品种应具备的条件

①人工选育或发现并经过改良的品种；②与现有品种有明显差别的品种；③主要遗传性状相对稳定的品种（具有连续2年或以上的观察资料）；④形态特征和生物学特征一致的品种；⑤具有适当的名称的品种。

（2）品种审定申请书的内容

品种审定申请书的主要内容包括：

①申请者的个人信息（名称、地址、国籍、电话号码及邮政编码等）；②品种选育的单位或个人；③作物种类、类型及品种暂定名称（应符合《中华人民共和国植物新品种保护条例》的相关规定）；④适用范围及栽培要点；⑤品种选育报告（包括亲本来源、选育过程等）；⑥品种（含杂交种亲本）特征描述及标准图片。

对于转基因品种来说还应提供农业转基因生物安全证书。如果已获得国家新品种权登记，应附植物新品种权证书复印件。

2. 受理

品种审定委员会办公室在收到申请书 2 个月内，要做出是否受理的决定，并将结果告知申请者。对于资料齐全且符合要求的应当受理，并通知申请者在 1 个月内交纳试验费并提供试验种子。对于不符合要求的不予受理。申请者可以在接到通知 2 个月内陈述意见或修改，逾期不答复的视为撤回申请；修改后依然不符合要求的，驳回申请。

3. 品种试验

品种试验包括区域试验和生产试验两个方面，由品种审定委员会统一安排。转基因品种的试验应当在农业转基因生物安全证书确定的安全种植区内进行。

区域试验是指由品种审定委员会统一组织，在自然条件有代表性、技术条件较好的区域对育成的新品种进行适应性、丰产性、抗逆性、稳定性及品质等性状的鉴定。区域试验包括国家级和省级两种类型。参加区域试验的品种，应该经过连续 2 年以上的品种比较试验，抗逆性强、主要遗传性状稳定、品质优良、值得推广的品种。生产试验是在大面积的大田生产的条件下，对区域试验中表现优异的品种的适应性、丰产性、抗逆性等性状进行进一步的验证，同时对配套栽培技术进行总结，确定其应用价值。

区域试验应根据作物的分布情况、耕作制度及供试品种的特性，划分成不同的生态类型区。同一生态类型区每个供试品种的区域试验不少于 5 个试点，试验重复不少于 3 次，试验时间不少于 2 个生产周期。在同一生态类型区每个供试品种的生产试验也不少于 5 个试点，每个试点的面积不少于 $300m^2$，不大于 $3000m^2$，试验时间为 1 个生产周期。抗逆性及品质鉴定结果以品种审定委员会指定的鉴定机构为准。选择的试验地要有代表性，要求地力及栽培措施基本一致，从而降低试验误差，提高试验的准确度。供试品种不能太多，一般为 2~3 个，同时设对照。

4. 审定与公告

对于已经完成品种试验的品种，首先应由品种审定委员会办公室于 3 个月内进行结果汇总，然后将汇总结果提交给品种审定委员会专业委员会或审定小组进行初审。专业委员会或审定小组应当召开到会委员数达到委员总数 2/3 以上的初审会议，对初审品种进行认真讨论，以不记名投票方式进行表决，赞成票超过委员总数一半以上的品种即通过初审。

通过初审的品种，应由专业委员会或审定小组将初审意见在 1 个月内提交给主任委员会进行审核，审核通过即品种通过审定。

通过审定的品种，由品种审定委员会进行统一命名、编号及颁发合格证书，由同级农业行政主管部门进行公告。编号由审定委员会简称、农作物种类简称、年号及序号几部分组成，其中序号为三位数。审定公告要在相应媒体上进行发布，公布品种的通用名称。引进品种一般采用原名。未通过审定的品种，在 15d 内由品种审定委员会办公室通知申请者。申请者对审定结果如有异议，在接到通知之日起 30d 内，可向原品种审定委员会或上一级品种审定委员会提出复议。品种审定委员会对复审理由、原审定文件和原审定程序进行复审，在 6 个月内做出复审决定并通知申请者。通过审定的品种，在使用过程中如发现有致命的缺点，由原专业委员会或审定小组提出停止推广的建议，经主任委员会审核同意并进行公告。

对于品种审定工作要充分体现出公平、公正、科学的原则，任何单位或个人不能弄虚作假，对于违法者要追究其刑事责任。为了有效提高品种审定工作的质量，首先要保证品种试验的准确度要高，同时要保证品种审定的标准符合育种实际。

22.1.4　马铃薯品种推广

1. 品种推广的概念

品种推广是指因地制宜地选择已经通过了品种审定的新品种，使其在大规模生产上充分发挥其优质、高产、稳产的优势。良种推广可有效地提高农业生产效率，是农业推广的重要组成部分。

2. 品种推广的意义

推广农作物新品种是从育种到产生经济效益的过程中的必要环节，是良种产业化生产的重要措施。育种学家育成的马铃薯新品种，必须通过大面积种植推广，才能得到优质、高产、稳产的马铃薯新品种，创造出良好的经济效益，增加农民收益，提高农民生活水平。对于一个已经通过品种审定的良种而言，如果推广工作做得不到位，使其不能大面积被种植，导致其应用价值下降，最终将造成不必要的经济损失。基于以上原因，我们必须加大品种推广工作的力度，只有实现育、繁、推一体化，才能实现品种从育种到生产的良性循环，从成果到效益的合理转化。育成的新品种只有及时得到有效推广，才能真正为农民所用，将科研成果转化为经济效益。

3. 品种推广的方式

（1）立项推广

以通过了品种审定的新品种为主体，选择一个很具特色、很具潜力，有利于新品种推广的项目，报上级主管部门批准立项。通过这种方式进行新品种推广具有见效快、影响力大的特点，而且能够得到政府的大力支持。

（2）合同推广

采用合同方式进行新品种推广是目前新品种推广常用的一种形式。通过合同可以把参加推广工作的各个方面联系在一起。通过这种方式进行新品种推广，可以在短时间内见到成果，使育成的新品种能够尽快得到推广应用，使科技成果快速转化为经济效益。

（3）示范推广

将通过了品种审定的新品种进行集中种植，建立示范田，让农民直接接触新品种，亲眼看到新品种所表现出来的优点。然后通过培训、示范、交流等活动，让农民掌握新品种的种植技术，使新品种在生产上得到大面积推广。

（4）宣传推广

通过了品种审定的新品种可以通过报纸、墙报、书籍、广播、电视、录像等媒介进行大力宣传。主要对新品种的特征及相应的种植技术进行宣传。这种方式具有传播速度快、范围广、推广效果显著等特点。通过这种方式进行新品种的推广工作，可使新品种迅速被农民接受，并在生产中得到大面积种植，为农民增收奠定坚实的基础。

22.2　马铃薯良种繁育

22.2.1　马铃薯良种繁育的概念和意义

1. 良种繁育的概念

良种繁育又称种子生产，是指在遗传育种理论指导下，研究如何保持良种种性，迅速扩大马铃薯良种数量的一项技术。良种繁育工作是保证良种数量和质量的关键，是联系马铃薯育种和生产环节的纽带。“繁”是指提高良种繁殖系数；“育”是指种子的培育。繁和育是一个统一的整体。

2. 马铃薯良种繁育的意义

良种繁育是育种到推广的关键环节。良种繁育是提高马铃薯质量，保证生产用种量和增加经济效益的重要手段。育成的马铃薯新良种为更好的创收奠定了基础。良种繁育是育种工作的继续，是良种推广的前提，也是种子工作中的重要环节。

3. 良种繁育的任务

（1）及时扩大良种数量

刚选育出的植物新品种由于数量有限，不能满足市场的需要。不利于品种推广工作的开展。因此，及时生产出质量优、数量足的生产用种就显得至关重要。良种繁育是品种推广的基础。良种繁育的首要任务是快速、大量繁殖审定通过的新品种的种子，迅速扩大新品种的种植范围，加快新品种取代被淘汰的原推广品种的速度，从而满足市场对良种的需要。

（2）及时更新，防止品种发生混杂退化现象

良种繁育的另一项任务是采用先进的农业措施对生产上仍大面积种植的植物品种进行改良。改良的目的是提高优良品种的种性，保证纯度及种子质量，及时更新生产上已发生混杂退化现象的品种。对于更新品种，应具有良好的种性及较高的纯度。对于即将被淘汰的品种，不纳入更新品种的选择范围。

4. 马铃薯良种繁育的程序

马铃薯良种繁育的程序包括：原原种、原种和良种3个阶段。

原原种即育种家种子，是指由育种者育成的纯度高、性状稳定的最原始的种子，用于生产原种种子。原种是指由原原种繁殖得到的第一代至第三代种子，或严格遵守原种生产操作规范生产出来的符合原种质量要求的种子，用于生产良种种子。良种是指由原种繁殖得到的第一代至第三代种子，或杂交种达到良种质量要求的种子，良种为商业种，用于生产。

（1）从原原种到原种

将原原种播种于原种繁殖圃中，在各个生育期对原原种的遗传性状进行鉴定，淘汰由于各种原因造成的杂株，最后采收原种。得到的原种继续扩繁即为原种一代，原种一代再扩繁即为原种二代。对原种一代或二代进行鉴定，符合要求的种子可作为良种的繁殖材料。原种的生产过程比较简单。

（2）从原种到良种

由原种繁殖得到的第一代至第三代种子即为良种，或杂交种达到良种质量要求的种子，良种为商业种。良种的需要量非常大，因为要用于生产，进行大面积种植。生产良种的技术比生产原种简单，换句话说就是扩大繁殖、防杂保纯，为大面积种植提供充足的种源。

（3）快速繁殖

快速繁殖是指在一定的时间内提高种子的繁殖系数。使育成的新品种能够尽快投入生产，为农业增收奠定良好的基础。提高种子繁殖系数的方法有以下两个方面，一是减少单位面积用种量，提高单位面积产量；二是采用一年多代繁殖方式，例如：异季繁殖和异地繁殖。

22.2.2　马铃薯良种繁育体系的建立

由于良种繁育是一项可以提高马铃薯产业竞争力的有效手段，因此要十分重视马铃薯良种繁育体系的建设。我国于20世纪70年代初开始了马铃薯良种繁育体系的建立。由于我国地域宽广、地势复杂、自然条件存在差异，因此各省、直辖市及自治区根据当地自然条件，因地制宜地建立了相应的良种繁育体系。依据自然条件，把我国马铃薯种薯繁育体系分为北方一作区和中原春秋二作区两种类型。

1. 北方一作区

该区是我国马铃薯种薯生产的重要基地，无霜期较短。多数省均建立了符合条件的原种繁育场，如内蒙古、黑龙江每年的种薯调出量约十万吨，良种繁育基地主要建立在纬度较高、隔离条件较好、交通方便的北部地区。青海、甘肃两省的原种繁育基地则建在海拔2500m左右、隔离条件优越、年平均温度4~8℃的凉爽地带。

该区的良种繁育体系为四年四级制，由原种场繁殖原原种和原种，再逐级扩大繁殖一级种薯、二级种薯。近年来，许多种薯生产单位已将繁育体系改为微型薯原原种-原种-一级种薯（用于生产）的三年三级制，是因为微型薯原原种繁殖量大大增加，可使脱毒种薯的增产潜力充分发挥出来。

2. 中原春、秋二作区

该区是我国马铃薯的高产区。该区的无霜期较长，有利于春、秋两季进行种薯繁育。该区的春马铃薯在生育期内气温较高，植株容易受到病毒侵染并在块茎中积累。对于脱毒种薯而言，如果不采取有效的保护措施，经2年春、秋4季种植，产量会大大降低，失去应用价值。该区的马铃薯多与其他作物进行间套作。中原二季作区的马铃薯良种繁育体系的基础是生产脱毒微型薯原原种。

22.2.3　马铃薯品种退化的原因及克服方法

1. 马铃薯品种退化的原因

马铃薯品种退化是指马铃薯品种在栽培过程中，原有的优良种性逐渐削弱，纯度降低，最终在生产上丧失利用价值。具体表现如下：植株变矮，卷叶，生活力下降，块茎变小，抗逆性降低，产量及品质明显下降等。导致马铃薯品种退化的原因主要有以下几个方面：

（1）病毒侵染

引起马铃薯品种种性退化的根本原因是病毒侵染。引起马铃薯品种种性退化的病毒种类很多，主要包括花叶病毒、卷叶病毒等。马铃薯感染病毒后，种性退化，生活力下降，块茎变小，抗逆性降低，产量降低，品质变劣。

（2）栽培条件不合理及留种不科学

由于马铃薯良种繁育体系还不完善，很难满足生产用种的要求，农民年复一年地种植自留薯。选地选茬不合理，加之田间管理粗放，病虫害防治不及时、留种不科学等因素都是导致马铃薯种性退化的原因。

2. 马铃薯品种退化的克服方法

（1）选择优良品种

为了有效防止马铃薯种性退化问题，在种植前，选择产量高、品质好、抗逆性强的抗退化马铃薯品种。

（2）大力宣传和推广脱毒种薯

防止马铃薯种性退化的关键措施是大力宣传和推广脱毒种薯。通过种植脱毒种薯，可以有效增加马铃薯产量，同时可以改善品质，使品种的使用年限增加。

（3）建立良种繁育基地

建立马铃薯良种繁育基地，加快马铃薯良种繁育体系的建成，可以从根本上解决马铃薯种性退化问题。在种薯繁育的过程中要严格遵守防病虫、防混杂的规章制度，可以有效地防止马铃薯种性的退化。

（4）加强田间管理

加强田间管理是防止马铃薯品种退化的一项措施。选择地势平坦，土壤疏松、肥沃，透气性好、排水良好的地块种植马铃薯。进行合理施肥，合理密植，合理轮作。及时防治病虫害的发生。

22.2.4　马铃薯种子检验

1. 种子检验的概念

种子检验（seed testing）是指利用科学、标准的仪器设备，按照一定的程序，对种子进行鉴定，确定其品质优劣、应用价值的大小，从而保证种子的质量符合国家质量标准。

种子检验是良种繁育的重要组成部分，在进行良种繁育的过程中必须开展种子检验工作，因为种子检验是实现种子质量科学、标准化管理，商品种良种化的保证。种子检验的对象包括所有的播种材料。

2. 种子检验的方法

种子检验包括田间检验和室内检验两个方面的内容。田间检验在种子试验田进行，根据植株的特性，对种子纯度和真实性进行检验，同时对异作物、杂草、病虫害等情况进行检查。室内检验主要对品种纯度和真实性、种子净度、种子发芽率及水分进行检验，同时检查杂草、种子千粒重、病虫害等情况。测定纯度最可靠的方法是田间检验。

3. 检验报告

种子检验报告是种子质量检验机构的最终产品，是种子质量的具体表现形式。检验报告的质量不仅关系到农民的切身利益，而且还关系到检验机构的形象和信誉。因此，作为种子质检部门在开展工作的过程中，一定要高度重视检验报告的质量，要出具信息完整且准确无误的检验报告。

(1) 检验报告的编写

检验报告的编写一定要规范、科学，在编写的过程中应注意以下几点：出具检验报告的单位名称和地址要用全称；检验报告要编页码；检验报告要认真填写，不能出现修改或涂改的痕迹；检验报告专用章应盖在结论上；主检、审核及批准签字要齐全，为本人签字或盖检验员章；检验报告要为用户保密，并存档。

(2) 检验报告的发送与更改

检验报告一般采用挂号信的形式寄往委托方。如对已发出的检验报告进行更改，应严格按照规定，签署一份“对编号×××检验报告的更正”的文件，与“更正报告”一同发至委托方，同时声明原报告作废。

◎章末小结

品种审定（cultivar assessment）是指具有权威的专门机构（如品种审定委员会等）在推广育成的新品种或引进的新品种之前对作物品种进行区域试验和生产试验，从而审定新品种或引进新品种能否推广以及推广的范围的过程。

马铃薯品种审定是联系新品种选育和推广之间的纽带，在推广马铃薯新品种的过程中必须经过这一环节；而良种繁育是种子产业化生产的基础。

在推广繁育马铃薯新品种的过程中会发生品种混杂退化现象，如何克服品种混杂退化难题是本项目讨论的重点问题。

◎知识链接

2011年国家审定马铃薯品种“青薯9号”简介

审定编号：国审薯2011001

品种名称：青薯9号

选育单位：青海省农林科学院

品种来源：387521.3/APHRODITE系统选育

省级审定情况：2006年青海省农作物品种审定委员会审定

特征特性：晚熟鲜食品种，生育期115天左右。株高89.3厘米左右，植株直立，分枝多，生长势强，枝叶繁茂，茎绿色带褐色，基部紫褐色，叶深绿色，复叶挺拔、大小中等，叶缘平展，花冠紫色，天然结实少。结薯集中，块茎长圆形，红皮黄肉，成熟后表皮有网纹、沿维管束有红纹，芽眼少而浅。区试单株主茎数2.9个，结薯5.2个，单薯重95.9克，商品薯率77.1%。经室内人工接种鉴定：植株中抗马铃薯X病毒，抗马铃薯Y病毒，抗晚疫病。区试田间有晚疫病发生。块茎品质：淀粉含量15.1%，干物质含量23.6%，还原糖含量0.19%，粗蛋白含量2.08%，维生素C含量18.6毫克/100克鲜薯。

产量表现：2009—2010年参加中晚熟西北组品种区域试验，两年平均块茎亩产1764千克，比对照平均增产40.7%。2010年生产试验，块茎亩产1921千克，比对照陇薯3号增产17.3%。

栽培技术要点：①西北地区4月中下旬至5月上旬播种。②每亩种植密度3200～

3700 株。③播前催芽，施足基肥。④生育期间要控制株高，防止地上部分生长过旺；注意防治蚜虫、晚疫病等病虫害；及时中耕培土，结薯期和薯块膨大期及时灌水，收获前一周停止灌水，以利收获储藏。

审定意见：该品种符合国家马铃薯品种审定标准，通过审定。适宜在青海东南部、宁夏南部、甘肃中部一季作区作为晚熟鲜食品种种植。

◎观察与思考

1. 试述品种审定的任务和意义。
2. 品种审定有何程序？
3. 良种繁育的意义和任务是什么？
4. 良种繁育的程序有哪些？
5. 马铃薯品种退化有何原因及克服方法？

第三编　实验实训

马铃薯遗传育种技术是一门既有系统理论又有很强实践性的学科，与之配套的马铃薯育种技术实验实训课有着同等重要的地位。通过实验实训课的学习，不仅使学生更深刻地理解有关马铃薯育种的理论知识，而且还可以提高学生实际动手能力和分析解决实际问题的能力。因此，做好马铃薯育种技术实验实训的教学工作，具有十分重要的意义。

实验实训一　植物根尖压片技术及有丝分裂的观察

一、实验实训目的

掌握光学显微镜的使用方法；掌握作物根尖压片技术；观察有丝分裂过程中染色体的动态变化；熟悉有丝分裂过程。

二、实验实训材料

洋葱、玉米新鲜的根尖或茎尖。

三、实验实训用仪器设备及试剂

（一）仪器设备

显微镜、擦镜纸、分析天平、温箱、水浴锅、解剖针、刀片、烧杯、纱布、吸水纸、盖玻片、载玻片、培养皿、量筒、皮头玻璃、酒精灯等。

（二）试剂

预处理液：0.05%～0.2%的秋水仙素水溶液。

固定液：卡诺液（Ⅰ、Ⅱ）。

水解分离液：1mol/L 盐酸、0.05%果胶酶和 0.2%纤维素酶混合液。

染色液：锡夫试剂漂洗液。

四、实验实训方法及步骤

（一）材料的制备

1. 洋葱根尖的制备

将洋葱根部向上在阳光下晒两天，然后置于盛清水的小烧杯口上，使根部与水接触，或将洋葱埋入湿沙中，在 20℃光照条件下培养 2～3d，待根长到 1～2cm 时，选健壮根尖取下即可处理。

2. 玉米新鲜根尖制备

浸种 1d，使种子吸足水分，置于铺有几层吸水纸的培养皿中，上盖两层纱布，在 18～20℃条件下，避光发芽培养，约 2d，待根长至 1～2cm 时即可处理。

（二）预处理

在植物细胞染色体的研究工作中，对染色体计数、染色体组型分析或其他方面的研究观察，均以有丝分裂中期的染色体最为适宜。但此期持续的时间很短，一般只有 7～30min。因此，一般情况下固定的材料中，中期分裂细胞相当少。并且，中期染色体由于紧密地排列在赤道板上，又有纺锤丝的牵引，所以在压片操作时很难使染色体分散，尤其是染色体较大或数量较多的材料，很容易产生染色体的严重重叠，不仅不能识别单个染色体形态，有时甚至计数也很困难。为了克服以上的不足，对于体细胞压片材料，在固定之前应用适当的物理、化学（温度或药物）方法进行预处理，以改变细胞质的黏度，抑制或破坏纺锤丝的形成，促使染色体收缩，使染色体变短，易于分散，而且这样可以获得较多的中期分裂相。常用秋水仙素水溶液进行预处理。秋水仙素有剧毒，能引起暂时性失明，能使中枢神经系统麻醉而导致呼吸困难，因此，使用时要注意安全。

（三）固定

固定的作用是用固定液将细胞迅速杀死，使正处于细胞分裂高峰期的细胞失去活性而处于相应的细胞分裂时期（要求中期），并保持细胞原有的形态及其结构。

固定方法：固定时先用与处理时温度相同的水将材料洗净，放入卡诺固定液中，在室温下固定 2～ 4 h，固定后的材料如不及时使用，可将材料转入 95%的酒精中处理 2 次，85%酒精处理 1 次，每次 10 min，最后保存于 70%的酒精中。在阴暗低温处（5℃左右）可保存半年以上，如保存时间过长，在使用前将材料取出，重新固定 1～ 2h 以便于染色。

（四）解离

解离即除去根尖或茎尖等组织细胞之间的果胶层，使细胞分散，同时使细胞壁软化便于染色压片。常用的解离方法为酸解和酶解两种。

1. 酸解法

取固定材料经 50%酒精、蒸馏水洗涤后转入 1 mol/L HCL 中 60℃恒温水解 5～ 20min，以根尖软而不黏，细胞易于分散为准。

2. 酶解法

取固定材料经 50%酒精、蒸馏水洗涤后用 0. 5%的果胶酶液和 0. 5%的纤维素酶的等量混合液，25℃下处理 2～ 3h，或在 37℃恒温箱内处理 0. 5～ lh。

（五）染色操作

固定材料经 50%酒精处理，转入蒸馏水中洗 2～ 3 次，换入 lmol/L HCL，在室温下处理 2～ 3min 后倾去，再换入预热 60℃ 的 1 mol/L HCL ，放入恒温水浴中在 60℃下水解 5～ 20 min（此期处理时间因材料种类而异，对愈伤组织根据具体情况可延长 20min，某些禾本科植物或树木的根尖可延长至 30min）。然后吸去热 HCL，在室温下换入冷 lmol/L HCL 洗 1～ 2min 后倾去，再用蒸馏水洗 2～ 3 次，吸去水分，加入锡夫试剂染色 0. 5～ 4h。此时试管应加塞子盖紧（最好在 10 ℃ 左右的黑暗条件下染色后用漂洗液漂洗 2～ 3 次，每次 2～ 5min，经水洗后准备压片。

（六）压片操作

材料染好色后加盖片，在载片下边垫一张吸水纸，把纸角翻上压住盖片一角，用左手食指压紧，不使盖片滑动，右手持皮头玻璃棒或带橡皮头的铅笔用皮头轻轻敲击盖片，使细胞压平、压散。

（七）镜检及永久封片

压好盖片后在显微镜下镜检，具有好的分裂相，符合研究用的片子用以照相，并做成永久片。

五、作业

1. 制作两张有丝分裂固定片。

2. 绘制有丝分裂图，并说明各分裂时期染色体的行为变化特点。

实验实训二　植物花粉母细胞减数分裂的制片与观察

一、实验实训目的

通过对花粉母细胞减数分裂的观察和涂抹制片的练习，使学生了解减数分裂各时期细胞染色体的特征，并初步学会花粉母细胞染色与观察的方法。

二、实验实训材料

花粉母细胞减数分裂各时期典型的永久封片；预先固定好的供观察花粉母细胞减数分裂的幼嫩花序或花蕾；典型的植物减数分裂各时期的照片。

三、实验实训用仪器设备及试剂

（一）仪器设备

显微镜、载玻片、盖玻片、镊子、解剖针、培养皿、酒精灯、吸水纸等。

（二）试剂

醋酸洋红、45% 醋酸、80%酒精。

四、实验实训方法及步骤

（一）花粉母细胞减数分裂的观察

事先用数架显微镜按顺序陈列花粉母细胞减数分裂的永久封片，并在显微镜旁陈列同期减数分裂的典型照片，以便对照观察典型照片，用显微镜观察花粉母细胞减数分裂各时期的永久封片。在观察过程中，应引导学生思考以下问题：

（1）比较进行减数分裂的花粉母细胞与花药组织的细胞有什么不同。

（2）比较减数分裂前期Ⅰ同源染色体联会、二价体的数目与花粉母细胞染色体有什么关系。

（3）比较减数分裂中期Ⅰ细胞核与细胞质之间是否还有明显的界限，纺锤体的形成及二价体排列在赤道面上的情况。

（4）比较减数分裂后期同源染色体的分离情况。

（5）比较减数分裂中Ⅱ和后期Ⅱ染色体的特征与中期Ⅰ和后期Ⅰ是否相同。

（6）比较减数分裂末期Ⅱ形成的 4 个子细胞，观察每个子细胞中染色体数目与花粉母细胞染色体数目的比例。

（二）花粉母细胞涂抹制片的练习

将已固定好的实验材料置于小培养皿中，加少许 80%酒精以防干燥，然后用解剖针挑取 2~3 个花药，放在清洁的载玻片上，加 1 滴醋酸洋红染色。用镊子或针尖轻轻挤压，将花粉母细胞从花药中挤出后，拨去花药及残渣，再轻轻摊开花粉母细胞，立即加盖玻片，并用吸水纸吸去多余的染液，使盖玻片不要移动。制成的临时片即可放在显微镜下观察。为使染色加深，可延长染色时间，并将载玻片在酒精灯上间断重复加温 4~6 次（即拿载玻片在酒精灯上方来回晃动 4~6 次，但切勿使载玻片达烫手的程度），这样可使染色体着色鲜明，材料也紧贴载玻片。如细胞质染色过深，可用 45%的醋酸滴于盖玻片一边，再用吸水纸从另一边吸去并在酒精灯上稍加温，即可使细胞质褪色。

如果制成的片子染色良好，分裂时期典型，可用石蜡黏胶（2/3 石蜡溶入 1/3 松香）将盖玻片的四周封起来，写上分裂时期，即可临时保存。

五、作业

1. 用涂抹法每人制作 1 张可观察到染色体的临时片。

2. 根据观察结果，绘出花粉母细胞减数分裂前期Ⅰ、中期Ⅰ、后期Ⅰ、中期Ⅱ的简图，并简述以上各期染色体的特点。

实验实训三　马铃薯品种比较试验的设计和种子准备

一、实验实训目的

以马铃薯品种比较试验为例，了解并掌握育种试验设计和种子准备的基本方法。

二、实验实训材料

以参加品比试验的马铃薯为材料。

三、实验实训用仪器设备及试剂

天平、打号机、铅笔、种子袋、绘图纸、三角盘。

四、实验实训方法

（一）编制种植任务书

试验之前要根据作物和试验的特点编制种植任务书，主要内容有：

（1）试验年份和地点。

（2）试验名称，如品种比较试验、鉴定试验等。

（3）试验材料名称和代号。

（4）田间设计，原始材料圃、杂交亲本圃和选种圃常用顺序设计，逢零设对照，不重复。鉴定试验和品种比较试验可用随机区组设计，重复2~4次。品种区域试验必须用随机区组设计，重复3~5次。品种示范或生产试验用大区对比，不设重复。

（5）小区设计。

（6）试验地面积预算。

（7）田间管理。包括前茬作物、耕耙状况、施肥种类、数量和时间、播种日期和方式、中耕除草措施等。

（二）种子量计算

（1）种子量计算方法。

（2）种子分装。

（3）种子袋排列和打号。

（三）编制试验记载簿

编制试验记载簿俗称台账，分田间记载用和室内永久保存用两种。台账一般包括上年小区号、本年小区号、品种名称或代号，主要观察记载内容如物候期植物学特性和生物学特性等项目。

（四）绘制田间种植排列图

根据试验地的规划和田间设计方法绘制，便于田间各项工作的进行。图上应标明保护行、试验小区起止号、试验地段的方位及相邻地块作物或试验名称等。

五、作业

1. 编制马铃薯品种比较试验种植计划书。
2. 准备品种比较试验的部分或全部材料。

实验实训四　植物多倍体的诱导及其细胞学鉴定

一、实验实训目的

通过实验掌握诱导植物多倍体的方法和技术，观察多倍体的特点及染色体加倍后的细胞学表现。利用染色体分析的方法对多倍体的细胞作出准确判断。

二、实验实训原理

玉米的体细胞具有20条染色体，人类的具有46条染色体，但是这些细胞核内的染色体并不是杂乱无序的，而是组成一个或多个染色体组。在同一染色体组内所有的染色体在形态上以及染色体上携带的基因都不相同，但是它们包含了这一物种最基本的全套遗传物质，并以完整而协调的方式发生作用，构成了完整、协调的基因体系。在进化过程中由于选择压力的影响，这些基因以其平衡、协调的方式与环境相互作用，缺乏染色体组中的任何成分将面临淘汰的危险。

多倍体是在细胞中具有3套或3套以上的染色体组的生物体。多倍体植物在形态上较二倍体的植物个体大，叶片上的气孔也很大，因此很容易辨认。利用一些诱发因素可以人工诱导植物产生多倍体。这些因素包括物理诱变因素，如温度的剧变、射线处理等，还有化学诱变因素，如植物碱、植物生长激素等。其中秋水仙素是诱导多倍体形成最为有效和常用的药品之一。秋水仙素的主要作用是既可以有效地阻止纺锤体的形成使细胞的染色体数加倍，又不至于对细胞产生较大的毒害。如果用秋水仙素处理植物的根尖，则在根尖分生区内可检测到大量染色体加倍的细胞，若处理植物幼苗的芽，则可以得到染色体加倍的植株。

三、实验实训材料

洋葱根尖。

四、实验实训用仪器设备及试剂

（一）仪器设备

搪瓷盘、镊子、剪刀、烧杯、培养皿、恒温水浴锅、纱布、试管。

（二）试剂

改良苯酚品红染液、2.0～4.0g/L秋水仙素水溶液、Carnoy固定液。

五、实验实训方法及步骤

（一）洋葱的处理

将搪瓷盘的盘口用线绳编织成许多网格并在盘内注入清水。把洋葱的鳞茎洗干净，用刀片将鳞茎上的老根削除，再把其放在搪瓷盘的网格上，使其生根部位恰好接触到水面，在25℃下培养几日。待新根刚刚长出时，将搪瓷盘内的清水换成4.0g/L的秋水仙素水溶液，用继续在水中培养的洋葱鳞茎作对照。培养几日后，在处理液中培养的根尖明显比对照根尖肥大，此时便可用解剖剪将根尖取下，长度在 1.5cm 左右，放入固定液中固定 24h，然后可根据常规的压片法进行细胞学制片，用显微镜观察并计数。

（二）形态观察和细胞学鉴定

比较处理植株与对照植株的外部形态有什么差异。将叶面的表皮撕下，在显微镜下进行观察，多倍体植株的气孔比二倍体大很多，叶片也比较肥厚。用根尖压片法制成染色体载玻片标本，在显微镜下认真观察和计数，与对照进行对比。

六、作业

1. 简述鉴定多倍体的方法及原理。
2. 如何用检测染色体数目的方法鉴定多倍体?
3. 通过实验，比较气孔的大小和密度与植物倍性的关系。

实验实训五　马铃薯有性杂交技术

一、实验实训目的

了解马铃薯的花器构造和开花习性；初步掌握马铃薯杂交技术。

二、实验实训原理

马铃薯为同源四倍体，其遗传基础复杂。品种间杂交是马铃薯育种的重要手段。同时，马铃薯的花器较大，便于人工杂交。

（一）马铃薯的花器构造

马铃薯为茄科茄属，是典型的无性繁殖作物。在适宜的环境条件下，能通过有性繁殖产生后代。马铃薯栽培品种属自花授粉作物，其自然异交率不超过 0.5%。马铃薯的花序为分枝型的聚伞花序，每个花序一般 2~5 个分枝，每个分枝上有 4~8 朵花，每个花朵的基部有 1 个纤细的花柄。每朵花由花萼、花冠、雄蕊和雌蕊 4 部分组成。花柄基部有离层，花易脱落。花冠基部联合为筒状，顶端 5 裂，绿色。花冠基部联合呈漏斗状，顶端 5 裂，由花冠基部起向外伸出与花冠其他部分不一致的色轮，形状如五星，称为星形色轮。花冠的颜色有白色、浅红、紫红和蓝色等。雄蕊 5 枚，与合生的花瓣互生。5 枚雄蕊抱合中央的雌蕊。由于发育状况和遗传特性不同，雌、雄蕊的形状不同。雄蕊花药聚生，呈黄、黄绿、橙黄等色，成熟时顶端裂开 2 个枯焦状小孔，从中散布花粉。雌蕊 1 枚，着生在花的中央，柱头呈棒状、头状，2 裂或 3 裂，绿色，成熟时有油状分泌物。花柱直立或弯曲，子房 2 室，内含多个胚珠。

（二）马铃薯的开花习性

马铃薯开花有明显的昼夜周期性，一般每天早晨 5~ 7 时开放，下午 4~6 时闭合；阴雨天开放时间推迟，闭合时间提早。每朵花开放的时间为 3~5d ，一个花序开放的时间可持续 10~40d，整个植株开花期可持续 10~50d。主茎花序的开花顺序是由里向外，自上而下。各品种开花结实情况差异很大，且与气候条件关系密切。一般开花期气温在 18~20℃，空气相对湿度在 80%~90%时，开花繁茂，结实率较高；低温、大雨或干旱都会影响开花和结实。当气温在 15~20℃ 时，可产生较多正常可育的花粉。当气温达到 25~35℃时，花粉母细胞减数分裂不正常，花粉育性低。在自然条件下，花粉的生活力以开花后的第二天最强。而柱头有先熟特性，并有较长时间接受花粉受精的能力。一般情况下，雌雄蕊同时成熟，而雄蕊是在花冠张开之后，才表现成熟。杂交时，如以该品种为母本，就应在成熟的花蕾中去雄、授粉。如以该品种为父本，就应在开花当日下午采集花粉。

在自然条件下，花粉的生活力以开花后的第二天最强。而柱头有先熟特性，并有较长时间接受花粉授精的能力。

马铃薯花的雌蕊器官成熟特征为花冠新鲜、雌蕊柱头呈深绿色，并分泌出大量黏液，有光泽。雄蕊花药呈橙黄色，顶端有两个明显的黄褐色散粉孔。雌、雄蕊成熟早晚因品种而异。一般情况下，雌雄蕊同时成熟，而雄蕊是在花冠张开之后，才表现成熟。杂交时，如以该品种为母本，就应在成熟的花蕾中去雄、授粉。如以该品种为父本，就应在开花当日下午采集花粉。

三、实验实训材料

材料：花期相遇且适合做母本和父本的不同马铃薯栽培品种。

四、实验实训用仪器设备及试剂

（一）仪器设备

纸袋、硫酸纸、剪刀、眼科镊子、脱脂棉球、铅笔、塑料牌、空胶囊或 1.5mL PCR 离心管、记录本等。

（二）试剂

70%乙醇。

五、实验实训方法步骤

（一）杂交圃的设置

1. 场地的选择

场地的选择直接影响着亲本生长发育的好坏和开花结实的多少。在具有适宜自然生态条件的采种基地，杂交圃应设在有水源灌溉，旱能浇，涝能排，土质肥沃，场地开阔，通风良好，阳光充足；蚜虫密度稀，有机质含量高的场地。杂交圃周围禁忌种植茄科作物，蔬菜地以及果树林应距杂交圃 500m 以上。同时杂交圃应选在不易受人、畜践踏的安全地带。

2. 亲本的种植

亲本的选择：选择优良的亲本以配制适宜的杂交组合，才能收到良好的效果。从杂交后代试验的结果可以看出，亲本和杂交后代的性状都有一定的遗传相关性，尤其是抗病性、丰产性、熟期性、品质等相关密切。根据育种目标选择双亲和配制组合。选择亲本时，应注意以下原则：亲本必须具备与育种目标有关的遗传基因；双亲应有良好的配合力；亲本必须具有最多的优良性状和最少的不良性状，而且使双亲的优良性状能够互补，其优良性状的遗传力应高。双亲间遗传差异要大。一般花粉育性高的、综合性状好的作父本；雌性可育，雄性败育，综合性状好的作母本。

亲本的种植：选择本品种纯度高的优良健康种薯作播种材料。父母本要分期播种，以保证杂交时花期相遇和延长花期。

亲本田要加强栽培管理。底肥要足，早期适当追施磷钾肥。杂交圃要保持较高湿度，注意浇水，防治虫害和晚疫病，以提高杂交成功率。

（二）杂交技术

1. 选株与整序

选株：于杂交前 1 天下午，选择具有母本品种典型性状、生长健壮、前期开花较多的植株，并选已有几朵花开放或开放不久的主茎花序整序。

整序：用剪刀将所选花序上已经开过的、很小或发育不全的花朵全部剪去，留下 3~5 朵刚开花但粉囊顶孔尚不破裂或次日即将开放的花朵供去雄。

2. 去雄

对自交亲和的品种如克新二号、疫不加、燕子、多子白、米拉等，必须进行去雄，杂交母本如果是雄花不育，天然不能结实的品种，如白头翁、东农303、红纹白等，则不必去雄，可直接授粉。

左手固定花蕾，右手用镊子尖小心地剖开花冠，使雄蕊露出，然后用镊子逐一将5枚花药取出。如花药破裂或粉囊顶孔开裂散粉，应将该花去除，并将镊子尖浸入酒精中杀死所蘸花粉。去雄完毕后，用硫酸纸袋套上整个花序隔离，下端袋口斜折，用回形针固定，挂上塑料牌，写明母本代号或名称、操作者姓名。

3. 授粉

授粉一般可在去雄后第2天上午8~10时或下午4~6时进行。亦可去雄后随即授粉。

采集花粉：于授粉前一天清晨露水干后，摘取父本当日花朵已开，但粉囊顶孔尚不开裂散粉的成熟花朵20~50枚（视授粉用量而定，如大量制种可多采集，试配新组合则可少采集），装入专用纸袋内。不同父本的花朵分别装在各自的纸袋内，袋上注明父本品种的名称，以防止花粉混杂。将采好的花朵立即携带回室内，放在备好的小碟或培养皿内的光滑白纸上，并在白纸上注明该父本品种的名称。然后将其置于空气干燥的室内阴干18~24小时（避免阳光直射）。如遇雨天，室内湿度大，影响花粉干燥，可将其置于火炕上或用40~60瓦灯光进行加温干燥。温度保持在28~30℃，切勿超过30℃。

取粉装瓶：在授粉前（晴天下午3时左右，阴天不限），将已阴干的花，用振粉器将花粉振出，倒入干净的小瓶（青霉素瓶便可）内，将瓶口塞上脱脂棉。每小瓶倒入花粉量不宜过多（约为小瓶容积的1/3），否则会影响蘸取花粉。并在小瓶上贴上标签，注明花粉的品种名称。

如遇阴雨天，不便进行授粉，或需要储备大量花粉，以及因父母本花期不遇（尤其母本开花太晚），可将已采回阴干好的花粉置于干燥器内，放在室内，避免阳光直射，可保存15天花粉仍有56%的受精能力。马铃薯的花粉在低温条件下丧失活力较慢，在2.5℃条件下能保持生活力一个月。如将阴干的花粉储藏在-20℃条件下，其生活力可长达两年。

授粉：取下母本花序上的隔离纸袋，将橡皮笔伸入花粉瓶，用笔尖蘸取花粉，将花粉涂于母本柱头上。当小瓶内花粉将用尽时，可用手指轻轻弹击小瓶外壁，将残存在花药内的花粉弹出，以供继续使用。并可重复授粉，重复授粉可以提高杂交结实率及增加浆果结实粒数。要避开炎热的中午，以防影响花粉粒的生活力和发芽力。晴天，以下午3时到傍晚为宜，阴天不限，小雨无妨，可带伞授粉，授粉后临时套上羊皮纸袋，以免雨水冲落花粉，影响结实，次日日晒前或雨停后摘去纸袋，以免纸袋内干热而落花不结实。

防落花：授粉后，在花柄离层处涂上0.1%萘乙酸羊毛脂膏，以防花果脱落，提高杂交结实率。

套袋及挂牌：用硫酸纸袋套上整个花序隔离，并在塑料牌上补写父本代号或名称和授粉日期，并在工作本上记录。

4. 管理

杂交1周后，取下纸袋，为防杂交果脱落或受外伤，此时最好用纱布口袋包起。

（三）收获与储藏

在马铃薯收获前，一般浆果已成熟，应连同塑料牌一起及时收获，以防脱落。收后风干2~3天，以促进后熟作用。

风干后，将浆果浸入清水中，至第 2 天浆果浸泡柔软后，把果内种子洗出、晾干、妥为储藏，以备次年种植。

六、作业

1. 马铃薯开花习性有何特点？对马铃薯的有性杂交有何影响？

2. 叙述马铃薯有性杂交的要点。

3. 写出马铃薯杂交的基本步骤。

4. 用不同的母本、父本，每人分别去雄、授粉，各做杂交 30 朵花。10d 后观察坐果情况，填写实验实训报告。

实验实训六　马铃薯室内考种

一、实验实训目的

了解马铃薯室内考种的意义和考种内容；掌握马铃薯考种的方法。

二、实验实训材料

材料：不同马铃薯品种的块茎及实生种子。

三、实验实训用仪器设备及试剂

直尺、天平、铅笔、调查记录本等。

四、实验实训方法

室内考种是田间调查的继续，考察的项目多是植株完成成熟生长以后才得以表现或固定的性状，主要是块茎的性状，因此是选种的重要依据。不同育种材料的考种项目、方法和要求不尽相同。

考种结果应连项记载在调查记录纸上。每个材料都要根据所附标牌，登记材料名称和代号及当年小区号和收获日期等。

五、作业

每人考种 3 份马铃薯植株、块茎或杂交种子等。

实验实训七　教学参观实习

一、实习名称

课程教学实习。

二、内容简介

结合课程中所学习的马铃薯育种方法和技术，组织参观正在开展马铃薯育种科研工作的单位，介绍各种马铃薯育种方法和技术的实际应用。

三、教学目的

掌握主要的马铃薯育种方法和技术在实践中的应用。

四、主要的参观实习

（一）马铃薯杂交育种程序参观实习

（1）教学目的：掌握马铃薯杂交育种的主要技术要点和实际应用。

（2）教学内容：对杂交育种的主要技术要点进行介绍，并指导学生实地参观马铃薯杂交育种程序。

（二）马铃薯杂交种及繁殖制种参观实习

（1）教学目的：掌握杂交马铃薯种子制种的主要技术要点。

（2）教学内容：对杂交马铃薯种子制种的主要技术要点进行简单介绍，学生参观制种基地。

（三）马铃薯育种的田间鉴定技术实践

（1）教学目的：掌握马铃薯田间鉴定技术要点。

（2）教学内容：对不同育种阶段的田间鉴定技术要点进行简单介绍，学生参观马铃薯的田间鉴定工作，并在指导下亲自实践。

参 考 文 献

[1] 刘仲松. 现代植物育种学 [M]. 科学出版社, 2010.

[2] 孙慧生. 马铃薯育种学 [M]. 北京: 中国农业出版社, 2003.

[3] 盖钧镒. 作物育种学各论 [M]. 北京: 中国农业出版社, 2006.

[4] 张永成, 田丰. 马铃薯试验研究方法 [M]. 北京: 中国农业科学技术出版社, 2007.

[5] 石春海. 遗传学 [M]. 杭州: 浙江大学出版社, 2006.

[6] 王孟宇. 作物遗传育种 [M]. 北京: 中国农业大学出版社, 2008.

[7] Borojevic S. 2004. Principles and Medthods of Plant Breeding.

[8] 官春云. 作物育种学实验 [M]. 北京: 中国农业出版社, 2003.

[9] 王蒂. 细胞工程实验教程 [M]. 北京: 中国农业出版社, 2007.

[10] Fehr W. R. 2007. Principles of Cultivar Development. Vpl. I: Theory and Techniques. New York: Macmillan Pub. Co. American. Madison. Wisconsin.

[11] Wood DR. 2005. Crop Breeding. American Society of Agronomy. Crop Society.

[12] Poehlman JM. 2001. Breeding Field Crops (2nd Edition). Aripubishing Company. Inc Westpost. Connecticuf.

[13] 吕文河, 秦昕, 王凤义. 中国马铃薯野生种近缘栽培种利用研究进展.《中国马铃薯学术研讨会与第五届世界马铃薯大会论文集》, 2004.

[14] 洪德林. 作为育种学实验技术 [M]. 北京: 科学出版社, 2010.

[15] 刘文萍. 马铃薯单倍体诱导及在育种中的应用 [J]. 黑龙江农业科学, 2005 (02).

[16] 马建岗. 基因工程学原理 [M]. 西安: 西安交通大学出版社, 2001.

[17] 王关林, 方宏鸽主编. 植物基因工程 [M]. 第2版. 北京: 科学出版社, 2002.

[18] 刘良式. 植物分子遗传学 [M]. 第2版. 北京: 科学出版社, 2003.

[19] 巩振辉, 申书兴主编. 植物组织培养 [M]. 北京: 化学工业出版社, 2007.

[20] 胡延吉. 植物育种学 [M]. 北京: 高等教育出版社, 2003.

[21] 王蒂, 张宁. 马铃薯单细胞培养及植株再生的研究. 见: 马铃薯产业与高新技术. 哈尔滨: 哈尔滨工程大学出版社, 2002.

[22] 王蒂, 张宁, 司怀军. 马铃薯原生质体培养和体细胞杂交的研究. 见: 中国马铃薯研究与产业开发. 哈尔滨: 哈尔滨工程大学出版社, 2003.

[23] 梁彦涛, 邸宏, 卢翠华, 陈伊里, 石瑛, 王梓全. 马铃薯花药培养影响因素的研究 [J]. 东北农业大学学报, 2006 (05).

[24] 刘杰. 二倍体马铃薯炸片性状遗传改良 [D]. 内蒙古农业大学, 2006.

[25] 王晓明. 马铃薯抗病毒亲本育种价值及其家系主要性状综合评价 [D]. 中国农业科学院, 2005.

[26] 卢毕生, 陈雄庭. 马铃薯品质育种研究进展 [J]. 福建热作科技, 2005 (01).

[27] 梁彦涛. 马铃薯花药培养的研究 [D]. 东北农业大学, 2006.

[28] 孙雪梅. 二倍体马铃薯原生质体培养与体细胞融合技术研究 [D]. 青海大学, 2007.

[29] 陈宝辉. 马铃薯晚疫病抗性材料花药培养的研究 [D]. 青海大学, 2007.

[30] 王梓全. 马铃薯花药培养和再生植株鉴定 [D]. 东北农业大学, 2007.

[31] 宣俊杰. 马铃薯体细胞杂种主要农艺性状及倍性研究 [D]. 华中农业大学, 2007.

[32] 高娟. 柑橘体细胞杂种有性后代花粉母细胞减数分裂及花粉育性研究 [D]. 华中农业大学, 2007.

[33] 李凤云. 马铃薯花药培养的意义及影响因素分析 [J]. 安徽农学通报, 2007 (22).

[34] 赵欣, 卢翠华, 陈伊里, 石瑛, 邸宏, 张丽莉, 张正国, 张欢. 培养基添加物对马铃薯花药褐化及愈伤诱导的影响 [J]. 东北农业大学学报, 2010 (01).